ホモ・サピエンス再発見

科学が書き換えた人類の進化

ポール・ペティット●著
篠田謙一●監訳
武井摩利●訳

創元社

監訳者序文

　私たちホモ・サピエンスの歴史を遡る旅は、過去に向かうほどぼやけていく。特に文字が生まれた5 000年前より以前の社会については、格段にその精度が低くなる。現在では、ホモ・サピエンスが誕生したのは30万年前のことだとされているので、文字情報で知ることのできる過去は全体の2パーセントにも満たないことになる。私たちは自身の過去について驚くほど知らない。

　この残された空白の過去を探る学問が考古学と人類学である。この2つの学問分野では、長らく石器や土器の形式の変遷、人骨の形の変化などを手がかりとして過去の復元を試みてきた。しかし、21世紀になってさまざまな分析技術が進んだことで、その方法は大きく変わることになった。年代測定技術の進歩は、歴史に確かなスケールを与えることになったし、DNA分析技術の進歩は、形態の変化からは知ることにできない、精緻な人類集団の成立のシナリオを描くようになった。また、古代の気候を復元する技術は、過去の人類がどのような環境の中で過ごしていたのかを明らかにしている。

　私たちの社会は、歴史で語られることのない過去に多くを負っているはずで、この時代に生きた人々が何を考え、どのような社会で暮らしていたのかを知ることは、人類社会の可能性考える上でも重要だ。本書は、最新の科学技術を使った考古学や人類学の研究が、闇に包まれていた私たちの過去を、どのように再現しているかを教えている。

国立科学博物館館長　篠田謙一

監訳者序文		001
プロローグ		004
序		008

第1章　皮膚と骨 …… 011
アフリカの類人猿と人類の起源／二足歩行／食生活／脳

第2章　DNA研究の最前線 …… 029
考古学における科学の利用の最前線／不安定な同位体：原子の壊変が明らかにする人類の起源／安定な同位体：同位体分析が明かす先史時代の食生活／遺伝学と人類の進化／遺伝学と、人類アフリカ起源説

第3章　気候の変動と環境 …… 050
氷に隠された秘密／気候と、アフリカの「窮時の戦略」

第4章　拡散　アフリカからアジアへ …… 063
拡散／偏西風――レヴァント、アラビア、中央アジア／東アジア

第5章　接触　ネアンデルタール人とデニソワ人 …… 078
私たちには同類がいた／"ゴースト"と先住者／侵略者？／最初の接触（5万年前よりも古い時代）／2度目の接触（5万年前よりも新しい時代）――「まずは撃つ、質問はその後だ」／デニソワ人

第6章　多様性 …… 101
スンダ――群島と熱帯雨林／ワラセア――島々の海岸線／サフール／シベリアと旧北区――短い夏と、長く寒い冬

カラー図版Ⅰ …… 113

第7章　大災害　ホモ・サピエンス、ヨーロッパに到来す …… 125
キュヴィエ―自然の大災害と天変地異説／火山噴火／7万4000年前――トバ山の噴火とホモ・サピエンスの初期の拡散／4万5000年前――北上してヨーロッパに第一歩をしるす／もうひとつの（または、もうふたつの）大災害

第8章　ストレス、病気、近親交配 …… 143
クロマニョン人：アルファ、ベータ、ガンマ、デルタの4人／小規模で孤立した集団――配偶者の選択と近親交配／人生、寿命、体格／病理／死

第9章　マンモスを中心とした生活 …… 162
マンモスと人間の対峙／糞と破壊からもたらされる恵み／シュヴァーベン・ジュラ山脈の"象牙時代"／ライオンマン

第 10 章 寒冷化 ……………………………………………………… 185
3万2000年前から2万1000年前までのヨーロッパ／中央ヨーロッパ──パヴロフ文化／ヴィーナスの世界／東方のマンモスの群れ

第 11 章 レフュジア　退避地 ……………………………………… 206
最終氷期最寒期／ソリュートレ文化／武器作りの達人たち／芸術の世界

第 12 章 炉ばたと家庭 ……………………………………………… 218
硬い岩──ドルドーニュの洞窟／寒冷な荒れ地への拡散／移動する家庭──パリ盆地のトナカイの狩人たち／ゲンナースドルフとアンダーナッハ──ライン河畔に位置する1万6000年前の宿営地

第 13 章 日の光が射さない世界　旧石器時代の洞窟絵画 ……… 233
いっさいの光が黙するところに私はやってきた／赤の段階〔フェーズ〕──身体と洞窟の出会い／ハクチョウの首とアヒルのくちばし、負傷した男とバイソン女／ラスコー／マドレーヌ文化の洞窟絵画──アルタミラからニオーへ

第 14 章 ポータブル・アート　景観を持ち運ぶ …………………… 251
美術と想像力／生と死を表現する／身体への回帰／貝殻や歯の装身具

第 15 章 心の内側 …………………………………………………… 263
大きな脳の理由／われらが内なる動物／視覚の世界／象徴としての人間の描写／儀礼、魔術、信仰

第 16 章 死者の世界 ………………………………………………… 283
塵は塵に──埋葬の作法／埋納（キャッシング）と人肉食（カニバリズム）／「悪い死」と、儀礼としての埋葬／3体の同時埋葬／新しい習慣、古い習慣

第 17 章 アメリカ大陸への進出 …………………………………… 299
遺伝学が解き明かしたこと／ベーリンジア／氷床の南側／クロヴィス文化と多様性／さらなる多様化──中米と南米

カラー図版 II ……………………………………………………………… 313

第 18 章 家畜化の道　やがて人は自己家畜化へ ………………… 322
オオカミ──狩人の武器から、渋々一緒にいる友へ／村落の生活

年表 334　原注 336　参考文献 344　謝辞 364
画像クレジット 366　索引 368

プロローグ

　私たちはすでに5〜6時間を地下で過ごしていた。もしかしたら、もっと多くかもしれない。自然光からあまりに離れた場所では、私の時間感覚はいつも狂ってしまう。ここでは、私たちがふだん当たり前に方向感覚のよすがにしているもの——日光や遠くの音など——が、まったく使えない。腕も脚も痛くなり、お腹が鳴って、軽い朝食を取ってから何も食べていないことを思い出す。私たちはほとんど立ちっぱなしで、ざらざらした洞窟の壁を見つめ、両手を頭上に伸ばしていた。私たちは総勢6人。交代しながら、白く光る表面を外科用メスで慎重に削ったり、その下に試験管をあてがったりした。慎重に、丁寧に、削っていく。ひとりは懐中電灯で目的の箇所の壁を照らし、全員の視線がそこに集中する。ひとりはメモを取り、別のひとりは写真や動画を撮影する。岩の表面を覆う貝殻のような鍾乳石は耐えがたいほど少しずつ削り取られ、試験管の底に塩ひとつまみほどの真っ白い粉がたまっていく。なにしろ岩なのだから。削る、削る、削る……。
　時は2016年4月。ようやく日のあたる場所に戻った私たちは、座って、待望の冷えたビールを飲んでいた。この調査の結果が、芸術の起源や氷河期の文化についてのそれまでの説をどれほど劇的に書き換えることになるかなど、想像もせずに。
　私たちをこの場所へ導いたプロセスが始まったのは、その13年ほど前だった。ある晩、オックスフォード大学のカレッジの夕食会で、考古学ライターで氷河期芸術の専門家であるわが友ポール・バーンが、私にこう言ったのだ——英国で洞窟壁画を探したいんだが、どのへんを探せばいいのかわからないんだ。まかせとけ、と私は答えた。数週間後、私は4日間の調査を組織し、イングランドとウェールズで最も壁画が残っていそうに思える洞窟に向かった。ポールの希望で、氷河期芸術を専門とするマドリードのスペイン国立通信教育大学のセルヒオ・リポルも参加した。私は何かの絵が見つかるとは期待していなかった。ギャンブラー

でないのはよいことなのだ。

　最初に訪れた場所が、イングランド中部のノッティンガムシャーとダービーシャーにまたがる石灰岩の狭い峡谷、クレスウェル・クラッグスだった。そこにあるいくつかの洞窟は氷河期に関する考古学では知られた存在で、探査のスタートとしては妥当な選択だった。

　セルヒオはその「眼力」で有名で、以前にもスペインの何ヵ所かの洞窟で氷河期の壁画を発見したことがある。それでも、チャーチ・ホールと呼ばれる洞窟で、頭上の岩棚に登った彼が興奮した声で私たちに呼びかけてきた時には、本当にびっくりした。彼は、年代的に氷河期のものとしか思えないアカシカ（赤鹿）が岩に彫り刻まれているのを見つけたのだ。この発見のニュースが広まると、イングリッシュ・ヘリテージ〔イングランドの歴史的建造物保護を目的として英国政府により設立された組織〕がチャーチ・ホールに足場を設置する費用を出してくれた。それで氷河期の壁画がさらに見つかる可能性が高い、洞窟のもっと高い場所の壁を調べることが可能になった。そして新たに、バイソンや絶滅したオーロックス〔家畜のウシの祖先〕の輪郭、人間に似た謎めいた姿などがいずれも線刻で描かれた壁画が、全部で12点ほど発見されたのだった。

　さてそこで登場するのが、わが同僚にして旧友のアリステア・パイクである。「チャーチ・ホールで君が見つけたあの洞窟壁画に、鍾乳石で覆われていたものはないかな？」と彼は尋ねた。私は食いつくように「ああ、洞窟に線刻された絵の上に白い石ができている場所が何ヵ所かあった」と答えた。そしてたちまち私たちは興奮に目を輝かせることになった。そうであれば、アリステアは「ウラン－トリウム法」と呼ばれる特殊な年代測定方法を用いて、絵の上に形成された鍾乳石の年代を割り出せるのだ。鍾乳石が明らかに洞窟絵画の上に重なっている部分から確実にサンプルを採取すれば、その下にある線が刻まれたのが少なくともいつの時代よりも前なのかがわかる。ほどなくして私たちはチャーチ・ホールを再訪し、ドリルを使う作業にいそしんだのだった。当時は──といってもそんなに昔の話ではないが、なにしろ科学の進歩はとても速い──、比較的多い量のサンプルが必要で、鍾乳石を直径3cmぶんくらい削らなければならなかった。1ヵ月ほどしてアリステアの分析結果が

出て、その鍾乳石は氷河期の終わり近い約1万3000年前に形成されたことが判明した。その下にある壁画はもっと古いことになる。

　数年が経ち、アリステアと私は、チャーチ・ホールの壁に消えることなき痕跡を残した氷河期のアーティストたちの行動をもっと理解するため、クレスウェル・クラッグスでの発掘調査を開始していた。フランスとスペインにも、洞窟壁画は数多く残っている。そういういきさつで、私たちはスペインの3ヵ所の洞窟で長い時間を過ごし、何十もの氷河期の壁画から鍾乳石を丹念に削り取ることになった。私たちの主な目的は、氷河期の最後の2万5000年の間に芸術がどのように進化し、主題や様式がどのように変化していったかについて、自分たちの知識をさらに広げ深めることだった。ところが、事態は思わぬ方向に進んだ。私たちが年代測定をした洞窟壁画の大半は、予想される範囲の年代──数千年前から2万5000年以上前＊まで──に収まっていた。だが、一部の結果を目にしたアリステアが、ある日の深夜、私の自宅に電話をしてきた。いくつかのサンプル（採取地は、調査した3つの洞窟すべてにまたがっていた）が、驚くほど古いものだったのだ。予想していたよりはるかに古かった。

　分析結果が示していたのは、北部のラ・パシエガ洞窟、中部のマルトラビエソ洞窟、南部のアルダレス洞窟で壁画の上を覆っていた鍾乳石が、約6万5000年前に形成されたことだった。これは、どの絵も、6万5000年前よりもっと古いことをあらわす。それが持つ意味はとてつもなく大きかった。氷河期芸術の年代は、一夜にして2倍になったのだ。しかし、それよりはるかに重要なのは、その絵がホモ・サピエンス（*Homo sapiens*）の手になるものではありえないと明らかになったことだ。ホモ・サピエンスが氷河期のヨーロッパに初めて到達した時期についてはかなりくわしくわかっており、それは、スペインでも他の地域でも、およそ4万2000年前である。たとえその絵が6万5000年前かそのほんの少し前のものであったとしても、ホモ・サピエンスがスペインに現れるより2万3000年も早い時期に描かれている。つまりそれは別の種の人類の

＊考古学で「今から～年前」という時は、1950年を基点としてそこから何年前かを示す。これは放射性炭素年代測定が1950年を基準年としていることによる。

作品でしかありえず、おそらくほぼ確実にネアンデルタール人が描いたということになるのだ。

　そう考えると、さらに疑問が湧いてくる。最初に何らかの芸術を生み出したのはネアンデルタール人だったのだろうか？　もしそうなら、芸術はホモ・サピエンスに特有だとする考えは間違っていたことになる。ネアンデルタール人の芸術はホモ・サピエンスのものと違っていただろうか？　私たちが調べたホモ・サピエンスよりも年代の古い絵は、どれも、体の一部に顔料を塗ってそれで壁に色を付ける「マーク」のようなもので、具象的ではなかった。最初の具象美術を生み出したのは私たちサピエンスの祖先だという主張はできるだろう。しかし、彼らは最初にヨーロッパとアジアに拡散した時に具象美術を生み出したのか、それとも何千年も経ってから生み出したのか？　このことはホモ・サピエンス、すなわち私たち自身の種の文化的な進化について、何を語っているのだろうか？

序

　私たちは何者なのか？　科学者は私たちホモ・サピエンスをどのように定義しているのだろうか？　ホモ・サピエンスという種(しゅ)は、それ以前にヨーロッパにやって来て絶滅した人類や、4万年ほど前まで同時代に存在していた別の人類とどう違うのか？　進化の観点から見れば、私たちはクレイジーな実験体である。私たちは祖先から受け継いだ強靭で筋肉のがっしりした肉体の一部を犠牲にして、道具に頼るようになった。脳を霊長類の基準からすると巨大なものへと成長させたが、そのような脳は代謝が非常に高いため、一日中ひたすら草を食べ続けるのを避けるために、肉という"栄養に富んだ食物のパッケージ"を必要とするようになった。肉を得るには大型で危険な動物を定期的に狩らねばならなかったが、ライフル銃のない時代の狩りは大変で、しばしばひどい怪我に見舞われた。なぜそこまでするのか？　後述するように、私たちの脳をそのようにした変化は、おそらく数個の遺伝子の変異に過ぎなかったろう。しかし、それは非常に大きな影響を及ぼし、結果として独特な知能と精神の世界をもたらした。そこまでの犠牲を払う変化には、それなりの理由があったはずだ。

　私たちは、氷河期の祖先に多くのものを負っている。それは現代の生活に残る当時との共通項を考えてみればわかる。縫い針とそれで仕立てられた服、装身具、死者の埋葬、芸術、イヌ、武器、テント、ランプ、そして——おいおい述べるように——村やある種の記述法まで。

　考古学者は、遠い昔の祖先を直接調べることはできない。彼らが生きていたはるか昔の時代から今日まで残った石や骨や遺物に頼るしかない。私たち考古学者は、氷河期の人々に尋ねたいことへの答えを見つけるために、最先端のさまざまな科学やテクニックを駆使している。そうしたテクニックの多くはとても新しく、今まさに新しい研究の道を切り開きつつあり、その成果によって人類の起源に関する私たちの知見を根本的に変えつつある。科学者が更新世と呼ぶ氷河期が繰り返された時代

に、過酷で不安定な気候の中で生き抜くのはどれだけ困難だったことだろうか。彼らは危険な大型動物をどうやって狩ったのか？　冬にマンモスの群れを見つける方法をどうやって知ったのか？　毛皮を加工したり動物の角を削ったりするのに使う道具や、槍（スピア）や投げ槍（ジャベリン）〔スピアより軽量で短い〕など、生き延びるために必要不可欠な品々の作り方をどうやって身につけたのか？　芸術の目的は何だったのか？　芸術作品の制作は誰にでも許されていたのか？　社会は平等だったのか、それとも一部の人たちに他の人々より多くの特権があったのか？　宗教や信仰はあったのか？

　これらの疑問の多くや、本書の中でこの先私が問いかける山のような質問は、人類進化の研究者たちの間でも意見がしばしば食い違う。ヒトの特異な脳と、さまざまなものごとに対してその脳が生み出す想像力に富んだ解釈、そして、困難だらけの世界の中で、彼らがどのようにして驚くほど少人数で生き抜くすべを身につけたかの物語が合わさって、氷河期という時代の中から、私たち人類の起源の物語は紡ぎ出される。それこそが、私が本書で紹介したい物語である。この物語は、分子生物学の目覚ましい進歩、なかんずく古代DNAのシークエンシング〔塩基配列の解析〕の恩恵にあずかっている。DNA解析で明らかになった新事実は世界の注目を集めている。しかし、私はずっと、古代の人々の行動に関心を抱いてきた。科学による遺伝子解析と人間の行動、その片方を抜きにしてもう片方だけを理解することは、ある人物が偉大な作家だという知識は持っているが、その人の著作はまったく読んだことがない、という状態に少し似ている。DNAは人間のほんの一部でしかない。DNAは人間の大いなる設計図だが、本書で私が明らかにしたいのは、氷河期を生きた人類の祖先たちがそのDNAで何を生み出したかという点なのだ。

　しかしその前に、私が何者かを手短かに説明しておくべきだろう。私は旧石器時代を専門とする考古学者で、考古学の時代区分のなかでも最も古い時代を研究している。30年ちょっと前に、私はローマン・ブリテン〔西暦43年から410年にかけてローマ帝国が支配したグレートブリテン島の南半分。ブリタンニアとも呼ぶ〕の研究をしようと大学に進

んだが、結局どんどん時代をさかのぼって、更新世に行き着いた。近頃では、ローマのことはもっぱら妻にまかせている。私は石器時代や氷河期の人類の行動を研究しており、本書の中で、その研究に現代の科学がどのように使われているかという全体像と、当時の人類について現在わかっていることは何か、ということを描きたいと思っている。また、フィールドや洞窟、あるいは博物館や研究室での調査研究がどのようなものかをいくばくかでも伝えるために、自分が何を調査し、誰と一緒に仕事をしたかといった話も織り交ぜるつもりでいる。読者をはるかな過去のなじみのない時代に連れて行き、石器時代の生身の人々が毛皮の衣の下で体験したことに触れてもらおうと思う。時には駆け足で状況を説明することもあるだろうが、要所要所ではしばし立ち止まり、それぞれの人の仕事ぶりをお見せすることを約束する。舞台はヨーロッパが中心になる（私の専門がその地域だからだ）。ヨーロッパにおける対象の年代は後期旧石器時代と呼ばれ、そこには語られるべき物語がたくさんある。だから、パーカーを着てレギンスをはき、ミトンとブーツで身を固め（なにしろとても寒い場所だから）、投げ槍を手にして、ポケットには燻製にしたバイソンの肉を入れて、ともに旅に出よう。これからたどる道は長い。

第1章

皮膚と骨

　英国サマセット州のチェダー渓谷は魔法のように魅惑的な場所だ。切り立った石灰岩の崖にはさまれた渓谷で、今日ではその名を冠したチーズや、ハイカーを引き寄せる景勝で知られている。しかし、古代にそこに住んでいた人々が関心を寄せたのは、まったく別の資源——野生のウマ——だった。ちょっとした計略を使えば、危険なウマの群れをこの谷に誘導し、狭くなっている場所で待ち伏せすることができた。1903年、この渓谷のゴフ洞窟（現在では人気の観光資源になっている）の入口からすぐの場所で、成人男性の骨がほぼ全身骨格で発掘された。放射性炭素年代測定の結果、その骨の主は更新世が終わって間もない約1万年前に生き、そして死んだことが明らかになった。彼が属していた集団は氷河期の祖先の血を引いており、完新世（現在の時代）に入って気候が温暖になったヨーロッパに広がる北方林〔北緯45〜70度に分布する亜寒帯林〕に適応しつつあった。「チェダーマン」と呼ばれることになったその人物は、頭蓋骨に大きな損傷があり、何らかの暴力的な出来事で死んだと考えられている。埋葬されたのか、単に死んだ場所にそのまま横たわっていたのかは不明だが、彼は自然に積もる堆積物に少しずつ覆われ、1万年後に偶然発見されるまで、その場所で眠っていた。

　私は学生と一緒にチェダーをよく訪れるが、とりわけこの峻厳な風景は氷河期の世界を連想させていると思う。2018年に大英自然史博物館の研究者たちが、チェダーマンの体の中で最も密度の高い骨、頭蓋骨底部の一部をなす側頭骨錐体部（中耳や内耳を保護している部分）から、DNAの断片を抽出することに成功した。その結果、それまで誰も知らなかった、チェダーマンの詳細な人物像が復元された。まず、氷河期の他の人類と同様に、彼は乳糖不耐症だった。それは予想されていたこと

だった。乳製品を消化できるようになるのは、数千年後に農耕が始まり、農耕民がウシ、ヒツジ、ヤギを家畜化してからのことだ。最大の驚きは、彼の外見だった。生前の彼は、肌が浅黒く、目は青か緑、髪はダークブラウンで巻き毛あるいはウェーブがかかっていたとわかったのだ。チェダーの小さな町は、このニュースでもちきりになった。今のチェダーでは、北西ヨーロッパの他の地域と同様に白い肌と茶色の目が一般的で、ミルクを飲み、チーズを作っている。チェダーの住民の中には、チェダーマンといくつかの共通の遺伝子を持っている人が何人かいたが、突然変異によって、彼らの外見はこの遠い過去の人とは明らかに異なるものになっていた。

　チェダーマンだけがそうだったのではない。7000年前（考古学者の呼び方では後期中石器時代）でも、白い肌はヨーロッパの標準ではなかった[1]。チェダーマンは、私たち全員がその血を引いている遠い祖先のことを思い起こさせてくれる。彼は、氷河期の最も新しい時代の、氷河の北西の端から、時を越えて私たちのもとに舞い戻った。しかし、彼の皮膚と骨は、それよりはるかに古くからの遺産を携えていた。その遺産は、700万年前のアフリカの森まで、すなわち、四足歩行をするサルの動き方や食生活や脳が大きく変化しようとしていた時期にまで、私たちを連れ戻してくれるのだ。

アフリカの類人猿と人類の起源

　私たちはみな、アフリカ原産の類人猿である。人類は進化の過程で重大な変化を遂げたが、それでも、私たちは霊長類[2]に由来する主要な特徴を保持している。私たちの手は器用に物をつかみ、操ることができるし、鉤爪（claw）ではなく木登りに適した平爪（nail）を持っている。また、他の類人猿と同様に、複雑な仲間関係の網の目の中で生きる社会的な生物である。霊長類は嗅覚よりも視覚に頼る傾向が強く、鼻腔が小さくなるにつれて目が顔の前面に位置するようになり、両眼での立体視が可能になっている。しかし、哺乳類としては、私たちの脳は体のサイズに比して非常に大きく、その分エネルギーの消費量も多い。人類進化におけ

る大きな疑問のひとつは、なぜ私たちは祖先からそのような形で分岐し、そのために大きな代謝コストを支払うようになったのか、という点である。

　チャールズ・ダーウィンやトーマス・ヘンリー・ハクスリーといったヴィクトリア朝の科学者たちは、類人猿と人間の骨格が驚くほど似ていることに注目し、両者の間に進化上の密接な関係があることを正しく推論した。四足歩行の類人猿が、わずかな変異で直立歩行の人類になり、さらに長い時間をかけて自然選択による進化を遂げた──そう考えたのである。20世紀半ば以降、タンザニアのオルドヴァイ峡谷を調査したルイス・リーキーとメアリー・リーキーなどのフィールドワーカーが、現存する類人猿と人類の中間のように見える生物の化石を発見し、人類の独自性をもたらした"進化の実験"を記録しはじめた。そして今日では、私たちは最先端の遺伝学を駆使して、進化の物語をより正確なものに近づけることができるようになった。ある遺伝学者が述べているように、「いまや人類進化に関する新発見は、東アフリカの大地溝帯（グレート・リフト・バレー）と同じくらいに、遺伝学の研究室から生まれる可能性がある」のである。

　家系図調査のようにして、オランウータン、ゴリラ、チンパンジーという大型類人猿とヒトのゲノム〔DNAの全遺伝情報〕を比較すると、1600万年前から1000万年前にアフリカに棲息した共通の祖先の類人猿に行き着く。約1000万年前にオランウータンへの分岐が起こり、ゴリラへの分岐は1000万年前～600万年前、そして人類の祖先とチンパンジーは約500万年前までは祖先を共有していた。この共通祖先についてはほとんどわかっていないが、現存する類人猿と絶滅した類人猿の解剖学的比較から、ナックル歩行〔手の指の外側を地面につける四足歩行〕をし、木の枝にぶら下がり、垂直に木に登る類人猿であったに違いないと結論づけることができる。チンパンジーに連なる系統とホモ・サピエンスになる系統の分岐は、700万年前から500万年前にかけて起こった。2つのグループは、おそらく100万年かそれ以上にわたって交配可能だったとみられている。ヒトの染色体は23対、チンパンジーでは24対だが、これは初期のヒトの側で、ある個体の2本の染色体が融合する突然変異が起きたためである。しかし、両者の交配の頻度は、この変異

をチンパンジーの祖先側に広めるには不十分だった[3]。ヒト以外の類人猿は、それぞれ独自の適応を成功させていったが、考古学者としての私の関心の対象はヒトにあり、チンパンジーやゴリラの話題とはまもなくお別れする。

　私たちは今でも、現存する類人猿仲間と多くの形質を共有している。ゲノムの98パーセント以上が共通であることを考えれば、それは驚くにはあたらない。最初の分岐はおそらく限定的なものだったが、遺伝子のいくつかの領域は他の領域よりもかなり分岐が進み、500万年前から50万年前までの間に、両者の進化の枝はますます離れていった。この分離をもたらした違いの複雑さは、決して過小評価してはならない。ガンなどの病気へのかかりやすさに影響を与えるものなど、さまざまな違いが広がっていった。なかでも、脳の発達と機能に関係する遺伝子の違いは特に大きな意味を持っていた。しかし、そのような違いが生まれるずっと以前から、他の変化が進行していたのだ。

二足歩行

　現生の類人猿の身体は、解剖学的には、枝にぶら下がって身体をスイングさせながら移動したり、木によじ登ったりすることに適応しており、地上にいる時は、比較的長い腕を使ってナックル歩行をする。アフリカで出土した2300万年〜500万年前（中新世）の化石を見ると、類人猿はすでにこれらの動きのバリエーションを試していたことがわかる。地上でのナックル歩行に多くの時間を費やすものもあれば、枝でのスイングや木登りにちょっとした工夫を試すものもいた。では、なぜ、一部の類人猿は2本の足だけで移動するようになったのだろう。その答えは、環境の変化にあった。

　中新世のアフリカは深い森に覆われ、森でない場所といえば川と湖だけだった。大部分の霊長類は、樹冠〔樹木上部の、枝葉の茂っている部分〕で生活していた。ところが、約800万年前に地球の気温が下がりはじめて両極に氷が張り、アフリカは長い乾燥期に入った。森林はあちこちで途切れ、樹木の数が減り、森と森の間に広い草原が広がっていった。

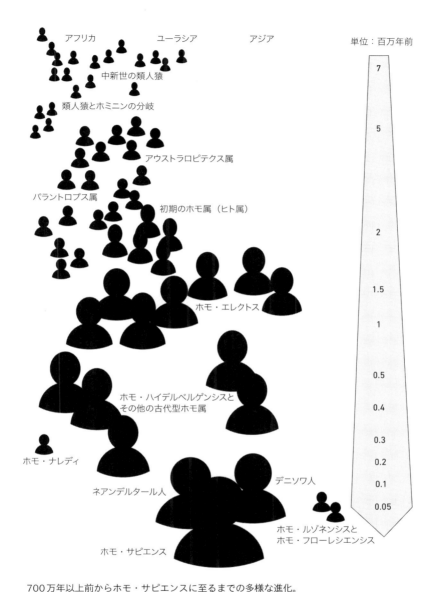

700万年以上前からホモ・サピエンスに至るまでの多様な進化。
アウストラロピテクス属とパラントロプス属は、人類よりも類人猿と多くの特徴を共有していた。ホミニン〔類人猿の系統から別れて現生人類に至る系統の総称〕では、約400万年前までに、後の人類と同じような特徴が増えていた。すなわち、小型で類人猿に似た体を保ちつつも、習慣的に二足歩行を行い、食生活もかなり多様だった。ホモ・エレクトスに至って、現生人類に比較的近い体の大きさと体型を持つものが現れた。

第1章　皮膚と骨　　　015

果実やその他の食物の採れる場所もあちこちに点在するだけになり、類人猿は必要な量の食料を得るために、より広い土地を動き回らねばならなくなった。そうして絶滅した集団もあれば、それまでと同じことをしながらどうにか生き延びた集団もあった。しかし、常習的に二足歩行で地上を移動するというシンプルな形態を編み出した集団もあった。二足歩行は、樹上で枝にぶら下がることと、地上で歩くことの間の妥協の産物だった。後肢で歩いたのはアフリカの類人猿だけではなかったし、二足歩行は進化における成功を約束するものでもなかった。たとえば、化石がドイツのバイエルン州で発見された約1200万年前の小型の猿「ダヌビウス・グッゲンモシ（*Danuvius guggenmosi*）」は、2本の後肢で枝の上をよたよた歩いていたが、彼らの実験は人類に似た子孫を生み出すことにはつながらなかった。

　比較的手足の短い霊長類にとっては、地上を移動する方法としての二足歩行は、ナックル歩行よりもエネルギー効率が良い。チンパンジーやゴリラは、特に餌を食べる時に短時間なら直立する。その際に、別の果樹に移るために2、3歩歩く個体がいることは、容易に想像できる。初期の二足歩行は、四足歩行と比べて効率が大幅に高いわけではなかったろうし、優雅にも見えなかったろう。しかし、そこかしこでほんの何歩か余計に歩くだけで、生き残るために必要な量の果物にたどり着くことができたろう。この最初の数歩から、類人猿の食生活を改善させ、胴体の真上で頭のバランスを取り、ヒトへと歩み始めるプロセスが始まったのである。

　アフリカの化石記録から、700万年〜500万年前に多くの類人猿がこうした常習的な二足歩行の初期形態を少しずつ試行錯誤していたことがわかっている。最も早い時期に歩いていた類人猿、たとえば440万年前に東アフリカにいたアルディピテクス・ラミダス（*Ardipithecus ramidus*）などは、まだ類人猿に似た体型だったものの、いくつかの解剖学的な変化を示している。すなわち、骨盤が短くなり、足は第2の手ではなく移動に向いた形になって、膝を曲げて股関節を回転させ、ゆったりと歩くことが可能になった。この新しい歩き方はアフリカ各地で見られるようになったが、多くのグループはやがて絶滅してしまった。し

かし残ったグループは、二足歩行に適した解剖学的な形質に磨きをかけ、そして何よりも、脳のサイズを増大させていった。

食生活

　ある生物種が生物として成功するか否かは、肉体の機能を維持し、生殖を通じてそれを継承させられるかどうかにかかっている。したがって人類の進化を理解するためには、私たちが何を食べ、その食物をどこから得ているかの理解が不可欠になる。人類の化石が発見された地層には、彼らの生活環境を知るための地質学的・生態学的な手がかりが残されている。しかし、なぜ人類の食生活はこれほどまでに多様化したのだろうか？

　中新世の1700万年前からユーラシア大陸に定着しはじめた類人猿は、遭遇したさまざまな環境に適応するなかで食生活を多様化させはじめ、硬い果実を主に食べるもの、柔らかい果実を中核とするもの、その両方を食べるものが現れた。中新世後期になると、ユーラシアの森林の分布はますます途切れ途切れになり、季節の変化が顕著になり、落葉樹から常緑樹へと樹種が変わった。好んで食べている食物が手に入る時はよいが、それが欠乏する季節を乗り切るための代替食料をどうするかは、人類進化の大きな原動力となってきた。食べ物がなくなりかけた時、頑健な者たちは噛むことを始める。現生のチンパンジーやゴリラと同様に、中新世の類人猿は果実を好んで食べていたが、他に何もない時には堅い木の実や種子を食べた[4]。これを、「窮時の戦略」と呼ぶことにしよう。この戦略は後にまた扱う。というのも、この戦略こそがホモ・サピエンスの成功の理由なのだ。

　500万年前から、初期の二足歩行の類人猿であるアウストラロピテクス属（「南の猿人」の意味で、最初に付けられた名称）の間で、食の多様化が進んでいるのが見て取れる。二足歩行するものたちのなかには、南アフリカのアウストラロピテクス・アフリカヌス（*Australopithecus africanus*）のように、多様な植物を食べていたことを反映していろいろなタイプの歯のマイクロウェア〔食物の咀嚼の際に歯のエナメル質表

南アフリカのスワートクランズで出土した180万年前のパラントロプス・ロブストスの大臼歯におけるエナメル質の成長を知ることのできる顕微鏡観察用薄片標本。右側の細い線（成長線）は、それぞれ約1週間分のエナメル質の成長をあらわす。円形が重なったような形が何列か並んでいるが（線で囲んだ部分は長さ1.6mm）、これはサンプルをレーザー照射で調べた跡である。安定同位体の分析により、約2ヵ月の間に起きた食生活の変化を知ることができる。

面に残された微細な摩耗傷〕が混じっているものもいれば、東アフリカのアウストラロピテクス・アファレンシス（*Australopithecus afarensis*）やパラントロプス・ボイセイ（*Paranthropus boisei*）のように、もっぱら決まった食物を食べていたことをうかがわせる、非常に均質な摩耗パターンを持つものもいる。東アフリカでは、ひとつの進化の系統として、アウストラロピテクス・アナメンシス（*Australopithecus anamensis*）からアウストラロピテクス・アファレンシスを経てパラントロプス・ボイセイへと繋がる進化があったようだ。この進化の傾向は、堅い食べ物を大量に噛み砕く際の効率が良くなる方向に向かっている。それに対し、南アフリカのパラントロプス・ロブストス（*Paranthropus robustus*）はローランドゴリラに似た食生活を選び、軟らかい果実を好んだが、それが乏しい時には堅い食べ物でしのいでいた。

　同位体分析を行うと、食生活についてさらに具体的に調べること

ができる[5]。同位体分析は、固形物の元素組成や同位体組成を調べる際に使われる汎用性の高い方法である。私はかつて同僚たちとともに、氷河期の英国における石器の原料となったフリント（燧石）の産地を特定するためにこの分析法を使ったことがあり、同じ方法を、南アフリカ共和国のヨハネスブルクに近いスワートクランズで出土した180万年前のホミニン〔類人猿の系統から別れて現生人類に至る系統の総称〕の食生活を知るためにも利用した。スワートクランズの遺跡は、1940年代に発見されて以来、パラントロプス・ロブストスの化石や道具が多く出土していることで知られる。複数の標本の歯から採取した微小なサンプルに、レーザーパルスを照射してアブレーション（蒸発させて取り出すこと）を行い、放出された物質中の炭素同位体比を測定した[6]。食物の種類によって同位体特性が異なることを利用して分析した結果、このホミニンは、カヤツリグサ科の草からイネ科植物の種子、植物の根、そして少量の肉まで、季節によって異なるものを食べていたことが推測された。二足歩行というエネルギー効率の良い方法であちこち動き回れるようになったことで、このようにさまざまな食料を摂取することが可能になったのだろう。

　少なくとも340万年前には、初期の人類の中の一部の集団は動物の肉を摂取していた。この時代の遺跡から出土した動物の骨には、脂肪に富んだ骨髄を食べるために叩き割られた跡が残っているものがある。250万年前になると、こうした叩き割った跡に加えて、骨から肉を丁寧に剥ぎ取ったことを示す直線的なカットマーク（刃物傷）もある。少なくとも、小型動物の肉、骨髄、内臓を食べる習慣はできていたことになる。この時代の肉食の証拠は数多く残っており、人類の食性から言えば、植物だけを食べる日々は終わった。もっと大型の動物を食べたことも知られているが、遺跡ではそうした骨は全身ではなく部分だけが残っており、他の骨と比べて頭部の骨が過剰に出土していることから、肉食動物が大型動物を殺した跡をあさって脳を持ってきたと考えられている。脳みそは美味ということなのだろう。

　肉食の始まりとほぼ同時期に、火を意図的に使うようになった最初の痕跡が見られるのは、おそらく偶然ではないだろう。消化しやすい糖分

の摂取源となる果物を除けば、食物を生で摂ることはエネルギー的には効率がよくない（現代では生食も流行しているが）。生の炭水化物やタンパク質から得られる栄養素のうち、ヒトの腸で消化吸収されるものはごくわずかで、その一部は腸内細菌によって発酵され、得られたエネルギーの一部は細菌自身によって消費される。消化の際には、炭水化物の栄養素の最大50％、タンパク質の栄養素の最大100％が利用されないまま失われる。しかし、調理すれば、消化作用の一部を人工的に行うことになり、摂取カロリーを最大で50％向上させることができる。イモ類・地下茎・根などの炭水化物や肉のタンパク質を調理によって分解することで、そのままでは食べられなかったり栄養分を吸収しにくかったりするものも食料として利用できるようになる。また、食中毒を引き起こす可能性のある大腸菌その他多くの細菌を死滅させることで、肉食がより安全になる。人類学者のリチャード・ランガムによれば、調理は乾季を生き抜く保証を与える唯一の方法だった可能性があり、これはもうひとつの「窮時の戦略」と捉えることができる。また、火は危険な肉食動物を遠ざける。初期の人類は初めて地面の上で安全に眠ることが可能になっただろうし、仲間付き合いの時間を増やすための明かりも得られただろう。これらが積み重なって、最終的に、コミュニケーションと互いの関係の強化に費やす時間が長くなり、それが他の霊長類を上回る脳の成長につながった。

　200万年前頃になると、いよいよ話が面白くなってくる。1962年、古人類学のパイオニアであるルイス・リーキーとその妻メアリーは、（その当時の知見では）初めて道具を使ったと思われる古いホミニンの骨を発見し、「器用な人」を意味するホモ・ハビリス（*Homo habilis*）と名付けた。それまで知られていたホミニンは、1890年代にスマトラ島（現インドネシア領）で発見されたホモ・エレクトス（*Homo erectus*、「直立する人」の意）や1924年に南アフリカで見つかったアウストラロピテクスなど、ごく少数だった。リーキー夫妻の画期的な発見以降、新たな発見が相次ぎ、ホミニンにはさまざまな名前の仲間が増えた。私たちの論考に関係するのは、特にホモ・ハビリスよりも後の時代の種──ホモ・ルドルフエンシス（*Homo rudolfensis*）、ホモ・エルガステル

（*Homo ergaster*）、ホモ・ゲオルギクス（*Homo georgicus*）、ホモ・エレクトス、ホモ・ナレディ（*Homo naledi*）、ホモ・アンテセッサー（*Homo antecessor*）──である。1856年にドイツのネアンデル渓谷で初めて確認された有名なネアンデルタール人（ホモ・ネアンデルターレンシス *Homo neanderthalensis*）は、現生人類（ホモ・サピエンス）がアフリカで進化したのとほぼ同じ時期に、ヨーロッパに出現した。これらの名前の多くは、これから本書の物語が展開する中で再び出会うことになる。ただし、長年かけてこうした非常に希少な標本を探し出した研究者は、「自分が見つけた」ホミニンを目立たせるために新しい名前をつけたがる傾向があることは、覚えておくべきだろう。これらの名前のいくつかが、いずれ消えていく可能性はある。

　190万年前までに、アフリカで真にヒトに似た人類が初めて出現した。それがホモ・エルガステルである。この種は、歯や咀嚼筋がそれまでの種より小さく、噛む力が弱めだった。顔はまだ大きかったが、脳は今の人間の半分に近い大きさにまで成長していた。まだまだ先は長いが、彼らはすでに類人猿の域を超え、さらに成長する途上にあった。体はそれまでの種よりも大きく、足も長かった。ホモ・エルガステルは全面的に地上での生活を選んでおり、細かい調整が可能で効率的な二足歩行によって、食料を得るためにそれまでの種よりも長距離を移動できるようになっていた。彼らの食物には、かなりの量の肉も含まれていた。彼らは、適応における分水嶺に達していたのである。

　こうした初期のホモ属（ヒト属）は、この頃すでにアフリカから出て拡散しはじめていた形跡がある（この話題は後にまた扱う）。ホモ・ゲオルギクス（ドマニシ原人）は、150万年前にコーカサスでオルドワン石器を使っていた（オルドワン石器は、単純な石器で、最初期に発見された場所が主にオルドヴァイ峡谷だったことからこの名がついた）。一方、ホモ・エレクトスは180万年前までに中国とインドネシアに達していたが、この拡散は長続きせず、気候が再び寒冷化すると止まってしまった。それでも、効率の良い二足歩行、武器や道具を使っての狩猟や獲物の解体、火の意図的な使用を組み合わせることで、彼らは競争力のある入植者として成功を収めた。

脳

　私たちは、大きくて維持コストの高い脳を持つので、そのためにどうしても大きな代謝を必要とする"代謝の囚人"になっている。ヒトの脳の大きさは、霊長類の中で最も近縁のチンパンジーの脳の3.5倍もある。脳は人体の体積のわずか2％を占めるだけだが、安静時の総代謝の15～20％を消費している（他の霊長類では2～10％）。このようにコストのかかる器官は、単純な雑食性霊長類の生活ではまかないきれない量のエネルギーを必要とする。その解決策はいくつかあって、エネルギーが豊富な食品（肉、特に脂肪）の摂取を増やす、あるいはそのままでは食べられないものを食べられるようにして、より多くの食品を消化しやすい形にする（効果的な獲物の解体と調理）、他のコストの高い組織（たとえば筋肉や胃など）をいくらか犠牲にして脳にエネルギーを回す、などである。ホモ・エルガステルはそのすべてを実行した。

　哺乳類では、成長して大人になるにつれて神経細胞同士の接続の複雑さは変化して、ある接続は失われ、別の接続は新しく作られる。チンパンジーとヒトの脳の発達のしかたは似ており、どちらも比較的ゆっくりである。3～4歳までに成熟する神経領域もあれば、12歳まで成熟しない領域もあり、微調整は14歳になっても行われる。一方、霊長類の中で対極に位置するのはマカク属〔ニホンザルはここに含まれる〕の脳で、生後間もなく急速に成熟する。私たちの神経細胞のネットワークの成熟がゆっくり進むのには重要な理由があり、それは神経科学者が「神経の可塑性」と呼ぶ性質と関係している。これはかなり広い概念を含む用語で、神経細胞の間に多数の回路が作られる一方で、他の回路が刈り込まれ、結果として非常に柔軟な思考方法（効果的な問題解決と呼べる思考方法）が可能になることをあらわす。ゾウやクジラなど、比較的大きな脳を持つ姿に進化した他の哺乳類でも同様のプロセスが起きた可能性がある。しかし、大切なのは脳の大きさだけではない。体のサイズが大きくなると脳も大きくなるものの、脳のすべての領域が同じ割合で大きくなるわけではないのだ。ヒトの脳は大脳皮質（脳の一番外側の層）が特に大きくなっており、思考や記憶に関連する活動の多くはそこで行われ

ている。

　脳の働きに柔軟性が必要だったのは間違いないだろうが、それはなぜだろうか？　進化論的な観点からは、大型化した脳の代謝コストよりも、メリットの方が上回ったからである、と考えるしかない。脳は、食料の獲得に加えて、捕食者や感染症を避ける面でも役に立ったに違いない。私たちの祖先が住んでいた世界は、それほど危険な場所だったのだ。最先端の遺伝子技術でヒト、チンパンジー、アカゲザルの脳やその他の組織における遺伝子の発現（DNAの指令が機能的な生成物であるタンパク質に変換されるプロセス）の比較を行った結果、ヒトゲノムを特徴づける差異が何かが明確になっている。ヒトでは、脳の特定の部位に関連するHAR（human accelerated region）と呼ばれる短いDNA配列が、他の霊長類との比較から予想される以上に、急速に変化して（DNAの塩基の置換が多く起こって）いたのである。この研究はまだ初期段階だが、どうやら多くのHARは環境に応じて多様な用途に対応する汎用細胞の生産に関連しており、それらの利用目的の多くが認知能力にかかわっているようだ。HARの具体的な一例として、ドーパミンが挙げられるが、ドーパミンはワーキングメモリー（作業記憶）の向上や、計画や論理的思考の能力に関係する神経伝達物質である。別の複数の細胞は、指先の器用さや社会的な学習、道具の使用の向上に関係している。平たく言えば、私たちヒトと、ヒトに非常に近い霊長類の間を分けているのは、神経細胞の配線の変更と、その結果として生じる柔軟な問題解決能力であるように思われる、ということなのだ。古代型ホモ属はこの道を進んでいたが、それはいくらかの危険と隣り合わせの道だった。たとえば、*AUTS2*というたった1つの遺伝子が誤作動を起こすと、現代でいうADHD〔注意欠如・多動症〕、てんかん、ディスレクシア〔文字の読み書きに困難のある学習障害〕などが生じることがわかっている。神経の火遊びをすると、時にはその代償を支払わねばならないのだ。

　とはいえ、話はそんなに単純ではない。もし脳の働きの向上が良いことなら、すべての哺乳類はどんどん脳を大きくしようとするのではないか？　こういう時は、小さな字で書かれた"進化の注意書き"を読まなければならない。すなわち、あらゆる利益には、それに伴うコスト（こ

の場合は代謝コスト）があり、それは決して安くはないということだ。進化論的に言えば、食料になる動物のいそうな場所を予測する能力が他の個体より少し高い、頭のいい個体が1匹だけいても意味がない。知能の恩恵がコストを上回るのは、集団全体が恩恵を受ける場合なのだ。そのカギを示してくれたのは、進化心理学者のロビン・ダンバーだ。彼の唱える「社会脳仮説」では、脳が大きくなることで、より多くの社会的関係を維持できるようになり、より大きな社会集団の形成が可能になるとされている。個体同士の関係が複雑になり、維持しなければならない関係の数が多くなればなるほど、知能のコストは高くなる。従って、脳が大きいほど、協力し合って生きていける個体の数が増える。より大きな集団で暮らすことのメリットは容易に想像がつくだろう。たとえば、捕食者や競争相手から身を守ることが容易になり、交配相手が増えることで近親交配の可能性が低くなる、などである。しかし、大きな集団の維持にはコストがかかり、そのコストは、植物性の食物だけで代謝エネルギーを得ていたのではまかないきれないほど大きくなる。ベジタリアンという生き方は、現代のように多様な食生活がある場合には可能だが、季節ごとに変化するサバンナでは通用しない。大きな脳を動かすための解決策のひとつが、小さめの胃腸でも消化しやすい栄養価の高い食品を、より小さなかさで摂取することであり、そこで肉食が視野に入ってくるのである。

　私たちヒトと他の類人猿とを隔てる違いは、徐々に生じたのか、それとも急激に生じたのか、ということも重要な問題だ。最近の研究で、他の大型類人猿はヒトに特有と考えられていた「複雑な認知」のいくつかの側面を、少なくとも初歩的な形では持っていることが明らかになっている。これは、私たちの知能が、少なくとも初期段階には徐々に進化したことを示唆している。古人類学者トム・ウィンと進化心理学者フレッド・クーリッジの2人からなるチームは、人類の知能の進化に関する研究のパイオニアだが、すべての始まりは物を器用に操れるように進化した神経回路の形成にある、と論じている。ひとたび器用に物を扱えるようになれば、道具を作って使うことができる。石器の作成に関する最古の考古学的な証拠は、330万年前までさかのぼる[7]。石器作りは簡単で

はなく、練習を重ねる必要があるのだ（なお私は、石器作りはおよそ得意ではない）。

　進化の研究者たちは、技術を非常に重要視している。骨やその他の有機物と違って、石器は実質的に朽ちたり壊れたりしない。結果として、石器は考古学の資料としてかなりよく残っており、初期の人類が技術的な問題を解決する際にどのように考えていたかを考察するために利用できる。後述するように、言語も類人猿とヒトを区別するもうひとつの要素だが、言語は化石になって残ることがないため、起源を直接研究することはできない。しかしありがたいことに、道具作りと言語に関係する脳の神経回路には共通の部分がある。おそらく、どちらも複雑で目標を見据えた行動を伴うためだからだろう。そして、石器作りの技術を教えることの重要性が増していったことは、言語の認知の発達において大きな役割を果たしたと考えられる。

　今日では、MRIスキャンのような高度な神経画像技術を使って、最も単純な石器技術であっても、それを作るために神経のどの領域を使うかをマッピングすることが可能である。とはいえ、MRI装置は大きいうえ、学生に、閉所恐怖症を起こしそうな狭い磁石の中に横たわったまま石を叩いて石器を作らせるのは無理である。代わりに、学生たちはさまざまな石器を作る訓練を受けて技術を磨き、検査装置の中にいる間は、特定の技術について理解している内容を刺激するような一連の専門的な質問をされる。こうすることで、MRIその他のスキャンによって、それぞれの質問の答えを考える時に脳のどの領域が活性化するかの3次元マップを作り上げるのである。古人類学者のディートリック・スタウトとその研究チームは、学生たちの脳を、訓練開始時、訓練中、訓練終了時の3つの段階でスキャンした。それによって、形を問わずに鋭利な剝片（はく）を作るところから、形を整えた握斧（あくふ）（ハンドアックス）を作ることへと石器作りの腕前が上がるにつれて、被験者の脳に構造的な変化が生じることが示された（113ページの図版I参照）。最初の2つの段階では、集中的に練習するにつれて脳の活動が高まり、3番目の段階では低下した。最も単純な技術では、石の塊に細かい視覚的な注意を払う能力と、ぶつける際に石同士を操作する器用さを除けば、類人猿の脳を超えるも

第1章　皮膚と骨

人類の技術はどのように始まったのだろう？　この4枚の写真は、ケニアにある330万年前の「ロメクウィ3」遺跡で、数個の剥片石器が打ち剥がされた後の石核が少しずつ発掘されていく様子を示している。左上：石核があることが判明し、その範囲が注意深く特定された。　右上と左下：周囲の堆積物を取り除くことで、石核が徐々に露出してきた。右下：堆積物を全部取り除き、向きを変えると、330万年前に鋭い剥片石器を欠き取った跡が再び見えるようになった。

のはごくわずかしか必要とされない。しかし、握斧の製作には、脳の前頭前野皮質におけるかなり高度な認知制御が必要となる。具体的な形状を思い描き、素材をその形に整えられるよう十分に注意しながら、3次元的に両手をコントロールする能力が求められるのである。握斧を作るには、一連の動作を計画する能力が必要なのだ。これが"技術を使うための脳"の誕生である。

　現時点で知られている最古の道具は、ケニアの「ロメクウィ3」遺跡から出土したもので、おそらく二足歩行をする類人猿の1種であるケニアントロプス・プラティオプス（*Kenyanthropus platyops*）が作ったとみられている。ここは森林と灌木の茂みが混在する土地で、大きな石の塊同士をぶつけて作られていた。チンパンジーが石で木の実を割る時と似たやり方であるが、古代の猿人は、石が割れてできた鋭利な剥片を、食

べ物を切るために使っていた。これは非常に単純な技術で、それほど一般的に行われてはいなかったかもしれないが、両手の運動をうまく制御することが必要だった。

　知能面で大きな飛躍が見られるのはホモ・エルガステルで、注意力や行動の結果予測に関わる脳の下前頭前野皮質(かぜんとうぜんや)が真価を発揮するようになった。3次元の石の塊を認識し、そこに頭で想像した形状を重ねることができる脳の働きが高まり、ホモ・エルガステルの名刺代わりである握斧の創造につながったのである。握斧は、氷河期初期を扱う考古学では頻繁に登場する"関心の的"のひとつであり、ホモ・エルガステルの間で広まって、後にはホモ・エレクトスやホモ・ハイデルベルゲンシスのような古いホミニンにも拡散する。最終的には誕生の地である180万年前のアフリカ南部と東部から、北はブリテン島、東は中国にまで分布することになる。大きさや形はさまざまだったが、握斧は150万年間にわたって支配的な石器技術であり、オールラウンドな汎用性を持つ道具だった。石器にかんして地理的・時間的な違いに従った変化が生じる理由はしばしば議論されるが、それがなぜ重要なのかというと、ヒトが自分たちの創造した技術について、継続的な考察と評価のプロセスを開始した時点を示しているからなのだ。石器はもはや、手早く作られ、使われて、ほとんど検討することなく忘れ去られるものではなくなった。現代の私たちの経験の中心となっているような形で、機能の効率性について考察するという、"思考方法"が創造されたのである。

　短いこの1章の中でずいぶん長い道のりを歩んできたが、じきに類人猿とはお別れしなければならない。類人猿たちは、木の枝にぶら下がって移動したりナックル歩行をしたりしながら、それぞれの進化の道を進んでいった。もちろん書き残したことはたくさんあるが、私が力点を置いたのは、ホモ・サピエンスの物語を語るうえで重要だと思われる進化上の発達である。その進化は、枝にぶら下がり、果物を食べて生きていた類人猿を、500万年ほどの間に、大きな脳と人類特有の身体を持ち、雑食性で、問題解決能力があり、集団を形成して生活し、その集団の規模が大きくなるとともに社会性も高まっていく生き物へと変えたのである。一面に森林が広がっていた類人猿の生息地が分断されたことで必要

となった「窮時の戦略」は、まず最初に単純な二足歩行、その後のもっと効率的な二足歩行をもたらし、脳を解放して、脳の成長を始めさせた。その成長のコストは栄養価の高い食物でまかなわれ、石器の生産や火の制御をはじめとする技術の開発によって促進された。そして50万年前頃には、まったく新しい何かが出現しようとしていた。

第2章
DNA研究の最前線

　1860年に、進化論を擁護するトーマス・ヘンリー・ハクスリーとそれを認めないサミュエル・ウィルバーフォース大司教の間で、自然選択による進化というチャールズ・ダーウィンの説をめぐって論争が行われた。有名なオックスフォード進化論争である。この時、ウィルバーフォースはハクスリーに、あなたはサルの子孫だということだがそれは母方の血筋か父方の血筋か、と尋ねたとされている。言うまでもなく、彼は「サル（monkey）」ではなく「類人猿（ape）」と言うべきだったが＊、とにかく彼の言いたいことはわかる。祖先がサルや類人猿だと？　なんというばかげた考えだ！　大司教は、人類進化説がやがて支持を集め、1世紀あまり後には論争に決着がつき、私たちがアフリカの類人猿に起源を持つことが分子生物学によって疑う余地のない形で明白にされるなどとは、知る由もなかった。それと比べればやや控え目なものではあるが、私自身についての分子生物学的発見があったのは、さらに半世紀後のことである。

　2007年、私は自分のミトコンドリアDNAの塩基配列解析を受けた。当時私は、ある研究チームの共同主幹のひとりとして、ヨーロッパにおいて古代からの狩猟採集生活に取って代わった最古の農耕民の生態を調査していた。具体的に言うと、チェコ共和国のヴェドロヴィツェという村にある7000年前の小さな墓地から出土した人骨について、さまざまな分子生物学的な解析や同位体分析を行っていたのだ。調査対象は80人ほどのヒトの骨で、古代人のDNAの塩基配列を決定することで、彼らの生物学的な起源を明らかにする作業だった。DNA解析を行ったのは、現在はフェッラーラ大学に所属するバルバラ・ブラマンティである。

＊ 類人猿（ape）はヒトに似た大型・中型の霊長類を指し、サル（monkey）は霊長目のうち原猿と類人猿を除いたものを指す。

彼女がまず最初にしなければならなかったのは、古代人のサンプルを扱っているうちに私たちのチームの誰かのDNAが混入してしまう「コンタミネーション」の可能性を排除することだった。バルバラが私のミトコンドリアDNAを解析した理由は、お遊びとは無縁で、コンタミネーションのリスクをぎりぎりまで減らすためだった。
　バルバラは結果を私にメールで送付して、わが祖先が狩猟採集民だと判明したことを祝福してくれた。私のDNAの"明細"は、これ以上ないほど嬉しい内容だった。専門用語で言うと、私がハプログループ〔DNAの塩基配列に基づいて分類される遺伝的なグループ〕U5a1に属していることが明らかになったのだ。U5a1は現在では比較的まれなハプログループで、中欧と東欧で最もよく見つかる。U5は、最も早い時期にヨーロッパにやってきたホモ・サピエンスの集団の中で、3万年前までに出現したグループだと考えられている。およそ2万7000年前、このハプログループはさらに2つのグループに分かれた。U5aはその片方で、2万年前くらいからピレネー山脈とバルカン半島とウクライナの間のどこかを起点としてヨーロッパ全土に広がり、氷河期の最後の数千年の間に、またもいくつかのグループに分かれた。U5ハプログループは、遺伝子的にみればヨーロッパにおける狩猟採集民の真の代表であり、氷河期以降に新たに登場した農耕民の波による希釈を生き延びてきた者たちだと言っても過言ではない。自分のハプログループの判明は、私が自身を見る目を一変させた──ちょうど、科学の革命的進歩がホモ・サピエンスのアフリカ起源説に関する驚くべき洞察を明らかにしたのと同じように。

考古学における科学の利用の最前線

　人類進化の研究は、言い換えれば人類の変異の研究である。私たち人類が何をもって他とは異なるものになったのかには、非常に長い歴史があり、30万年前のアフリカにまでさかのぼる。同じ氷河期研究の専門家でも、食生活、生態学、解剖学、認知といった生物学的な変異を研究する人もいれば、私のように技術、集落、生存戦略、美術、死者の扱いなど、行動学的な変異を研究する者もいる。氷河期の専門家たちは、骨

や石や堆積物を長年扱ってきた。だが、私が考古学者として歩みはじめた1990年代には、最先端の科学にも精通しなければならなくなるとは思いもしなかった。氷河期の研究は急速に変化した。科学において「革命」は使い古された言葉だが、「考古学はこの20年間で革命を経験した」という表現には、誰も文句をつけようがないだろう。年代をさかのぼればさかのぼるほど残された遺物が少なくなるため、氷河期の考古学は、これまでも常に最前線の革新的科学技術の恩恵を受けてきた。そしてさまざまな先端科学は、考古学を大きく変えたのだ。現在では、遺伝学者、同位体地球化学者、気候学者、物理学者、統計学者、その他多くの自然科学者が、長期にわたる人類の進化の解明に貢献している。それは決して簡単なプロセスではない。科学者にも他の集団と同じように派閥があるし、古代のDNAの塩基配列決定のような急進的な新技術の爆発的な開花や、それらが人類の起源の研究にもたらすまったく新しい洞察は、多くの当惑や反発も招きうる。私たちは、考古学の基盤づくりに貢献する極めて広範囲の科学分野の間の信頼関係を、発展させている最中なのである。

　考古学研究が変わりはじめたのは1980年代だ。私はその1980年代の末に大学で考古学を学びはじめた。当時、科学を駆使して考古学を研究しようとする人たちの間で、分子が話題になりつつあった。分子は、物質を分割していった時の最小単位である原子が結合したものである。実際に、考古学の遺物を分子レベルで分析するための数々の科学技術が使われはじめ、考古学にその足跡を残しはじめたのである。その興味深い領域のひとつに、同位体（同じ元素の原子だが、原子核にある中性子の数が違うことで質量が違い、物理特性も異なるもの）の分析があった。私がオックスフォードの放射性炭素年代測定研究所で考古学者として働くようになった頃には、人類の食生活の進化をより深く理解する方法として、安定同位体分析が使われだしていた。古代のDNA解析も同じ時期に始まり、1990年代後半には絶滅した人類の遺伝子配列が初めて解明されようとしていた。古遺伝学（palaeogenetics）の驚異的な進歩はまるでSF小説でも読んでいるかのようで、ついていくだけでも大変である。2000年代までにはプロテオミクス（ある生命体が作るすべての

タンパク質のセットを系統的に分析する研究）が使われるようになり、古代の骨のわずかな断片からでさえ、どの生物種のものか特定することが可能になった。

不安定な同位体：原子の壊変が明らかにする人類の起源

　考古学者のなかでも、人々が文字で記録をつけ、硬貨や碑文に年号や日付を記していた時代を研究する者は、たいていの場合かなり正確に遺物がどの時代のものかを割り出せるし、時には年まで特定することができる。資料によって違いがある場合でも、それらを比較し、出来事の起きた順序を正しく見極めることができる。私たちは、若きツタンカーメン王の死は紀元前1323年頃、アウグストゥス帝の死は紀元14年、イングランドがノルマン人によって征服されたのは1066年だと知っている。しかし、氷河期の人々は、現在につながるような年代を記録しなかった。氷河期を専門とする研究者が扱う時間軸は、極めて長い。ホモ・サピエンスの起源については、少なくとも30万年前までさかのぼって見なければならないし、彼らが初めてアフリカを出て拡散した時期については少なくとも10万年前、ヨーロッパに最初に入ってきた時期についてなら少なくとも4万年前、氷河期の終わりは1万2000年前までさかのぼらなければならない。たしかに地球上の生命の歴史に比べればほんの短い歳月だが、それでもやはりとても長く、もやがかかったようにはっきりしていない。歴史時代〔文字記録のある時代〕以前の遺跡や化石、考古遺物の年代を決定するためには、対象となるものの放射性同位体の壊変を利用したさまざまな年代測定技術に頼ることになる。それには相当な費用がかかるが、遺跡や遺物を時間軸の中に位置づけ、その持つ意味を理解するためには、必要不可欠である。これらの技術の強みは、ほんのわずかな量の試料で膨大な歳月を分析できること――数千年、数万年前までわかること――だ。これは、ほとんど理解を越えるくらい極端な長さの時間だ。考えてもみてほしい。あなたは、5万年がどれほどの長さなのか本当に把握できるだろうか？　10^{15}個（1000兆個）のうち1個の原子を想像できるだろうか？　しかし、放射性炭素年代測定を行う

科学者にとって、これらは日常的な概念なのだ。

　年代測定法のうち、最も一般的に使われている手法は放射性炭素年代測定法で、その原理自体は単純である。ほとんどの年代測定技術は、放射性壊変に基づいている。特定の元素の同位体のなかには、不安定なものもある。そうした同位体の原子核は、一定の確率で、放射線を出して安定な原子核へと変化していく（放射性壊変をする）。同位体ごとに壊変する確率は決まっているので、ある同位体がどれだけ壊変したかを測定すれば、サンプルの年代を特定できる。放射性炭素年代測定法の場合は、放射性同位体である炭素14（^{14}C）を使う。^{14}Cは、大気圏上層で、宇宙線と窒素原子の複雑な相互作用によって生成する。^{14}Cは大気中の酸素と結合して二酸化炭素になり、素早く拡散して、水や地上の生態系に入りこむ。光合成によって植物に取り込まれて、その植物を食べた草食動物の体内に入り、さらにそれを食べた雑食動物や肉食動物に入り、すべての生きものに取り込まれる。しかし考古学者にとって重要なのは、その生物が死んだ時である。死ぬと、新しい^{14}Cの供給がなくなり、体内の^{14}Cは一定の割合で壊変して減っていく。その減り具合から、死後どれくらいの年数が経ったかを割り出すのである[1]。理論的には、放射性炭素年代測定は、氷河期の遺跡から出土した人や動物の骨や歯、植物の炭など、かつて生きていたあらゆるものの年代を測定することができる。しかし、そこには落とし穴がいくつもある。他の試料や器具からの炭素の混入（コンタミネーション）があると正しい結果が示されなくなるので、絶対にそれは避けなければならない。また、大気中の放射性炭素の存在比は地域的・時間的に変化するため、計算で出た値を実際の年代に変換する際には、較正が必要になる。

　1980年代には、人類の化石がどれくらい前のものなのかについての私たちの理解は極めて不正確だったので、人類の化石の年代を直接測定できるという展望はとてもエキサイティングだった。1990年代に入ると、私は同僚のエリック・トリンカウスとともにオーストリアとイタリアの博物館を巡り、氷河期の人類の骨から、年代測定をするための微量のサンプルを採取した。エリックは周囲をなごませる笑顔が魅力の温厚なアメリカ人で、当時すでに氷河期の人類の健康と病理に関する世界的

な権威として知られていた。一緒に仕事をしながら、私は彼が貴重な骨のかけらをひとつひとつ丹念に調べる姿に感心した。ウィーン自然史博物館の収蔵庫では、彼はカリパス〔コンパス型の測径器〕、私はドリルを手に、「モーツァルト」と書かれた何十もの箱に囲まれながら一心に作業に励んだ。かの大作曲家は無縁墓地に埋葬されたため、博物館は彼のものである可能性がある遺骨をすべて保管するよう求められていて、そういう骨が大量にあるのだ。しかし私たちの関心の対象は、この博物館が収蔵する、もっとずっと古い骨だった。そのうちのあるものは予想よりも新しかったが（青銅器時代の墓掘り人たちが古い地層を掘って新しい遺体を埋めてしまったせいだ）、それ以外は、ヨーロッパで最も古い時期のホモ・サピエンスの骨であることが判明した。その後まもなく、私はこのプロジェクトを拡大して、最も古い時代の埋葬地も対象に含めることができた。たとえば、ウェールズの3万4000年前の「パヴィランドの赤い貴婦人」（第9章と第16章で取り上げる）や、ポルトガルの2万9000年前の「ラペド・チャイルド」（317ページの図版XXVを参照）などである。

　放射性炭素年代測定法で知ることができるのは、5万年前までである。それより古いサンプルでは、ほぼすべての^{14}Cが壊変してしまっているので、測定ができないのだ。それ以前の時代や、有機物以外の物質については、別の年代測定法が必要になる。そこで、私の旧友であり同僚でもあるアリステア・パイクの出番となる。このような好ましい研究仲間の連携は、学問の世界にはしばしば見られるものだ。プロローグで述べたように、私たちはイングランド中部のクレスウェル・クラッグスという石灰岩の峡谷にある2つの洞窟で氷河期の芸術と思われる壁画——動物やその他の主題が描かれた線刻——を見つけ、それを調査していた。この話についてはまた後でも取り上げるが、ここでのポイントは、この洞窟壁画が氷河期のものであり、それよりもずっと新しいものではないことを示すため、客観性のある検証がどうしても必要だったということだ。しかし、どうやれば？　木炭で描かれていれば放射性炭素年代測定法が使えるが、これは岩に彫り刻まれている。

　アリステアは、線刻画の上のところどころに薄く鍾乳石が形成されて

いることに注目した。彼は、ウラン・トリウム法で年代測定をしてみるべきだと提案した。ウラン・トリウム法は骨にも鍾乳石にも適用できる手法で、半世紀も前から古気候学の研究に使われている。この方法なら、洞窟内の鍾乳石や石筍〔洞窟の天井から滴り落ちた液体から析出した物質が床面に蓄積し、タケノコ状に伸びたもの〕や、海中のサンゴが形成されるのにどれくらい長い期間がかかったかを年代測定することができるのだ。大きな特長は、ウランやトリウムの同位体は放射性炭素よりもはるかにゆっくり壊変するので、約50万年前までさかのぼることができる点である。しかも、必要なサンプルの量が少なくて済み（ウランが5億分の1グラム含まれていればよい）、法律で保護されている考古学遺跡の洞窟壁にドリルをあてる許可を出してくれるように管轄当局を説得するのは難しくない。数ヵ月後に明らかにされたアリステアの分析結果によれば、鍾乳石が7000年前にはできていた場所もあれば、1万3000年前に形成されていた場所もあった。線刻の上に鍾乳石が形成されたのだから、線刻自体はもっと古く、少なくとも先史時代初期、もっと古いものは明らかに旧石器時代に刻まれたに違いない。それこそ、私たちが必要としていた"客観的な検証"だった。

　ここで立ち止まってはいけない、とアリステアは言った。私たちは、年代測定の対象を、スペインやフランスの印象的な洞窟美術にも広げることができる。そこでヨーロッパ各地の仲間とチームを組み、プロローグで紹介したプロジェクトを開始したところ、太古の美術の一部はネアンデルタール人によって制作されたことが証明されたのだ。すべては放射性壊変のおかげである。

　氷河期遺跡の年代測定に欠かせない技法をもうひとつ紹介しよう。ルミネッセンス年代測定法といい、堆積物やフリント（燧石）のように鉱物を多く含む物質が、最後に熱にさらされたのがいつなのかを特定するのに使われる分析方法だ。放射性同位体が鉱物中で壊変すると、鉱物がその放射線の影響を受け、マイナスの電荷を持つ電子が本来の軌道から放出されて鉱物中に捕獲される。もともと電子があった場所には抜けた後の穴（正孔）ができて、捕獲された電子と正孔が鉱物の中に蓄積される。壊変が起こる期間が長ければ長いほど、この蓄積量は増大する。そして

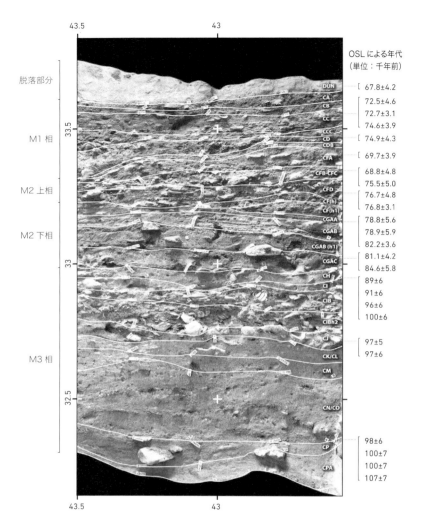

南アフリカのブロンボス洞窟における長期間の堆積層をOSL（光ルミネッセンス法）とTL（熱ルミネッセンス法）で分析して得られた年代。白線は、洞窟内の堆積層がはっきりと異なっている境界を示す。それぞれの層の年代が、数千年の誤差を伴って、右に示されている（下に行くほど古い）。一番下のCP層はおよそ10万年前〜9万8000年前のものである。この年代は特に重要である。というのも、CP層には、天然の貝殻を利用したすり鉢が石のすりこぎとともに含まれており、すり鉢にもすりこぎにもオーカー（酸化鉄を含み黄色や赤色の顔料になる）が付着していたからだ。つまり、これによってホモ・サピエンスは少なくとも10万年前にはオーカーをすりつぶして赤い顔料を作っていたことがわかる（113ページの図版IIと115ページVIを参照）。

光または熱でこれを刺激すると、電子は正孔と再結合して、時計がゼロにリセットされる。光で刺激する場合は光ルミネッセンス法（OSL）、熱で刺激する場合は熱ルミネッセンス法（TL）と呼ぶ。これが年代測定とどう関係しているかというと、堆積物は川で堆積する時に昼間の光でリセットされ、フリントは石器に加工する準備段階として火で熱せられた時にリセットされるということである。何段階もの複雑な試料処理作業の後、暗い実験室で光（OSLの場合）または熱（TLの場合）のいずれかでもう一度試料を刺激すると、最後の露光または加熱以来蓄積されていた電子が解放される。その際に電子がエネルギーを光（ルミネッセンス）として放出するので、そのルミネッセンスの量を計測して、蓄積していた量を求め、最後にリセットされてからの時間を算出する。こうして、氷河期の宿営地で最後に火が焚かれた年代や、考古遺物を含む堆積物が堆積した年代を特定できるのだ。

ルミネッセンス年代測定法は、ホモ・サピエンスの生物学的・行動学的進化を示すアフリカの遺跡の年代を知るうえで、極めて重要であることが証明されている。特に意義が大きかったのは、この方法でモロッコのジェベル・イルードの洞窟で発見された、知られている限り最古のホモ・サピエンスの化石が、30万年以上前のものだと示されたことである。これはホモ・サピエンスが初めて拡散した時期として、驚くほど古い。また、アフリカ東部と南部からもそれに近い年代の化石が見つかっていることから、この頃からホモ・サピエンスはアフリカ大陸全体に広がっていたことがわかっている。しかし、わかるのは単に拡散だけではない。前ページの図版は、ルミネッセンス年代測定法が明らかにした、「私たちの行動がどのように人類特有のものへと進化していったか」ということの説明である。

安定な同位体：同位体分析が明かす先史時代の食生活

1990年代の後半、マイク・リチャーズと私は、マイクの持つ技術を活用して人間の歯や骨に含まれる安定同位体を調べ、そこから明らかになる氷河期の食生活についての研究をはじめていた。私たちは、マイク

がオックスフォードの博士課程で人骨の同位体分析について研究していた時以来の友人だ。彼はその後ほどなくして、氷河期の人類化石に含まれる同位体と、それによって判明する過去の食生活についての世界的権威になった。

　私たちの骨は、巧妙に作られている。身体はタンパク質を消化し、アミノ酸の形で吸収する。次いで、それらのアミノ酸を使って、骨に引っ張り強度（骨をバラバラにしようと引っ張る力に耐える力）を与えるタンパク質を作り、そのタンパク質と、圧縮力に耐える力を骨に与える多様なミネラルとを織り合わせる。ここで重要なのが、主要な構造タンパク質であるコラーゲンである。ヒトや動物の骨から採取した少量のコラーゲンを同位体分析にかけると、そのタンパク質が何に由来するのかがわかる。ともに炭素の安定同位体である炭素12（^{12}C）と炭素13（^{13}C）の比率は、食事に含まれる陸生種由来タンパク質と水生種由来のタンパク質の相対的な割合を反映している。また、窒素15（^{15}N）は、動物を食べて摂取したタンパク質の量を示す。これらを総合して考えれば、かつて生きていた生物が、何からタンパク質を摂取していたのかを知ることができる。遺跡の骨は、その場所が使われていた時代にどのような動物が食べられていたかについて多くのことを教えてくれるし、運が良ければ、残っていた植物の断片から、種子、木の実、果実の利用状況も知ることができる。これはありがたい。ただ、氷河期の狩猟採集民は頻繁に移動していたため、1年を通じて食生活には相当な変化があったと思われるが、同位体比からは1年間のそれぞれの時期に人々が何を食べていたかはわからない。同位体が示すのは、歯で分析した場合は人生の初期の約10年間、骨の場合は死ぬ前の約10年間の食生活におけるタンパク質摂取源の平均値である。

　マイクは、私がそれまでに放射性炭素年代測定のために採取していた、数多くのヨーロッパの氷河期の人骨のサンプルを使って、同位体分析を行った。そのいくつかについては第8章でまた触れるが、彼の分析結果は、氷河期の食生活（この場合は3万前から2万年前までの間）の中身をうかがい知ることのできる像を初めて見せてくれることになった。そこでの圧倒的に重要なタンパク源は肉だったが、それ自体は驚くにはあ

たらない。氷河期のツンドラ地帯には、植物性のタンパク源はほとんどなかったからである。意外だったのは、川魚が私たちが思っていたよりもはるかに重要なタンパク源だったことだ。凍てつく川に入って銛で魚を突くのは、割に合わない。たまにごちそうとして食べるためならばともかく、わずかな収穫のために払う代償としては大きすぎる。にもかかわらず魚が重要なタンパク源であったということは、罠で魚を獲る何らかの漁法が使われていたことを示しているとしか考えられない。その技術によって、しもやけになることなく栄養のある獲物を得ていたのだろう。この分析結果の最も重要な意義は、彼らが多様な食物を摂取していたことを示した点であった。こうした多様な食事はブロードスペクトラム食として知られる。おそらくホモ・サピエンスは、そうした食生活に内在している「保険」によって、先行するユーラシアのネアンデルタール人よりも進化において優位に立ったのだろう。現代社会では、スーパーマーケットのどこか１ヵ所の通路が封鎖されても、別の通路で買い物ができる。しかし狩猟採集民は、狩猟、採集、漁撈で手に入る野生の資源に完全に依存していた。選択肢が比較的限られている場合（たとえばネアンデルタール人が動物に依存していたように）、手に入る量がわずかに変動するだけでも致命傷になりかねない。より幅広い資源を活用できれば、ある供給源が駄目になっても他の供給源に頼ることができ、レジリエンス（耐久力や回復力）が高まる。つまり、「窮時の戦略」の柔軟性が高まるというわけだ。このことが示唆しているのは、決定的に重要な進化の転換期が訪れたということである。私たちが分析した骨が出土した遺跡からは、魚の骨も出土していたが、その量はそれほど多くなかった。もしも同位体分析がなければ、この重要な食性の変化は完全に見落とされていただろう。

遺伝学と人類の進化

　ほんの少量の骨のかけらで、いったい何ができるだろう？　そのままなら博物館の収蔵庫で永遠に眠ったままになるかもしれないちっぽけな骨のかけらで。私が学生だった頃なら、答えは「たいしたことは何もで

きない」だっただろう。しかし今日では、分子生物学の目覚ましい進歩のおかげで、「ものすごくいろいろなことがわかる。絶滅した人類を発見することまでも」が答えになりそうである。

氷河期の遺跡は自然の堆積物の下に埋もれてしまうため、さまざまな浸食を受けることになる。多くの場合、骨は折れ、脆(もろ)くなり、こすれて削られ、あるいは摩耗した小さな破片になる。しかし、骨の形からはほとんど何もわからなくても、骨に含まれるタンパク質はまだ残っており、そのタンパク質は、特に遺伝学の面で多くを明らかにしてくれる。

現在の人間と古代の人間のDNAは、どちらも進化についてたくさんのことを教えてくれる。私たちの遺伝子のパターンは祖先との関係を反映しており、家系図のようにさかのぼってたどることができる。古代のDNAは、現代との比較を可能にする太古の情報を提供してくれる。理論的には、DNAは人間の骨だけでなくマンモスの毛、ダチョウの卵の殻やトナカイの角、さらには堆積物の粒子や土壌に付着した微量の生物由来の痕跡まで、かつて生きていたあらゆるものから抽出することができる。まさに、氷河期の個体の亡霊ともいうべき存在である。私たちが扱っている氷河期の時間の長さがなかなか把握できずに苦労している人は、遺伝学のスケールを考えてみてほしい。私たちの体は何十兆個もの細胞からできている。細胞のひとつひとつに、同じDNAのコピーが含まれている。DNAの大部分は細胞の司令塔である細胞核にあり（核DNA）、一部は、細胞のために化学エネルギーを生成する小器官であるミトコンドリアの中にある。すべての細胞内の遺伝情報はアデニン(A)、グアニン（G）、シトシン（C）、チミン（T）の４種類の塩基のうちの２つずつ（AとT、CとG）が対になった形で格納されており、それらの塩基対ははしごの横木のように結合している。塩基対が糖とリン酸でできた構造体と結合したものをヌクレオチドと呼び、このヌクレオチドがDNAを構成する基本単位となっている。ヌクレオチドの連なりは、集まって２本の長い鎖としてらせんを描き、有名な二重らせん構造を形成する。二重らせんに沿って、数百から長いものでは200万以上の塩基対の連なりが遺伝子を構成する。複数の遺伝子を含む長いDNAのらせんがまとまって、染色体を形成する。遺伝子はタンパク質を作るための設

計図なので、遺伝の基本単位である。それぞれの遺伝子が持つ具体的な指示の内容は、特定の塩基対の配列としてコード化されている。塩基対の配列（シークエンス）を読み取ることを塩基配列決定（シークエンシング）と呼ぶのは、そのためである。人体の遺伝子（総数は2万5000個にものぼるのではと考えられている）の全情報を指して、ゲノムという。現在では、ある個人のゲノムの99.9%は、他のすべての人と同一であることがわかっている。差異を生むのは、ほんの小さな違いなのである。

　単一のヌクレオチド同士の違いは一塩基多型（SNP）と呼ばれ、およそ1000塩基対にひとつ程度の割合で見られる。私たちのゲノムにはおよそ400万から500万のSNPが存在するが、それが個人ごとの遺伝的な違いを示しているので、ヒトの比較の際には重要な意味を持つ。SNPは、塩基配列の欠失や重複と並んで、私たちひとりひとりを"違う個体"にしている。基本的にまとまって一緒に遺伝するSNPのセットはハプロタイプと呼ばれ、共通の祖先から派生した異なるハプロタイプをまとめてハプログループと呼ぶ。ハプログループは単一の系統を反映しているため、集団遺伝学における分析の基本単位となる。最も広く研究されているハプログループは、父親から息子へ受け継がれるY染色体（Y-DNA）のハプログループと、母親から男女を問わず子孫へと受け継がれるミトコンドリアDNA（mtDNA）のハプログループである。大部分の染色体では、卵子と精子が作られる時に、DNAの部分的な組み換えが行われる。しかし、Y染色体はその際に組み換えが起こらないし、mtDNAは母親に由来するミトコンドリアの中に封印されている。つまり、遺伝学者がY染色体DNAとmtDNAの中に発見した変異は、間違いなく同じ系統の中での時間の経過に伴うランダムな変異（コピーエラー）によって起こったものだとわかる。遺伝的な多様性は、変異した遺伝子を持つ個体がそれを次世代以降の子孫に受け継がせることによって生まれていく。かくして、個人は上の世代からハプログループを受け継ぐだけでなく、自分自身に起こる突然変異で新しいサブグループを生み出すこともありうるのだ。

　mtDNAに注目した場合と、Y-DNAに注目した場合とでは、異なる

祖先へ向かって遺伝系統をさかのぼることになる。それらの系統樹を一緒にして考察するには、高度な統計学を使わねばならないが、それによってはじめて、遺伝学者は複雑な進化のありさまを理解することができる。遺伝学が語る氷河期の人類の起源の理解に取り掛かる前には、もうひとつ、さまざまな要素を組織立てて構築するための最後の一段階が必要になる。それがいわゆる「メタポピュレーション」で、局所的な集団が多数集まって、それぞれが生成と消滅を繰り返しながら存続していく個体群モデルを意味する。複数の個体群（遺伝的に近いものたちの集団）は、個体の移動、個体群自体の移動と隔離、地域的な個体群の拡大や絶滅によってもたらされるDNAを共有してつながりあって、ひとつのメタポピュレーションをなしている。後述するように、非常に長い期間にわたるメタポピュレーションの動態こそが氷河期の狩猟採集民の研究の中核をなす。最も重要な点は、メタポピュレーションが私たちホモ・サピエンスの遺伝的な変異に対応していることである。

　遺伝学はおよそ単純とは言いがたく、古代DNAの研究者たちには、乗り越えねばならない落とし穴がたくさんある。その最初の問題は歳月だ。遺伝的な祖先へさかのぼろうとすればするほど、情報の密度は薄くなっていき、最後は30万年前の暗がりの世界に溶け込んでしまう。古代DNAのフロンティアを切り開く鍵は、骨の中で時間の経過とともに劣化していくDNAの構造の変化を理解することである。皮肉なことに、骨から発見される古代のDNAの大半は、その骨の持ち主には由来しない。たとえば、マンモスの牙に含まれるDNAのほとんどは、マンモスのDNAではない。大部分は微生物や菌類のもので、骨そのものに由来するDNAはほんのわずかなのだ。しかも、まとまりのない小さな断片がごく少数残っているだけで、ものによっては長さが30塩基対にも満たない（ちなみに、1番染色体には2億4900万の塩基対がある）。そのうえ、そのような形で残っているDNAも損傷している可能性がある。時間が経つにつれて、二重らせんは分解されて端の尖った断片になり（はしごをノコギリで切ったところを思い浮かべてほしい）、露出した"はしごの横木"の端は化学変化を起こす。すると、その部分の情報が変化して、間違った塩基配列として読み取られてしまう危険性がある。これ

を回避する方法を遺伝学者が見つけるには時間を要したが、現在では解決策が存在する。骨によっては、コンタミネーション〔他の生物の遺伝子の混入〕のないDNAを他の部分の骨よりもはるかによく保存しているものがある。チェダーマンのDNAを取り出した側頭骨錐体部はその好例である。古代のサンプルを分析する際には、コンタミネーションはつねに悩みの種になる。古代の骨を手で持ったり、息を吹きかけたりするだけで、私たちのDNAが混入する危険性があるのだ。現代の発掘調査では、このリスクを最小限に抑えるために、無菌発掘や実験室でのさまざまな技術的対策がとられている。決してすべてのコンタミネーションが除去されているという保証は得られないものの、各種の分析はこの不確実性をも考慮に入れて行われている。

　遺伝子革命の最初の一歩が踏み出されたのは、1984年のことだ。絶滅したシマウマの1種、クアッガの乾燥した筋肉から、229塩基対の古代ミトコンドリアDNAの塩基配列が解読されたのである。この科学革命は燎原の火のように広がり、すぐにヒトの古代DNAの塩基配列解析が始まった。最初に解析されたのは、2400年前のエジプトの子供のミイラだった（1985年）。2005年には、いくつかの短いDNA断片から長いDNA配列を再構築することが可能になった。数本の短い配列を比較し、重なる部分を合わせ、クローン化（何度もコピーすること）することで、もとの断片よりも長い配列を得るのである。1997年に、絶滅した人類であるホモ・ネアンデルターレンシス（ネアンデルタール人）のミトコンドリアDNAの塩基配列決定が行われ、2010年にはその全ゲノムが解読されて発表された。2006年には絶滅したケナガマンモスのミトコンドリアゲノムが解読され、2014年までに、別のクアッガの毛を使って、19.4ギガ（194億）の塩基対の配列が読み取られた。そしてさらに現在では、氷河期の人類と動物の遺伝学は、それらの目覚ましい成果と比べても何光年も先へ進んでいると言ってもよい状況である。

　私たちは、まさに古遺伝学の最前線にいる。今はパーソナルゲノミクスの時代、個人のゲノムを構成する30億塩基対の配列をすべて明らかにすることができる時代である。ハイスループット・シークエンシング（高速・高性能の塩基配列決定）のコストが下がってきたことで、今

後は解析自体が完全に自動化され、損傷した微小なDNA断片の扱いが向上し、これまでよりもっと古い時代へとさかのぼったり、これまでならDNAを採取できなかった骨からでも解析が可能になったりするだろう。この技術革新は、特にアフリカで出土した人類化石に関して重要な意味を持つ。比較的温暖湿潤なアフリカの土壌条件は、DNAの劣化を加速させるからである（冷蔵庫から出しっぱなしの食品を想像してほしい）。また、コンピューター・モデリングと人工知能の利用が進めば、損傷したDNAをはるかにうまく扱い、コンタミネーションを除外することも可能になるだろう。マンモスやサーベルタイガーのクローンを誕生させるのはまだ空想の域かもしれないが、それが現実になる日は、以前よりもずっと近づいている。

　また、骨からタンパク質を抽出することも可能になっている。これは古代のDNAと同じくらい革命的な出来事だった。ごく僅かしか残っていない古代のタンパク質を抽出して調べる方法はいくつかある。そのひとつは、世界的な分子生物学・考古学者であるマシュー・コリンズと、当時ヨーク大学の博士課程に在籍していたマイク・バックリーによって開発された。ZooMS（Zooarchaeology by Mass Spectrometry〔質量分析を利用した動物考古学〕の略）というキャッチーな略称で呼ばれており、従来なら考古学者の役に立たなかった小さな骨の断片に含まれるコラーゲンに、マスフィンガープリントという方法を適用するものだ。この手法では、あらかじめ処理して調製した試料にレーザーを照射して、ペプチド（タンパク質を構成するアミノ酸が複数つながった分子）の断片をイオン化・気化させ、加速させて質量分析計で質量を測定する[2]。ペプチドのアミノ酸配列は生物種ごとに少しずつ異なるため、その骨がどの生物種のものかを特定できる。これは、長い歳月の中で人類と動物がどのような関係にあったかを調べる研究に大いに役立つ。バイソンとオーロックス（絶滅した野生牛の一種）、ヒツジとヤギなど、骨の形態だけでは識別が難しい動物を判別するという問題を、ZooMSが解決してくれたのだ。

　ドイツのマックス・プランク人類進化学研究所の科学者カテリーナ・ドゥーカや、オックスフォードで私の後任を務めるトム・ハイアムといっ

た考古学者たちは、すぐに氷河期考古学におけるZooMSの可能性に気がつき、博物館の引き出しをあさって、この技術で分析ができる骨を探した。その結果、彼らの努力は劇的な形で報われることになった。シベリアのデニソワ洞窟で発掘された1個の骨片が、人類のものだと判明したのである。その後、この骨片のDNAの塩基配列が解読され、骨の主はそれまで確認されたことのない人類であることが明らかになった。新発見の人類はデニソワ人という名を与えられ、骨の主には「デニー」の愛称が付けられた。そのうえ、デニーのDNAは別の秘密も明らかにしたのだった（これについては第5章で述べる）。ZooMSは科学がもたらした驚異的な前進であり、比較的安価で、何百もの骨片を迅速に調べることができる。ZooMSを利用した驚きの発見は続いており、最近では、北海で浚渫された土砂から発見された8000〜9000年前の銛の先が人骨でできていることも明らかにされている。今後も間違いなく多くの新事実が発表されることだろうし、近い将来には、石器に残されたタンパク質の分析によって、氷河期の石器でどの動物（あるいは人間）が殺されたかの特定もできると考えられている。

遺伝学と、人類アフリカ起源説

　ダーウィンやハクスリーらが人間とアフリカの類人猿との解剖学的類似性を指摘して以来、私たちは人類の起源の地はアフリカだと考えられることを知っていた。しかし、ホモ・サピエンスの起源をどの程度アフリカに限定できるかについては、1980年代後半まで議論があった。広大なアフリカ大陸で発見された数少ないホモ・サピエンスの化石は、私たちの祖先が他のどの地域よりも古くからアフリカで暮らしていたことを示唆していた。しかし、世界の他の多くの地域の化石の情報がないのに、どうしてそんなに単純な図式だと確信できるのだろうか？　その問題に最終的な回答を示したのは、遺伝学だった。今では私たちは、ホモ・サピエンスがアフリカで進化し、30万年前までにアフリカ大陸の各地に拡散し、やがて10万年前頃から、何度かアフリカを出て生息域を拡げた時期があったことを知っている。ただ、ホモ・サピエンスがアフリ

カのどこで誕生したかは、そこまではっきりしない。現代のアフリカの狩猟採集民から採取した58万箇所ものSNP（スニップ）を比較したところ、私たちの起源をピンポイントで「この地域」と限定できるとすれば、それはアフリカ南部である可能性が高いことまではわかっている。忘れてはならないのは、遺伝子系統樹における系統は、親から子孫へと伝わっていくが、人口集団全体の分岐とは関係ないことだ。また、それらの系統が枝分かれする分岐点と、実際の人口集団の分岐との間にも関連がない。それに加えて、人類の集団は決して固定的なものではなく——氷河期の祖

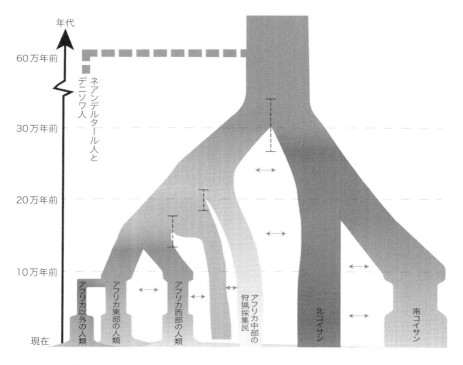

現生アフリカ人とアフリカの化石人骨のゲノムを調べ、ハプログループの違いに基づいて描いた、およそ60万年前（グラフ上部）から現在までのアフリカにおける人口集団の分岐。アフリカ南部のコイサン系狩猟採集民と、それよりも北の地域のバントゥー系農耕民への最初の大きな分岐は、およそ30万年前に起こった（縦の破線は誤差を示す）。この2つの主要ハプログループの中で、20万年前から7万5000年前までの間に、さらなる分岐が生じた。これらの後期ハプログループの間に記されている矢印は、集団の大きな移動を示している。

先は固定的集団とは程遠かった——、おそらく私たちは、地理的に遠く離れたさまざまな人類集団の間でどれくらい遺伝子が共有されてきたかについて過小に評価していると思われる。

　そうした情報のほとんどは、古代のDNAからではなく、今の人々のDNAから得られている。遺伝的な多様性は、塩基のランダムな変異、挿入、欠失によって時間の経過とともに蓄積されていく。それを考えると世界のほとんどの地域で、ある場所で観察可能な遺伝的多様性が大きいほど、その地域の集団は長く存続してきた（多様性が蓄積する時間が長かったため）ということになる。ミトコンドリアDNAでも、核DNAでも、ゲノム全体で見ても、アフリカ南部のコイサン[3]の集団は地球上で最も遺伝的多様性が大きい。今日、コイサンの人々の間には、ヨーロッパ人とアジア人を比べた場合よりも多様なばらつきがある。コイサンの遺伝子には、農耕民より前の太古に起源するものがあり、コイサンが子音として使うクリック音（舌打ちのチュッやコッやそれに似た音）は、おそらく人類最古のコミュニケーション音のひとつだろうとされている。

　そういうわけで、ホモ・サピエンスの起源の地がサハラ以南のアフリカであることは明らかである。その後にアフリカのホモ・サピエンス集団の中で、確認されている限り最古の遺伝的分岐が起きて、南部コイサンとアフリカ東部の集団に分かれた。非常に早い時期に起きたコイサン語族とバントゥー語族の分岐に対応して、この時にY染色体が2つのハプログループに分かれている。その後、どちらのハプログループもさらに枝分かれをくり返して、アフリカ南部、中部、東部という異なる地域で、異なるいくつかのグループが誕生した。この分析結果は、アフリカ南部では少なくとも26万年前、おそらくは35万年前までさかのぼることのできる、非常に長い人口の構成に関する歴史が存在することを示している。

　ここでひとつ言っておかねばならないのは、「人種」は生物学的な実体ではなく社会的な現象だということだ。「人種」とは、ヨーロッパの植民地主義から生まれ、それを支えることに貢献した、ひとつの分類体系にすぎない。その分類は何世紀にもわたって社会集団を構造化するた

めに使われ、まったく主観的な偏見をまき散らしてきた。啓蒙主義の時代に、人間の起源と多様性に関する理解が広がるにつれて、「人種」は、植民地を持つ列強の文化的な（ひいては生物学的な）優位性という概念と結びついていった。「人種」に遺伝学的な根拠はまったくない。肌や髪や目の色、頬や顎や鼻の形といった特徴は、これまで人々を分類するために使われてきたが、そこに関与する遺伝的な差異はごくわずかだ。そうした特徴は主に、異なる環境に人間が適応するうえで特定の形質が好ましいという意味で役立っている（たとえば、スーダンのディンカ族は背が高く、北極圏のイヌイットは背が低いのは、それぞれ暑さや寒さへの適応である）。現代の米国や中国の人口集団の内部では、外部の他の集団と比べた時よりも遺伝的なバリエーションが大きい。ゲノムのデータは、異なる集団を遺伝学的に区別できるという考え方を明らかに否定している。遺伝学では異なる集団同士の識別は不可能で、「人種」はおよそ役に立たない概念なのだ。

　ところで、本章の冒頭で紹介したウィルバーフォースの質問に対するハクスリーの答えは、「サルを祖先に持つことを恥とは思わないが、真実を覆い隠すために知能を使った者が祖先であれば恥と思う」というものだった（彼は「真実を覆い隠すために知能を使った者」に、ウィルバーフォースのような、という含意を込めた）。すでにその時には近代科学の種が蒔かれており、サル、類人猿、そして最終的には人類の進化の起源の地としてアフリカに注目が集まっていた。現代の私たちは、ホモ・サピエンスの複数の集団が30万年前までにアフリカ全土のあちこちに広がっていたことを知っている。氷河期の気候が寒冷・乾燥から温暖・湿潤へと変化するにつれ、各地域の環境も変わっていき、それに伴って地域の生態系も変化した。人類や他の動物たちの個体群は拡大し、あるいは縮小し、大陸のあちこちを移動した。グループ同士が出会い、個体同士が交配することでハプログループが拡散し、サブグループの多様化に寄与しただろう。繁栄し、数を増やし、遺伝子流動を増大させた集団もあれば、失敗し、生きるための資源が枯渇した地域では、局所的に絶滅した集団もあっただろう[4]。少なくとも50万年前の古き祖先から受け継いだ生物学的形質の複雑なセットが、共有され、進化の試練にさらさ

れた。他と比べて大きな成功を手にしたのは、丸っこい形をした大きな脳、長い脚と短めの腕が付いた体、小さな顔、はっきり目立つ顎などだった。行動面では、柔軟な考え方や問題解決能力、利用する資源の増加、より大きな社会的集団で生活する能力、そしておそらく（少なくとも天候が邪魔をしない時には）「あの丘の向こうに何があるのか見てみたい」という想像力に駆られた願望が、成功につながったことだろう。

第3章

気候の変動と環境

　私は多くの古環境学者や考古学者とともに巨大な冷凍室の中に立っていた——まるで、コペンハーゲンの寒さでは不十分だとでもいうように。私たちは望んでその中に入ったのであり、寒さに震えながらも、そこにいることに興奮していた。時は2009年、私は氷河期後期に関する会議に出席していたのだが、その会議の合間にコペンハーゲン大学のニールス・ボーア研究所（具体的に言うと、間違いなくこの大学で最も寒い部屋）の見学ツアーが組まれていたのだ。私は歯をガチガチ鳴らしながら、氷河学者が巨大なアイスキャンディーに似たものを注意深く取り出す様子を見ていた。長い氷の円筒を天井灯にかざすと、縞模様の氷の柱は宝石のように輝いた。それはグリーンランドの氷床を真下の岩盤へ向かって3km掘削して取り出した「氷床コア」の一部分で、私にとっては特別に重要な部分だった。この部分はおよそ2万年前、氷河期の最後の厳しい寒さの時期に、最初は雪として降り積もり、やがて上に積もった雪に押しつぶされて氷の層となったものなのだ。この雪がグリーンランドに降ったのと同じ時期、他の地域では狩猟採集民が、生き延びるためにこのうえなく厳しい試練と戦っていた。アフリカでは気候が乾燥化したことで、乾季には枯れてしまう草原がどんどん広がり、ユーラシアでは亜寒帯の環境が支配的となって1年の大半は雪に覆われた。人類は長い年月に何度も試練をくぐり抜けたが、氷河期の最後に直面したこの試練は最も過酷なものだった。

氷に隠された秘密

　すべては水から始まる。地球が「青い惑星〈ブループラネット〉」と呼ばれるのは、ゆえなきことではない。地球は何十億年にもわたって、気体（水蒸気）、液体、

固体という3つの形で水を蓄えてきた。私たちの星が太陽系の他の惑星と違うのはその点である。水のほとんど——97％近く——は海にあり、残りは雪氷圏（氷河や雪など凍っている水）と、陸地の水系（地下水、湖沼、河川）と、大気中（雲や水蒸気）に蓄えられている。地球上の生命は水の中で誕生した。生物には今もその起源が反映されており、人間の体は平均すると60％が水で、脳と心臓では73％を水分が占めている。水の影響はあらゆるところに及んでいる。地球の気温は水蒸気によって決まり、気温はそこが生物の生存に適しているかどうかを決める。海洋の水は地球全体に熱と栄養分を運び、降水は生物が生きていくための水を供給する。地球の両極にある大きな氷床は気候や天候の調整に役立ち、気候や天候は地球の水循環を助ける。水が水蒸気（気体）と水（液体）と氷（固体）の間で相を変える際に熱が放出され、それが地球の気候や気象に影響し、陸上では環境を決定して、その環境の中で生物が進化し適応する。

　水、気候、気象、生命の間には、互いに切り離すことのできない関係がある。地球が太陽の周りを回る際の変動——軌道の形や範囲、地軸の傾きの角度、独楽のような微妙なぐらつきなど——は、地球の水がどこに蓄えられるかの分布や、それぞれの貯水場所の間での水の循環や、淡水と塩水の相互作用に大きな変化をもたらす。これらが合わさって気候変動が起きる。地球の歴史から見れば、このような性質の気候変動は目新しくもなんともない。目新しいのは、近年の人間活動の影響による気候変動だけである。地球は約2億年ごとに氷河時代を経験しており、そのなかには、直近の氷河期よりもはるかに苛烈なものも何度かあった。およそ4億3000万年前のオルドビス紀には、現在のアフリカにあった氷河が惑星全体に広がり、地球は大規模に凍結した。当時の地球で生物がいたのは、表層が凍結した海の中だけだった。それまで生きていた生物種の半分以上が絶滅するという、地球史上初めての生物の大量絶滅だった。しかし、生き残った生態系は、途中で多くを失いながらも進化し、氷河期と現在の生物種へとつながっていった。

　人類が経験したのは一番最近の氷河期だけである。250万年にわたる更新世のほとんどは氷河時代と重なっている。更新世は、実際には極寒

ディルク・ホフマン博士は、長い年月をかけて洞窟の鍾乳石や石筍として蓄積された同位体の分析に基づいて、完新世と更新世の気候を推測した。その成果は、海洋や湖の堆積物コアや氷床コアの記録と相関させることができる。写真は、博士がポルトガルのアルモンダ・カルストの長い石筍からサンプルを採取しようとしているところ。

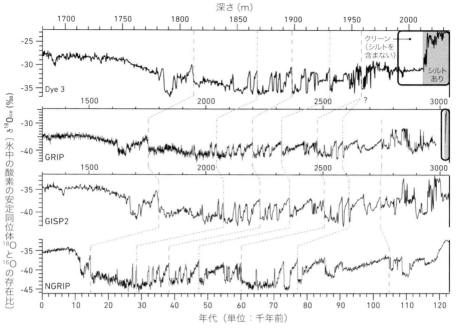

氷河期型の気候変動。グリーンランドの4本の氷床コアに含まれる酸素同位体の比率を、深さ(単位:m、上の目盛り)と年代(単位:千年前、下の目盛り)に従ってグラフにし、酸素比率(点線)に基づいて照合したもの。4本のコアはすべて、現在から10万年以上前までの同じ期間に形成されたサンプルだが、氷雪の堆積具合が異なる別々の場所で掘削されたため、成長速度が異なっている。

の氷期と温暖な間氷期が交代であらわれる一連の気候変動の時代である(私たちが過ごしてきたこの1万1700年間は、間氷期にあたる)。更新世の大部分で、気候は今より寒冷だったが、そこまで厳しいものではなかった。極端な氷期と間氷期は、更新世のわずか20%を占めるだけである。しかし、そうしたピークとピークの間にも、それほど極端ではない規模の変化が絶えず生じていた。私たちの進化の背景にあるのは、この不安定さである。極地の氷を掘削した氷床コアには何十万年も前に降った雪が含まれており、その氷の柱の各層に地球の古気候を——そしてそこから当時の気象を——読み解くための化学的な手がかりが残されている。そしてそのデータは、海洋や湖沼の堆積物コアやその他の情報源から得られた証拠によって補強される。

南極とグリーンランドの氷床は、更新世とそれに続く完新世のほとんどの期間、積雪量（圧縮されて1年に6.5mmの氷になる）と、端の部分で融けて失われる量との間で、複雑なバランスを保っていた。ところが、1990年以降は失われる量が積もる量をはるかに上回っている。広大な氷の貯蔵庫は融解しつつあり、それが完全に融けてなくなった時、世界の海面は70mも上昇するだろう。私の故郷ポーツマスの最も高い地点は、海面下67mに沈む。気候変動を否定する者たちよ、そんな話は聞いていなかったとは言わせない。

　氷には、形成された時の環境に由来するさまざまな元素や分子が含まれているが、そのなかに、酸素の安定同位体である酸素16（^{16}O）と酸素18（^{18}O）がある。^{16}Oと^{18}Oの存在比は、雪が降った時の気温を反映している。酸素の99％以上を占める^{16}Oは軽いので、この同位体に水素が結合した水分子は^{18}Oの水よりも水蒸気になりやすい。一方、^{18}Oを持つ水分子は重いので雨や雪になりやすい。そのため氷の中の2種類の同位体の量の差は、氷ができた時の気温が低いほど顕著になり、その値が毎年の気温を反映するので、氷河期研究に大きく関係する。氷床深層コアは、すべての大陸の氷床から掘削で取り出されているが、数が多いのは地球の極に近い場所、南極とグリーンランドで採取されたものである。なかには、長さが4km近くあり、50万年以上昔までさかのぼれるものもある。1年分の降雪に対応するひとつひとつの層は、はっきりと見ることができる。最も密度の高い層は冬を、最も薄い層は夏をあらわしているため、1年ずつを数えることができるのだ。ただ、深さが増すにつれて氷の重さで各層が圧縮されて、年の見分けは難しくなる。しかし、地球の気候が寒冷で乾燥し、風が強かった時代に積もった灰色の塵の層を利用することで、それぞれの氷の層の年代を識別することができて、岩盤までさかのぼって調べることが可能になる。なお、コアの各点の年代は、放射性同位元素を用いた年代測定などの他の技術によっても行うこともできる。

　ニールス・ボーア研究所の冷凍庫には、数々の掘削プロジェクトで得られた長さ約15km分の氷が保管されている。そのうちの「GRIPプロジェクト」では、グリーンランド氷床の最も高い（つまり最も深さがある）

地点で氷床コアを掘削し、3029m下の岩盤まで到達した。最も深い場所の氷は、20万年前に降った雪でできている。このコアは他の地域のコアとよく一致しており、それらのコアを合わせて分析することで、ホモ・サピエンスがアフリカを出て拡散しはじめた時点以降の気候変動についての、驚くべき貴重な記録が得られるのだ。その期間に、気候は劇的な変化を繰り返し、極寒の亜氷期と比較的温暖な亜間氷期がそれぞれ100年から数千年続いては交代した。この変動は、海洋と氷床との間の熱循環の変化によって引き起こされたようなのだが、そこにはひとつのパターンがあり、数十年の間に16℃もの急激な温暖化が起こり、その後、数百年あるいは数千年かけてゆっくりと冷え込む、ということが繰り返されている。変動は地域によっても異なるが、その影響は急速に拡大するため、世界的な事象となる[1]。本書の後の方で、これらの変動とそれによる地上の環境の変化が、ヨーロッパとアジアで繰り返された人類の拡散の成功と失敗にいかに大きく影響したかを説明する。しかし、今はアフリカに話を戻そう。

気候と、アフリカの「窮時の戦略」

　生い茂ったブッシュ（低木の茂み）の中、私たちは緊張して立っていた。少人数のグループである私たちの周りは、武装した警備員数名が固めている。この探検隊のリーダーである人類進化のスペシャリスト、リー・バーガーは、ライフルを肩にかけ、ブッシュで安全を確保するための基本的な注意事項を説明していた。

　「ここで出会うたいていのものは、君たちを殺すことができる。仮に死ななくても、相当ひどいことになる」。

　南アフリカ共和国、米国、英国の研究者からなる私たちのチームは、南アフリカ共和国のジンバブエとの国境付近、リンポポ川の土手で、氷河期の遺跡がないか調査していた。警備員は、ライオンやカバ、そしておそらく最凶の生物である密猟者から私たちを守るために雇われていた。リーと、チームメンバーのひとりである自然人類学者のスティーヴ・チャーチルは、ブッシュでのフィールドワークに慣れていた。しかし私

はといえば、彼の言うように「数えきれないほどの生き物」がすでにどこかから私を狙っているのではないかと、気が気ではなかった。私たちのキャンプは、肉食動物を近寄らせないための篝火(かがりび)で囲まれ、ライフルを持った警備員がパトロールしている。これでも私が危険を感じるのなら、私たちの祖先にとっての危険と恐怖はいかばかりだったことかと思う。

　アフリカにいた初期の人類は、氷河期がもたらした2種類の極端な環境変化に対応しなければならなかった。アフリカのような低緯度の熱帯地域では、氷期に気温が下がると降雨量が減り、乾燥が進むことになった。その結果、中新世後期(約800万〜500万年前)になると、季節に伴って乾燥するサバンナ環境が広がりはじめた。類人猿集団の多様化と孤立化のプロセスが始まり、それは人類進化の背景となっていく。対照的に、温暖な間氷期には気温が上昇し、熱帯地方に大量の雨が降ることで、砂漠の緑地化や熱帯雨林の拡大、湖沼の水位の上昇がもたらされた。この時期には、雑食化した人類が利用できる食物資源が多様化し、生態系も多様化した(人類という少人数の集団もその生態系の一部だった)。人類はまずアフリカ大陸全土に拡散し、やがてアフリカの外へも出て行った。その後、気候が再び厳しくなって好ましい環境がなくなると、場所によっては絶滅が起こった。人類に適した環境、すなわち草原と森林が混在して淡水が利用できる環境が、百年単位や千年単位で拡大したり縮小したりしながら、アフリカの生態系を常に揺さぶっていた状況を想像してほしい。ある時は、人類の集団は広く拡散し、おそらく移動性も高かったと思われる。別の時には、人類は数が少なく、分布が限定され、互いに隔絶されてしまうことが多かっただろう。こうした絶え間ない変動こそが鍵だった。ホモ・サピエンスを特徴づける一連の解剖学的形質が、どのようにして人類の故郷であるアフリカ大陸に広まり、30万年前までにそれらがどうまとまって人類の新しい種を形成したのか――それを説明するのが、この絶え間ない変動なのである。

　人類が進化した場所は、熱帯雨林ではなかった。熱帯雨林は地球上で最も生産性の高い生態系ではあるが、季節ごとの降雨の差が大きく、森の生産性は予測ができない。栄養分のほとんどは樹木の樹冠の部分に存

在し、動物性脂肪やタンパク質はごくわずかしかない。草食や雑食のサルや類人猿にとっては良い環境かもしれないが、多数の人類を養う力はない。アフリカ東部や南部で私たちの祖先が見つけた居場所は、拡大しつつある草原と疎開林だった。そうした場所には、多様な食物資源が手に入りやすい形で存在した。遺跡から出土した微細な植物残存物や動物の骨、あるいは湖底を掘削して取り出した堆積物コアを分析すると、彼らが生活していた環境を再現することができる。また遺跡の堆積層からは、その場所が川岸や湖岸に近かったのか、それとも高台にあったのかを知ることが可能だ。そうした情報を総合すると、初期のホモ・サピエ

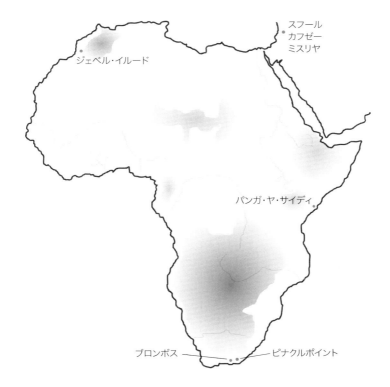

アフリカの洞窟遺跡のうち、30万年前から5万年前までの主な考古遺物が記録されている場所。ホモ・サピエンスが進化したそれぞれの地域を隔てる高地は、網掛けで示されている。大陸全体で集団同士の十分な接触があったため、アフリカで出現した"大きな脳を持つ人類"の遺伝的類似性は保たれていた。

第3章　気候の変動と環境　　057

ンスの集団を維持するうえで重要だった環境のタイプについて、多くのことがわかる。レスター大学のローラ・ベイセルの研究で、アフリカ東部に現存する遺跡が、トゥルカナ湖やヴィクトリア湖といった湖の周辺、樹木がなく藪が茂る草原やまばらに木が生えたサバンナ、山地や疎開林に集中していることが明らかになった。草原や森林ではさまざまな植物資源が利用できるし、水場の近くでは草や木の葉を食べる動物たちを見つけることができるだけでなく、水産資源も手に入る。

　そうした環境が永遠に続くことは決してなく、おそらく数百年〜数千年続いた後、再び縮小していった。時には、ある環境が完全に消失することもあっただろう。およそ10万年前、ケニアとエチオピアにまたがる全長2000kmの大地溝帯に沿って並ぶ火山の多くが噴火して崩壊し、カルデラが形成された。これらの巨大噴火は、陸地と海に膨大な量の溶岩と火山灰を堆積させた。その痕跡は極地の氷床コアにさえ見ることができる。溶岩や火山灰はアフリカの湖や草原を覆い、生態系を大きく変化させることになった。私たちはプリニウスの逸話から、ヴェスヴィオ火山の噴火でポンペイの人々に何が起きたかを知っている。また、1883年にインドネシアのクラカタウ島で火山が大噴火し、山体が崩壊してカルデラになって、島の70％とその周辺の群島が破壊されたことも知っている。

　アフリカの南部では、温暖な時代の海面上昇が、東部の火山噴火と似たような影響を及ぼした。広大な低木地帯が水没し、そこに生息していたコツメデバネズミやリクガメ、シマウマやカバにいたるまで多様な動物を押し流した。プラント・オパール〔ガラス質に変化した植物珪酸体で、植物の種によってプラントオパールの形が違うため、もとの植物を特定できる〕の分析から、南アフリカ共和国西ケープ州にあるピナクルポイント遺跡の洞窟では、17万年前にはすでに草や低木の枝や木の薪が小さな炉（かまど）の燃料として使われ、貝類が調理されていたことが判明している。その後に続いた乾燥した環境では、乾いた木が集められていた。おそらく、石器の材料の石を焼くための小さな炉の燃料にしたのだろう。こうした熱処理を行うと、石の構造に顕微鏡で見ないとわからないほどの微細な変化が生じ、叩き割る時の石の割れ方が変わって、道

具職人や石工は石の形をより細かく制御できるようになる。これは、人類が環境を改変しようとしたことを示す、最も早い時期の、些細だが重要な証拠である。

　この新しい人類は、アフリカ大陸内で、少なくとも20万年間にわたって活動域を拡大したり縮小したりしていた。ある拡大の時期に、ひとつの集団が初めてアフリカの外へ踏み出したが、それはアラビア半島とレヴァント（地中海の東部）の隣接地域に短期間とどまっただけで終わった。しかし、これを失敗と見なしたり、ある種のフライング（早すぎた進出）と見なすのは間違いだろう。自然界における拡散は一方向ではなく、拡大と縮小と、しばしばそれに伴う絶滅が起こるのが常である。それは動物や植物と同様に、人類にもあてはまる。アポロ11号の乗組員のうち2人が月面で過ごしたのはわずか1日である。それは、利用可能な資源（酸素、食料、燃料）によって定められた一時的な拡散であった。しかし、それを失敗とは言わないだろう。人類はじきにまた月面に行くはずだから[2]。アフリカには、驚くほど複雑で幅広い環境が存在する。そしてそれらの環境は、氷河期の気候変動――海面水温、モンスーン気象、陸塊の隆起、火山活動、氷河や湖の拡大と縮小など――によってさまざまな影響を受けた。その結果として、類人猿やアウストラロピテクス類、そして人類という種に、地域ごとの違いが生まれたのも不思議ではない。

　やがて、暮らしやすい生態系が広がった時期には、人類や他の動物たちは何度もアフリカの外へ進出した。そのうちの何度かは、考古学調査によって確認されている。アフリカの外への拡散は、その生物種の進化の度合いとは関係がない。中新世の類人猿も初期のホモ属の一部もアフリカから出たことがあるし、アフリカの中新世が生んだもうひとつの成功例である二足歩行生物のダチョウ属は、ホモ・エレクトスと同じようにユーラシア大陸の草原に拡散し、中国にまで到達していた。

　現代の私たちは、広大なサハラ砂漠が北アフリカとサハラ以南のアフリカを隔てる障壁になっているという考えに慣れきっている。しかし、サハラは昔からずっと砂漠だったわけではない。過去800万年の間には、この地域が数千年にわたって緑に覆われていた時期が何度もあった。そ

うした温暖湿潤な時代には、この「緑のサハラ」とそれに隣接する「緑のアラビア」には青々とした草原と半乾燥の草原が混在し、無数の川が流れ、湖が点在し、水面の広さは何千平方キロメートルもあった。この環境で暮らしていた私たちの祖先は、人口が拡大した時や、あるいはこの環境が失われた時に、アフリカの中でもっと南の方へ移るのではなく、繰り返し北や東へ、すなわちアフリカ大陸の外へ"押し出される"場合があっただろう。

　モロッコのジェベル・イルードでは、「緑のサハラ」だった時期のひとつに暮らしていた初期のホモ・サピエンスの様子を垣間見ることができる。ジェベル・イルードには洞窟や岩穴がいくつもあり、今も人骨や歯や、彼らがそこで過ごした時に使った遺物が多数発見され続けている（114ページの図版IIIを参照）。これらのほとんどは、遺跡の堆積層の底近くの、あるひとつの層（第7層と呼ばれる）から出土しており、その層では骨も豊富に見つかっている。また、遺跡周辺に散在する石器は、同時期にアフリカの他の場所で作られていたものと似ており、この時期には大陸全体でホモ・サピエンスが文化を共有していたことを示唆している。ありがたいことに道具のいくつかは炉の火で加熱されており、熱ルミネッセンス法（TL）によって少なくとも31万5000年前のものであると判定できた。その道具を遺した集団は、おそらく小さな炉で火を焚いていたと思われ、堆積層周辺には木炭が散乱していた。また、この遺跡の動物考古学的な遺物から推測する限り、彼らの食生活は豊かなものだったようだ。ガゼル、シマウマ、ヌー、ハーテビースト〔ウシ科の動物〕の骨や歯には、肉や骨髄を取るために解体された跡がある。しかし、他の捕食動物（ヒョウ、ライオン、それより小型のネコ科動物など）の骨の存在は、私たちの祖先が日々危険な環境の中で困難と闘っていたことを物語っている。この遺跡から出土した人骨は、私たちと共通の解剖学的特徴の多くがすでに出現していたことを示している（114ページの図版IVを参照）。イルードにいた人類は、ホモ・サピエンスと同様に、拡大した脳頭蓋の下に顔が収まっていた点で、ネアンデルタール人（主として西ユーラシアの北部で発見されている）とは異なっている。また、彼らはかなり際立った眼窩上隆起〔目の上のひさしのように張り出し

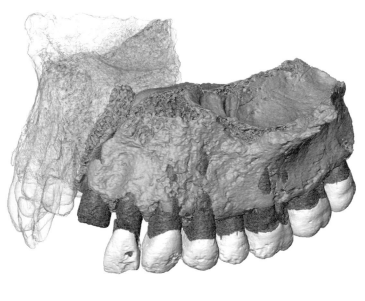

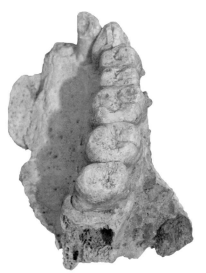

カルメル山（イスラエル）のミスリヤ洞窟から出土した、約20万年前の上顎骨の半分（下）と、その3次元デジタル復元画像（上）。デジタル画像では、付着していた洞窟堆積物の黒い染みが除去されている。この骨は形態学的にはホモ・サピエンスと同定することが可能で、レヴァント（地中海東部）への初期の拡散を示している。

第3章　気候の変動と環境

た部分〕をまだ保持していたが、その部分が左右がつながった単一の隆起から、2つの異なる隆起へと分離しはじめていた（114ページの図版Ⅴを参照）。

　近年、イスラエル北部の沿岸地帯に点々と存在する洞窟での考古学調査によって、ホモ・サピエンスがこれまで考えられていたよりもずっと早い時期にアフリカの外に生息域を広げていたことが明らかになった。カルメル山の西斜面にあるミスリヤ洞窟では、洞窟の住人が残した石器やその他の遺物に混じって、少なくとも18万〜20万年前のヒトの顎の骨の一部が発見されている。ギリシャのアピディマ洞窟から発見されたホモ・サピエンスの頭蓋の断片は、最近のウラン・トリウム年代測定の結果、約21万年前のものであることが判明した。これは、その時代にヨーロッパの最も南東の端に人類が住んでいたことを示唆している。

　私たちは、氷河期の劇的なまでに不安定な気候が絶え間ない環境の変化を生じさせたことを、そして、生活に適した条件が数千年単位で出現したり消失したりしたアフリカの環境の中で、ホモ・サピエンスの集団が大陸全域に拡散したり縮小したりしていたことを見てきた。30万年前、今のサハラ砂漠が緑に覆われていた温暖で湿潤な時代には、ホモ・サピエンスはすでにアフリカ大陸全域に広がっており、20万年前になると、環境の似ていた隣接するレヴァントにも進出していた。その後も繰り返し拡散は起こった。おそらく、アポロの月探査の例のように、少しずつ遠くまで進んでいったのだろう。しかし、人類の狩猟採集に適した草原は、西ユーラシアで終わりではなく、時によっては、東は中国まで広がることもあった。次章では、私たちの勇敢な祖先をアジアの地で追跡することにしよう。

第4章

拡散
アフリカからアジアへ

　私の手のひらには、とても小さく、なんともはかなげな貝殻が乗っていた。朝の早い時間だったが、南アフリカの太陽はすでに熱かった。私たちはブロンボス洞窟の入り口の日陰に膝をつき、海を見渡していた。人類にとって、ここが氷河期の世界の果てなのだ――そう思うと私の胸は高鳴った。

　私たちのグループは15人ほどで構成され、ケープタウンの東まで約250kmの旅をしてきた。その地で私たちは、ブロンボス洞窟を発掘しているクリストファー・ヘンシルウッドとフランチェスコ・デリコが主催したワークショップに参加して、ヒトのシンボリズムの起源について議論した。ワークショップが終わった今、私たちはホモ・サピエンスの起源をめぐる物語では象徴的な存在となっている遺跡を、プライベートで見学させてもらっているところなのだ。小さな洞窟の入り口は今では土嚢の壁で守られているが、氷河期にはそこから海岸平野の見事な景観を一望できたことだろう。当時は海面が今より低かったため、海までは距離があり、目を覚ました住人が起き上がって眠気を追い払うと、平坦で豊かな浜が見渡せたはずである。浜は軟体動物（食べられるものもあれば、食用には向かないが美しい貝殻を持つものもある）などの海産資源であふれていただろう。

　フランチェスコが手に乗せていた小さな貝殻は、洞窟内の石器時代の層から発掘されたツブ貝の1種、ナッサリウス・クラウッシアヌス（*Nassarius kraussianus*）のものだった。貝殻は注意深く熱を加えて色を黒くし、丁寧に穴が開けられていた。穴は、紐で吊るしたり服に縫い付けたりするためのものである。この宿営地が放棄された時、誰かが落としたか捨てたかしたのだろう。7万5000年後に発掘されるまで、貝殻

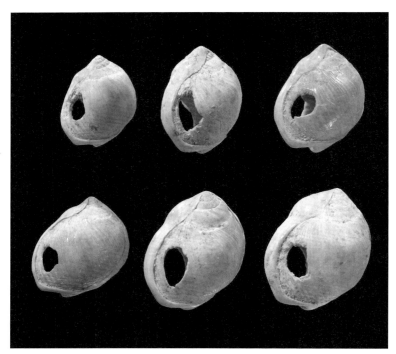

南アフリカのブロンボス洞窟で発見された、7万5000年前の軟体動物ナッサリウス・クラウッシアヌス（Nassarius kraussianus）の貝殻。吊り下げ用の穴があけられている。

はずっとそこに眠っていた。

　ブロンボス洞窟のものとよく似たナッサリウス・ギボスルス（Nassarius gibbosulus）という貝の殻[1]が、イスラエルのカルメル山にあるスフール洞窟という10万年以上前の遺跡と、アルジェリアのウェド・ジェバナ遺跡（おそらく同じくらいの年代）で見つかっている。これらの遺跡は、ブロンボス洞窟から6500km以上北に位置している。同じ貝殻はレヴァント（地中海東部）のトルコの海岸にあるユチャゥズル（Üçağızlı）洞窟でも見つかっており、年代は4万年前である。これは、特定の貝殻を使った装身具の伝統が、広い範囲で何万年もの間続いていたことを示唆している。

　わが研究仲間のマリアン・ファンハーレンは氷河期の装身具を詳細に研究し、貝殻が浜辺で無作為に採集されたのではなく、大きさを見て注

意深く選ばれていたことを立証した。彼女はまた、装身具の貝殻がどのように加工されたのかや、身につけているうちに貝殻の表面にどのようにして特定の摩耗パターンが積み重なったのかを理解するために、同じ貝殻を使って同様の装身具を作る実験を行った。かつて私はパリの南にある採石場で、まる一日間、マリアンと一緒に砂をふるいにかけて貝殻の化石を探したことがある。私は美しいベレムナイト〔イカに似た形の軟体動物〕の化石をいくつも手に入れ、それらは今では私のバスルームを飾っている。しかし、趣味で化石探しをしたわけではない。マリアンは、出てきた貝殻化石をすべて集めることで、自然界での貝殻の大きさのばらつきを明らかにした。次いで、そのばらつきの数値と、氷河期にペンダントに使われていた貝の数値とを比較した。もし穴のあいた貝殻の大きさに自然集団のものと同様のばらつきがあれば、装身具用の貝殻は無作為に集められたと考えられる。ところが実際には装身具の貝殻の大きさの幅はかなり狭く、ブロンボスやレヴァントでは比較的サイズの大きい貝殻が好まれていたことが判明した。これは、貝殻が特別な意味を持っており、単にでたらめに選ばれたものではないことを示す証拠である。また、貝殻は長期間身につけられていたように見えるため、特別な機会にだけ使われたのではなく、日常的に使われていたのだろうと考えられる。

　氷河期の世界の南端で発見された小さな貝殻装身具は、自分たちのスタイルだけしか知らない地元の集団が作った地域ローカルな装飾品ではなかった。実際には、広大な広がりを持つ"人類文化の出現"を初めて私たちに見せてくれるものだったのだ。もしそれがファッションだとすれば、とても人気があったということになる。この装飾用貝殻が広範囲に広がっていることは、ホモ・サピエンスが少なくとも20万年前から、どのようにアフリカの外への拡散を繰り返したかを、より深く考えさせてくれる。増加する人口は、拡散のたびに誕生の地アフリカからより遠くへと人類集団を押し出した。そして、人類は最後には極東の地で、劇的なまでに異なる環境に遭遇することになる。

拡散

　私のシェフィールド大学での教職は、最初は一時的な任用だった。ロビン・デネルがアジアの旧石器時代に関する大著を執筆するために3年間の研究休暇に入り、その間の代わりを任されたのだ。私は、ロビンは古人類学において最も優れた批評眼を持つ研究者のひとりだと思う。私はその後に正規の教員として採用され、ロビンが戻ってくると、私たちは親しい友人となった。ふたりで大学院生向けに更新世の人類の拡散を扱う講座を開設し、互いに多くのアイディアを出しあった。ロビンが特に関心を抱いているのは、人類がアフリカを出てから東へ向かい、アジアに入っていった幾度もの拡散である。彼は、拡散には実際に何が必要なのか、気候はどのように拡散を促進したり妨げたりするのか、そして拡散が進化にどのような結果をもたらしたのかについての考察を深化させてきた。そこで本章とそれに続く2つの章では、彼の視点を借用しようと思う。

　私たちはまずアフリカ人であり、次にアジア人である。アジアには地球上で最も劇的に多様な環境がある。ホモ・サピエンスは最初にアラビア半島とレヴァントへ、次いで中央アジアを経て東へ広がったが、その拡散の性格を決めたのはアジアの3つの主要な気候だった。世界の陸地は、生物地理学的には11の主な区域に分けられる（地図参照）。現在ではそのすべての区域に人が住んでいるが、人類の進化が起こった場所はエチオピア区のみである。人類はそこから、まず隣接するサハラ・アラビア区に入り、やがて東洋区へ分布を広げた。その後に初めて北上して旧北区へ、南下してオーストラリア区へと進出し、さらにその後に、アメリカ大陸の3つの区域へと拡散した。

　長距離の拡散は、本質的に特別なことではない。鳥もハナバチもやっている。重要なのは、生存のための資源をめぐって既存の動物相と競う能力と、場合によっては熱帯雨林から北極圏のツンドラまでの多様な新しい環境に適応する能力である。しかしそうは言っても、やはり人類のアジアへの拡散は大きな意味を持つ出来事だった。アジア大陸の広大さを甘く見てはいけない。イランだけでも英国の6倍の面積があり、アラ

ビアは12倍である[2]。960万km^{2}の中国は、ヨーロッパ（1018万km^2）にほぼ匹敵する。私は毎年、日本の仲間と仕事をするために飛行機に乗るが、アジアを横切って飛んでいる9時間の間、その広さを痛感せざるを得ない。人類の東への最初の一歩を導いた（あるいは阻んだ）であろう地理的な特徴のパノラマが、ゆっくりと眼下を過ぎていく。ヒンドゥークシュやヒマラヤのような山脈や、アナトリア高原、イラン高原、チベット高原のような厳しい冬に見舞われる高地は、誰の目にも明らかな、そしてしばしば永続的な障壁だったことだろう。人類やその他の動物は、これらを迂回して移動せざるをえなかった。その際に通ったのは、ザグロス山脈西部に見られるような低い山の峠や、ガンジス川、ナルマダ川、長江、黄河といった河川や、かつて「緑のサハラ」や「緑のアラビア」を流れていたが、とうに干上がってしまった川が提供する回廊だった。そうした回廊は主要な地理区同士を結んでおり、2つの回廊が合流する場所は、異なる集団の接触地帯となりやすかった。このような"交差点"

生物種の分布の観点から世界の地域を定義するという試みを最初に行ったのは、1876年のアルフレッド・ラッセル・ウォレスである。彼は世界を6つの生物地理区に分けた。上の地図は、2万1000種を超える脊椎動物の種に基づく最近の改訂版で、種の分布に加えて進化史も考慮に入れて11の主要な動物地理区が提唱されている。東洋区とオーストラリア区の境界は、ウォレスにちなんで「ウォレス線」と呼ばれている。北アフリカから中央アジアまでがひとつの区とされている点に注目してほしい。

第4章　拡散

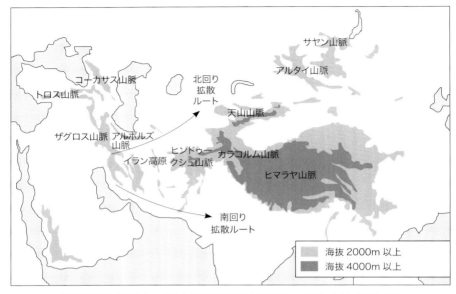

地理的背景を考慮した、広大なアジア大陸におけるホモ・サピエンスの拡散。更新世の狩猟採集民にとって、高地は大きな障壁だった。東方への拡散は、高地を避けてその北または南を回るルートが使われた。

で集団同士がどのように出会い、交配していったかは、第5章で見ていく。さらにこの劇的な地理的条件に加えて、気候の作用も常に存在した。厳しい気象条件下では、低い峠でさえ障壁となる。一方、温暖で湿潤な時期には、タール砂漠のような一部の砂漠が緑に覆われ、居住可能になっただろう。

　氷河期の気候は今よりも寒く乾燥していたうえに不安定だったことを思い出してほしい。気象の影響はずっと顕著だったことだろう。なかでも重要なのは降水量で、もっと詳しく言えば、降水量が変動することだった。そのため、現代の私たちが想像するよりも拡散のリスクは大きかった。比較的なじみのある環境といえる草原地帯でも、寒冷な時期が始まると厳しい冬が到来し、進むことが不可能になりえた。しかし、遠くの丘の向こうに何があるのか見てみたいという好奇心を除けば、拡散は近代の探検の船旅のように計画的なものではなかったし、誰も気候の変化を考えたりはしなかった。アフリカを出たホモ・サピエンスの東へ

の拡散に関連した証拠はまだ比較的乏しいが、意欲的なフィールド調査プロジェクトによって徐々に新たな証拠が見つかりつつある。その結果、10万年前より古い時期にはレヴァントで、その少し後にはアラビアで、そして8万年前頃になると中国南部でホモ・サピエンスの活動の跡を見ることができる。近東では、ホモ・サピエンスは取りうる2つのルートに分かれて拡散したようだ。北回りルートは旧北区に属するシベリア南部とモンゴルへ向かい、南回りルートはサハラ・アラビア区を通って、インドからインドネシアにかけて広がる東洋区を横断して、最終的にはオーストラリアに至った。本章では、この拡散を中国まで追っていくことにする。

偏西風 ── レヴァント、アラビア、中央アジア

　レヴァントという地名は地中海東部を指し、北はトルコのトロス‐ザグロス山脈からイラク北部を経てイランまで、南はエジプトのシナイ半島、東は地中海沿岸からサウジアラビア北部の砂漠までを含む。この地域には、偏西風が冬と春に豊富な雨をもたらすが、レヴァントの沿岸部から内陸へ向かうにつれて降水量は激減し、そこから先の中央アジア全体が半砂漠地帯となる。

　レヴァントは、多数の全身骨格を含むホモ・サピエンスの化石が豊富に出土していることでも知られている。長い研究の伝統（特にイスラエルにおける調査研究）のおかげで、私たちは氷河期にこの地域にいた人類についてかなりのことを理解している。そこから浮かび上がる特に魅力的な物語──私たちの祖先とユーラシアのネアンデルタール人との接触──は第5章に譲るとして、ここでは話を、ホモ・サピエンスの分布が拡大するなかで、彼らの行動がどう進化していったのかについて、レヴァントが明らかにしてくれたことに限定して紹介しよう。

　イスラエルとシリアにあるいくつかの洞窟では、およそ12万年前からそれ以降にかけての、初期のホモ・サピエンスに関する証拠が数多く見つかっている。ここでは、その時代の人類の化石が他のどこよりも多く出土しているし、洞窟の多くには、数万年以上にわたる歳月の中の特定の

時期の人類の活動を示す、重要な考古遺物の層が重なって存在する。洞窟の住人たちは、洞窟の床で小さな炉を使い、石器を作り、動物を解体し調理して食べ、貝殻を装身具として身に着けていた。時には小さなレッドオーカー〔赤色顔料になる土、代赭石(たいしゃせき)〕の塊が散乱していることもあるが、これは今では失われた何らかの装飾や芸術活動の痕跡だろう。また、ネアンデルタール人がいたことを示す証拠が残っていることもある。

　レヴァントでの発見物でとりわけ目を引くのはその多様性であるが、遺物の年代が20万年前(たとえば第3章で見たミスリヤ洞窟)から更新世の終わりとそれ以降までという長きにわたることや、この地域がアフリカとユーラシアを結ぶ唯一の陸地であることを考えれば、それは驚くほどのことではないのかもしれない。カルメル山のスフールとナザレ近郊のカフゼーというふたつの洞窟からは、初期のホモ・サピエンスの化石が多数発見されている。その中には、浅い墓に意図的に埋められたために浸食を免れた、完全に近い骨格も複数含まれている。専門家の中には、埋葬は死後の世界に対するある種の信仰と遺体の保存への関心をあらわしており、埋葬に付随する「副葬品」の存在は、故人が別の領域で存在し続けるのを助ける意味を持つと考える人もいる。しかし、氷河期最後の数千年を除けば埋葬は非常に稀であり、死者を扱う通常の方法であったとはいえない。見つかった墓は、"たまたま埋められた"という情況に近いように見える。さらに、確実に副葬品とみなせる遺物は、もっとずっと後の年代になるまで見られない。おそらく氷河期の埋葬のほとんどは、ほんの一時的な事象を反映しているだけなのだろう。つまり、いっときだけ流行り、それを担った人々とともに消えていった短い文化的伝統にすぎないと思われる。第16章でカフゼーの埋葬を再び取り上げる時に、死者の扱いを見ながら、この問題をさらに掘り下げていくことにする。

　スフールとカフゼーの人骨は、形質が非常に多様である。スフールで出土した人骨(約12万年前)のような初期の例では、古い時代の特徴がより強く見られ、頭蓋の形にネアンデルタール人との共通点がいくつかある。しかし、カフゼーで出土した9万年前の骨のような後期の例は、後のホモ・サピエンスの特徴に近い形質を持っている。このことは、比

カルメル山（イスラエル）の洞窟群の発掘には長い歴史があり、今も調査が続いている。それらの洞窟は、氷河期のホモ・サピエンスとネアンデルタール人のどちらの活動についても、豊富な証拠を提供してきた。タブン洞窟ではネアンデルタール人の遺骨が出土し、スフール洞窟（この写真には写っていない）ではホモ・サピエンスの初期の埋葬跡がいくつか発見され、エル＝ワド洞窟では氷河期後期（ナトゥーフ文化）の宿営地が見つかっている。

較的突破しやすい道であったこの回廊における人類の交雑について何を物語っているのか？　それについては第5章で見ることにしよう。

　一方、カルメル山の洞窟群で出土した動物の骨からは、ここに住んだ人たちの生存戦略について多くのことが明らかになっている。動物の骨で最も多いのは、中近東に生息するアンテロープの一種で俊足のガゼルと、今は絶滅した野生のウシ属のオーロックスだが、他の大型草食動物や、ノウサギやハイラックスなどの小動物も含まれている。一部の骨には肉食動物が齧ったり嚙み砕いたりした跡があり、人類がハイエナと肉を奪い合っていたことを示している。しかし、洞窟のほとんどの骨には、石器で削ぎ取ったり叩き割ったり切ったりした跡と、火で焼いた跡があり、人間が支配力をふるっていたことがわかる。石器でつけられた傷の

オマーンのアイブット・アル・アウワル〔次ページの地図を参照〕で出土した、およそ10万6000年前のヌビア型の石核〔石を叩いて石器の素材になる剥片を取った後の原石〕。三角形の尖頭器を取った跡がはっきり見える。得られた尖頭器は、槍やナイフの鋭利な先として使われた。

位置からは、骨から肉を剥がして調理する前に、まず動物の皮を剥いで解体したことが見て取れる。長い骨は、脂肪分の多い骨髄を得るために叩き割られることが多かった。自然の落とし穴として使える洞窟を利用して動物を捕獲した場合もあったが、上述した大きな動物の成体を狩ることに成功した場合もあった。おそらくこれらは、洞窟から徒歩1〜2時間圏内で狩ったとみられている。

　イスラエルで発見されたこれらの資料は、アフリカで現代人に近づいてきた人類が生きた時代の、複雑な状況の一部とみなすべきである。実際、ロビン・デネルが指摘しているように、イラン南部とパキスタンを経由してインドのタール砂漠まで東進した初期の拡散においては、人類は新しい環境に適応する必要がなかった。この最古の拡散は事実上、ア

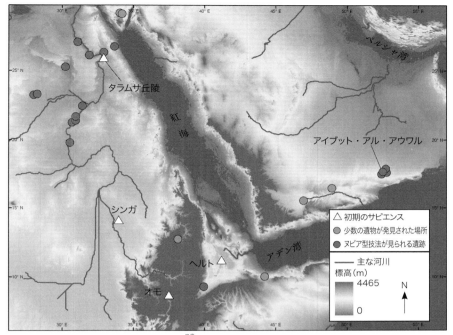

アフリカの北東部とアフリカの角からアラビア半島にかけての地図。地表での発見物および層と年代が特定されたヌビア型石器技法の分布を示す。エジプトのタラムサにおけるホモ・サピエンスの子供の埋葬跡、およびその他の初期ホモ・サピエンスの化石の発見地も記されている。

フリカを離れたのではなくむしろアフリカを伴ったまま行われたといえる。つい最近まで、アラビア半島に人類が最初に足を踏み入れた時代のことは、ほとんど何も知られていなかった。しかし、その灼熱の砂漠にはダイナミックな過去が隠されていた。新たな考古学的調査によって、氷河期の中の温暖な時期には、サハラ砂漠と同様に夏のモンスーンの雨を受けて、アラビア半島の広大な土地に河川、湖沼、湿地帯が驚くほど見事に広がっていたことが明らかになったのである。アラビアの水系ではカバが泳ぎ、半乾燥の草原ではアジアノロバ、ガゼル、オリックスが草を食んでいた。人類の小集団もおり、川沿いの緑豊かな土地で打製石器を作っていた。そのような遺跡が多数見つかっており、そのうちのひとつが、サウジアラビアのネフド砂漠にある露天の遺跡アル・ウスタで

ある。そこで発見された9万年前の人類の指の骨によって、当時からこの地域にホモ・サピエンスが暮らしていたことが確認された。

　ありがたいことに、アフリカ特有の石器製作技法がいくつかあり、それをアフリカから東へとたどることができる。そのひとつがヌビア型ルヴァロワ技法と呼ばれるもので、12万年前から7万5000年前のアフリカ北東部で用いられた。これは槍やナイフ用の標準化された三角形の尖頭器を作るために石の塊（石核）を成形する特定の方法である。ヌビア型尖頭器の作り手が追求したV字形で鋭利な刃先は特異性を持っているため、「緑のサハラ」から「緑のアラビア」にかけて生息したホモ・サピエンスが作ったものとして扱うことができる。

　レヴァントとアラビアでの考古学調査結果は、沖合の海底を掘削した海洋コアから得られた気候の記録とも結びつけることができる。また、コンピューターによるモデリングも、気候変動がホモ・サピエンスの初期の拡散をどう促進したかについての理解を一変させることになった。リヴァプール・ジョン・ムーア大学の氷河期気候専門家であるリチャー

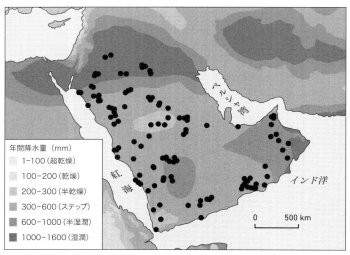

氷河期の中で温暖だった時期の、アラビア半島における年間降水量。（レヴァントと比較してアラビア半島の大きさを意識してほしい）。黒い点は氷河期の考古遺跡を示す。そのほとんどがステップ地帯から半湿潤地帯に分布していることは注目に値する。この地図には水系が描かれていないが、遺跡のほとんどは、今では消滅してしまった水系沿いに位置している。

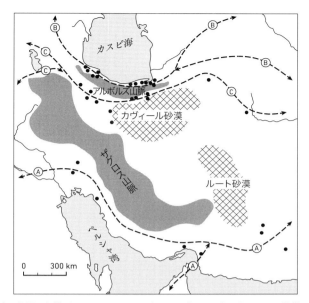

遺跡の位置から推測される、ホモ・サピエンスがイラン高原を迂回して拡散した際に通った可能性のあるルート。うち２本は海岸沿いに進み、ペルシャ湾沿いの陸地や海の豊かな資源を利用しながら、パキスタンやその先へと続く（ルートA）。別のルートは、カスピ海沿いの平地を通ってトルクメニスタン南西部、パキスタン南西部、さらにその先へと至る（ルートB）。ルートCは、北西のアゼルバイジャンと東のアフガニスタンを結ぶカヴィール砂漠のへりにある低い峠を通る。

　ド・ジェニングスは、アラビア半島の氷河期気候をモデリングし、人類がその地域に存在した期間と対比させた。私は1990年代に、ジブラルタルの洞窟群でリチャードと一緒に仕事をする機会に恵まれたことがある（彼はその地での発掘を今も続けている）。リチャードと彼のチームは、人類集団の生存には水の存在が不可欠であったはずである、という仮定に基づき、精緻な気候・地形データを用いて、氷河期後期のこの地域の降水量の変動をモデリングした。その結果によれば、アフリカのモンスーンによる降雨は、夏期にはアラビア半島北部にまで及び、それ以外の時期は半島中央部までを潤していたことと、このパターンが過去13万年の間に何度も繰り返されたことが示された。そして、リチャードのチームは、この地域で年代がよくわかっている氷河期遺跡の存在時期が、降水量の増加期とよく対応していることを突き止めた。

第４章　拡散　　075

それより東では、氷河期人類に関する証拠はまだ少ない。イランやパキスタンからも類似の遺物が見つかってはいるが、年代測定が進んでいない。アラビアと同様、この地域でも近年は調査活動が盛んであり、氷河期の遺跡の分布から、イラン高原の端を回るルートを使って人類が拡散した可能性が明らかになっている。もっと東にあるインド北西部のタール砂漠にもヌビア型ルヴァロワ技法の石器が出土した遺跡があり、幾度かの湿潤な気候の時期（約9万6000年前、7万7000年前、6万年前、4万5000年前）にホモ・サピエンスがそこにいたことが明らかになっている。

東アジア

　動物地理学の分類では、現在の旧北区と東洋区の境界はおおむね中国の中心を東西に走っている。つまり、中国はそのふたつの区をまたいで広がっていることになる。かつての寒冷期には旧北区が南に拡大し、ツンドラ地帯の動物（マンモスなど）がモンゴルやシベリアから中国に入ってきた。一方、温暖期には東洋区が北に拡大し、温暖な気候を好む動物（ゾウなど）が生息域を広げた。しかし、人類の集団は南方だけにとどまっていたわけではなく、温暖な時期には北方へ拡散していった。レヴァントから北へ向かった拡散ルートは、おそらく遅くとも4万2000年前にはシベリアに到達し、そこから旧北区の動物たちとともに南下していったと思われる。東洋区は、一度人類が住みつけば、そのまま人類集団の存在を維持できる環境だったのだろう。東洋区は植物や動物が極めて豊富で、冬の気温が氷点下まで下がらないため、生き延びることが比較的容易である。ということは、ホモ・サピエンスがひとたびこの地域に拡散したなら、そこにじっととどまってその後の寒冷期を乗り切るには絶好の場所であったことになる。

　中国南部には、まだホモ・サピエンスが存在した最古の記録となるような考古遺跡はわずかしかなく、その年代測定も不十分である。皮肉なことに、北部の方がより良好な例が見つかっている。とはいえ、南部ではホモ・サピエンスのものと判定できる歯がいくつかの洞窟で発見され

中国南部にある福岩洞は、中国におけるホモ・サピエンスの存在を示す証拠のうち、最も確実な年代測定結果が出ている場所である。この洞窟の第2層から、ハイエナやイノシシなどの動物の骨とともに、47本のヒトの歯が発見された。鍾乳石を用いてウラン・トリウム法で年代測定を行った結果、8万年前という数字が得られ、歯は少なくともそれより古いことが示された。形態と寸法から考えると、それらは明らかに後期ホモ・サピエンスのものとみなせる範囲内にあり、旧人類の範囲からは外れている。

ており、そのうち確実に年代がわかっているのは、長江（揚子江）の南、福岩洞の歯である（115ページの図版VIIを参照）。これにより、8万年前にはそこにホモ・サピエンスが存在していたことが示された。福岩洞の歯は現代の中国人と非常によく似た形をしており、ネアンデルタール人や中国のホモ・エレクトス（北京原人）のような化石人類の歯とは異なっている。同じ頃の中国北部では状況はもっと複雑で、それについては第6章で述べる。まずは、取り上げるべき新たな事象について論じよう。これは他の人類にも起こったことなのだから。

第4章　拡散　　077

第5章

接触
ネアンデルタール人とデニソワ人

　西洋人の50％以上は宇宙人の存在を信じており、その多くが、宇宙人は地球を訪れたことがある、あるいはすでに「私たちと一緒に暮らしている」と考えている[1]。また、北米のビッグフット（およびそれ以前からアメリカ先住民に伝わるサスカッチ）、ヒマラヤのイエティ、オーストラリア奥地のヨーウィといった「野生人」の実在を信じる人も驚くほど多い[2]。アトランティス（もともとは、プラトンがうぬぼれと傲慢に満ちた国の寓喩として描いた架空の島）のような「失われた文明」の証拠とされるものを本気で信じている人はほとんどいないものの、小説や映画ではいまだに、失われた文明は人気の題材である。そうしたものを信じる気持ちはなぜ根強いのだろう？　宗教と同様、これは注目に値する文化現象である。"未知の存在"は、より自然に近い場所での、よりシンプルな生き方というイメージを抱かせる。私たちよりも大きな力がそこにあるのかもしれないと示唆することで、謙虚な気持ちを植え付ける。そしておそらく、最も都合のいい点は、誰も反証できないことである。「もしそれが本当だったら？」という議論の立て方をして、科学や既成概念の権威に盾突く有効な手段になるのである。

　19世紀にネアンデルタール人が発見されると、彼らは「野生人」として戯画化された。最初の完全なネアンデルタール人の骨格は、フランス南西部にあるラ・シャペル＝オー＝サンの小さな洞窟で、浅い墓に守られた形で発見された。骨の主は関節炎を患っていた30歳の男性であった。この骨を調べた解剖学者マルセラン・ブールは、ネアンデルタール人の姿勢と歩き方を再構成したが、そこにはふたつの間違いがあった。ひとつは、類人猿のように前かがみの姿勢だとしたこと、もうひとつは、この骨の主の歩き方や動き方がネアンデルタール人全般に共通の特徴だ

とみなしたことである。だが、それをもって初期の比較解剖学者たちを責めることはできない。なんと言っても、彼らには比較できる材料がなかった。また、ネアンデルタール人が科学によって再発見された当時は、世界が本当はものすごく古くから存在していたという概念がまだ定着していなかったことも忘れてはならない〔聖書にある天地創造は紀元前4000年くらいの出来事だと信じられていた〕。ダーウィンらがほのめかしたように世界の揺籃期に原始的な人類が本当にいたとしたところで、科学者たちは、その原始的人類がどのような姿をしていたのか見当もつかなかった。そのため彼らは、古典的なヘラクレスの描写や、楽園から追放されたアダムとイヴが暮らす岩だらけの世界という聖書的な想像力を頼りに、この"よたよた歩く古代人"に服を着せた。かくして、毛むくじゃらでライオンの毛皮をまとい、棍棒を持ち、骨の"鼻飾り"をつけた『原始家族フリントストーン』に登場するような古代人像が登場した。このイメージは、メディアにおける「穴居人」の捉え方の中に、いまだに消えずに残っている。ネアンデルタール人は「人類最初のよそもの（アウトサイダー）」と呼べるのかもしれないが、彼らがホモ・サピエンスという種からどれくらい「外（アウトサイド）」にいたのかについては、かなり議論の余地がある。

　ネアンデルタール人は、大きな脳を持つ人類のうち、ユーラシア大陸北部のステップ環境に生物学的にうまく適応した存在と見るのが最も妥当だろう。彼らのがっしりした体躯は、熱を放散する体表面積を最小限にすることで体温維持に役立った。重厚な筋肉組織を持ち、骨折の治癒跡が多く見られることから、肉体的に過酷な生活をしていたことがわかっている。これはおそらく、北方で暮らす彼らの食生活で肉の重要性が高かったためだろう。季節的に入手可能なベリー類、根菜類、イモ類も食べていたものの、同位体分析からは肉への依存度が高かったことが明らかになっている。そしてその肉は、マンモスのような大きなサイズの草食動物までを狩ったり、屍肉をあさったりして得ていた。

私たちには同類がいた

　ホモ・サピエンスの祖先がネアンデルタール人やデニソワ人の祖先から分岐したのは、70万年前〜50万年前のどこかであるという点で大方の研究者の意見は一致している。その後、アフリカでホモ・サピエンスが進化するなかで、遅くとも30万年前から一連の複雑な変化が起こり、アフリカ大陸のあちこちで数多くの地域的進化のプロセスが混ざり合い、最終的にホモ・サピエンスの持つ遺伝子の構造ができあがった。やがて私たちの祖先はアフリカを出て東に拡散するが、その拡散の途中で、かつて分岐してから別の道筋をたどって一定程度進化した他の人類集団と、たまに遭遇するようになった。この接触によって、ヨーロッパや近東の集団（ネアンデルタール人）や中央アジアの集団（デニソワ人）とホモ・サピエンスとの間に交雑が生じ、遺伝子の混じり合いが起こった。

　ネアンデルタール人をひとつの種と見なすべきかどうか、またユーラシア大陸最古のホモ・サピエンスの解剖学的特徴のいくつかがどの程度「ネアンデルタール人に似て」いたかについては、これまでもさかんに論じられてきた。一部の専門家は、ネアンデルタール人を私たちと同じ種であるとするには、解剖学的に（特に頭蓋骨と歯が）違いすぎると言う。別の専門家は、ネアンデルタール人が私たちと別の種だと言うには、遺伝学的に似すぎていると言う。もちろんこれは重要な問題であり、古生物学における大きな課題、すなわち「どの程度の解剖学的な違いがあれば別の種とみなすべきか」という問題の核心にかかわっている。しかし、これは同時にセンセーショナリズムに陥りやすい問題でもある。その中で、長年にわたって関心を集めている疑問のひとつに、「ホモ・サピエンスの祖先は別の人類種の絶滅に関与したのかどうか」というものがある。

　正直に言うと、私は種が同じか別かという問題にはさほど興味がない。考古学者としての私にとって重要なのは、自分が扱っている"ユーラシア大陸の人類"が単一の種に属するのか、それとも2つの種か、3つの種なのかではなく、彼らの行動と考え方なのである。現代人の中にネアンデルタール人の遺伝子が一定の頻度で残っているということは、交配

が起き、繁殖能力のある子孫が生まれたことをあらわしている。「交配により子孫を残すことができるなら同一種とみなされる」というのが、一般的に受け入れられている種の定義である。しかし、ある種と別の種との境界線は明確ではない。科学者たちが別々の種に分類している生物学的集団の間でも交配可能な例はあるし、実際に交配が起きている（たとえば、オオカミとコヨーテとイヌ）。そのためこの議論は、しばしば言葉の定義の問題と見られながら、その枠を越えて今も続いている。

　今の世界各地の人間は、体の大きさ、肌や髪の色、顔の特徴、手足の相対的な長さなどにかなりの多様性が見られる。しかしそれは、私たちが同じような精神を持つ同じ種であることを受け入れるうえで障害にはならない。実際、こうした身体的特徴は非常に「可塑的」な形質で、特定の環境への適応として、比較的早く進化しうる。要するに、そうした特徴は現れたり、消えたりしうるものなのだ。そのような違いが重要であるかのように考えるのは比較的新しい思考法で、たいていの場合、そこには人種差別的なものの見方を正当化する目的がある。他の霊長類はそういう偏見を持たない。ユーラシアに拡散した背が高く浅黒い肌のホモ・サピエンスの集団にとって、純粋に身体的な面では、ネアンデルタール人のがっしりした筋肉質な体形と明るい色の髪や、デニソワ人の外見的な特徴（彼らがどんな姿形だったにせよ）は、ほとんど意味を持たなかったと考えてよいだろう。生物学的な違いはたしかにあったが、人類の場合には文化の役割も大きい。文化は、身体的特徴の異なる集団の間に障壁を作るために利用されることもあれば、両者に橋を架ける役割を果たすこともある。人は身体に色を塗るとか、装身具を身につけるといったシンプルな視覚文化を通じて、あるいは単純だが実用性の高い言語でコミュニケーションを取ったり、贈り物をしたり、集団間で配偶者を交換したりして、多くのことを達成できる。現代では不可解に思えるかもしれないが、現代人が顕著に感じるレベルの身体的な差異も、更新世の祖先は気にしなかったということはありうるのだ。本書ではこの先彼らの芸術や想像力を取り上げるが、それを読めばおわかりいただけるように、彼らは自分たちとそれ以外の動物との間に認識上の確たる境界線を引いていなかった。そのため、他の人類の外見が多少違っていても、そ

れは何の障害にもならなかったに違いない。アフリカを出て拡散したホモ・サピエンスの集団にとって、そこはさまざまな機会に満ちた世界であった。そのことは、ホモ・サピエンスより前にユーラシア大陸に展開していた、化石として残っている人類や、私たちの遺伝子の中だけに痕跡を残す"ゴースト（幽霊）"集団の存在を示唆している。

"ゴースト"と先住者

　私たちはみな、DNAの中に"ゴースト"を持っている。ここでいう"ゴースト"とは、考古学的にはまだ見つかっていないが、後の時代の人類の遺伝子の中に自身の配列の一部を残したことから存在を検知できる人類集団のことだ。その多くは幽霊のままであるが、旧石器時代の人骨からDNAを取り出せるようになったことで、実在が確認されたケースもいくつかある。この壮大な復活劇は、人類の拡散にともなう集団の遺伝の様子がいかに複雑だったかを物語っている。ヨーロッパ全土から採取した現代人のゲノムを使って巧妙な統計解析を行うと、祖先である初期の人類集団の情報を引き出すことができる。ハーヴァード大学の遺伝学者デイヴィッド・ライクは、フランス人などの北ヨーロッパ人が、現存する他のさまざまな集団とどのくらい祖先を共有しているかを調べ、最も共有率が高いのは北米先住民であることを発見した。これが何を意味するかというと、両者はともに、かつてはユーラシア大陸北部に居住し、アメリカ大陸へも拡散した人類集団の子孫であるということと、その人類集団の痕跡はゴーストDNAとして以外にはほとんど残っていないということである。今日、世界の人口の半分は、ライクと彼のチームが名付けた「古代北ユーラシア人」というゴーストから、DNAの5～40%を受け継いでいる。この古代北ユーラシア人の最有力候補は、最も早い時期にヨーロッパに拡散したホモ・サピエンスの集団かもしれない。彼らは遺伝学的にはネアンデルタール人にずっと近く、ネアンデルタール人と多くの解剖学的特徴を共有していた。

　実際には、ヨーロッパ人の持つ遺伝子は、古代北ユーラシア人よりずっと多くの部分を、3万7000年前の未知の祖先から受け継いでいる。こ

の祖先のDNAは広い地域に拡散したがやがて縮小して、ヨーロッパ南西部の一部に残った。さらにその後に、このDNAを持つ集団は東方からの侵入を受け、農耕・金属使用社会が広がるにつれて変化していった。私たちのDNAには、哺乳類、霊長類、祖先である旧人類のゴーストだけでなく、何万年にもわたる複雑な気候変動に関連した人類集団群の縮小と拡大の痕跡も刻まれている。なんと胸が躍る話だろう。

　コペンハーゲン大学とケンブリッジ大学で教える名高い進化遺伝学者で冒険家でもあるエスケ・ヴィラースレウは、伝説的な人物である。多くの人類学者は、彼が熊と死闘を繰り広げた末に素手で仕留めた話を直接聞いている。それゆえに、この探検家がヨーロッパ北部のゴーストたちの姿がどんなものだったかを突き止めたのも、運命だったのだろう。彼のチームは、シベリアのバイカル湖近くのマリタ遺跡から出土した約2万4500年前の少年のゲノムを解読した。少年は、U5ハプログループの遺伝子を持っていた（第2章で述べたようにU5a1ハプログループのメンバーである私としては、おおもとであるU5ハプログループの遺伝子をこの少年が持っていたのは嬉しいことだ）。ライクはこの少年を、それまで現代人のDNAからのみ存在を探知されていた古代のゴースト人類（「古代北ユーラシア人」）のDNAを持つものと考えた。しかし、複雑なDNAの解釈は極めて難しいことから、この分野では激しい論争が起きている。エスケ・ヴィラースレウが私に警告したように、ヨーロッパ北部と北米先住民のDNAの類似性は、もっと後の人口集団の移動、異なる複数のタイプのゴーストに由来する可能性も同じくらいあるのだ。マリタの少年がユーラシアの最古のホモ・サピエンスであるかどうかにはかかわりなく、これらのユーラシア人の最も基層を形成すると考えられる集団「基底部ユーラシア人」は遺伝学の研究から導き出されたものだ。最初にアフリカを出たホモ・サピエンスは近東でネアンデルタール人と交雑しており、そのDNAはイスラエル、イラン、インドの集団により多く共有されているが、基底部ユーラシア人は、その後にアフリカを後にした第2波のホモ・サピエンスのひとつだと考えられる。

　アフリカにも、ゴーストは存在する。第2章で、少なくとも30万年前からのホモ・サピエンスのアフリカでの複雑な進化と、地域ごとに私

たちの祖先のDNAに多様な遺伝的寄与が行われたことを述べた。その後、鉄器時代のバントゥー系農耕民の拡大により、そうした多様な過去の関与は奥底に沈んでしまったが、彼らのDNAの断片からは、ホモ・サピエンスの人口動態が複雑だったことが明らかになっている。そしてその複雑な動態は、ホモ・サピエンスが拡散してアフリカの外へ進出した時にも止むことはなかった。現代のナイジェリアで暮らすヨルバ人農耕民のDNAの6〜7％は、36万年前よりも古い時代のどこかでネアンデルタール人とホモ・サピエンスの共通祖先から分かれた、未知のアフリカの集団に由来する。このゴースト人類の化石は、同定されないまま、その時代の化石人骨に紛れているのかもしれないし、まだ発見されていないのかもしれない。中央アフリカのピグミー[3]、タンザニアのハヅァ、アフリカ南部のサンなど、今のアフリカに散在する狩猟採集民は、古代の特徴を残す「クリック言語」を話しており、それゆえ、古代の採集民とのつながりをより濃厚に保っていると考えられている。しかし、彼らのゲノムにすらネアンデルタール人のDNAが含まれている。これは、ユーラシアでネアンデルタール人と交雑した後にアフリカに逆移住したホモ・サピエンスの集団に由来するとみてほぼ間違いない。つまり、ことは双方向的なのである。アフリカには、ユーラシアと同様、多数の「われわれ」と多数の「彼ら」が存在したことを、ゴーストたちは明らかにしている。

侵略者？

　生物学的な意味では、ホモ・サピエンスは間違いなく侵略的生物種とみなすことができる。彼らはアフリカでもユーラシアでも、多様な「他者（他の人類）」がすでに存在していた地域だけでなく、それまで人類が居住していなかった地域へも拡散することに成功した。「侵略生物学」という言葉はやや大げさで、計画的な侵入という誤った意味合いをほのめかすおそれがないとはいえないが、この言葉は、この先で述べるように、一部の種が攻撃的な入植者であり、「まずは撃つ、質問はその後だ」タイプの侵略を行うという概念をうまく表現している。

前述のゴースト集団を同定した先駆者であるデイヴィッド・ライクは、ユーラシア大陸を人類進化の温室と表現している。彼は、過去200万年における遺伝子の進化を4つの主な段階に分類した。まず、アフリカのホモ属の初期のメンバーが、210万年前にヨーロッパとアジアに拡散し、アジアではホモ・エレクトスまで進化した。次いで、140万年前以降にホモ属の系統が分岐し、遺伝学者が「スーパーアーカイック（超古人類）」と命名した人類が生まれた。その中には、ネアンデルタール人とデニソワ人とホモ・サピエンスの共通祖先になる人類も含まれていた。ロビン・デネルは、人類がその時代からユーラシア大陸に継続的に存在していたことを説得力ある形で論じている。そして、その時々で集団が縮小したり移動したりしていたとしても、スーパーアーカイック・ユーラシア人の進化遺伝学への寄与を過小評価すべきではないと述べている。その後、70万年前〜50万年前にホモ・サピエンスがネアンデルタール人とデニソワ人の共通祖先から分岐した。そして、最後にネアンデルタール人とデニソワ人が60万年前頃に分かれた〔監修者注：2017年の高精度ゲノム解析結果では44万年前〜39万年前とされている〕。
　その後に何が起こったのかは、今まさに解明の最中である。3つの系統は進化を続けたが、進化の系統樹の別々の枝になることはなく、時折は交雑して遺伝子のつながりが緩やかに保たれた。だが4万年前までにネアンデルタール人とデニソワ人は姿を消し、彼らのDNAの一部が、生き残ったホモ・サピエンスの集団に残された。およそ4万5000年前には、ホモ・サピエンスのゲノムのうち最大で6%がネアンデルタール人に由来していたが、更新世の間にその割合は減少し、現在では2%である。ネアンデルタール人のDNAがどのような働きに関係していたにせよ、明らかに、不利なものとして淘汰されてきたと考えられる。
　ネアンデルタール人もホモ・サピエンスも頂点捕食者であり、狩猟採集に依存し、雑食だが動物性タンパク質を多く摂取する食生活をしていた。デニソワ人の行動についてはまだほとんど証拠がないが、おそらく彼らもこの生態学的ギルド〔共通の資源を同じような方法で利用している複数の種の集合〕に含めることができるだろう。北へ拡散すればするほど、人類は肉を得るために狩猟への依存を強めていった。ステップか

らツンドラにかけての地域で、大きな身体と大きな脳を持つ社会的霊長類の生存を可能にする栄養パッケージは、唯一、肉だけであった。生態系ピラミッドの小さな頂点に、上述の2つないし3つの人類系統がひしめいていた可能性はかなり高い。

　生態系の中での競争は複雑で、一筋縄では説明できない。ペンシルヴェニア州立大学の人類学者で更新世における人間と動物の関係の専門家であるパット・シップマンは、1990年代にイエローストーン国立公園に31頭のハイイロオオカミが再導入された際の出来事を引用して、捕食者の競合という点での明らかな類似性を指摘している（イエローストーンのハイイロオオカミは、人間によって1915年に根絶されていた）。再導入されたオオカミは、すぐに最も近い競争相手であるコヨーテ（この国立公園におけるそれまでの頂点捕食者）を殺しはじめた。その結果、コヨーテの獲物であるプロングホーン（エダツノレイヨウ）の数が増え、対照的に、オオカミが狩りはじめたヘラジカの数は減っていった。すると、ヤマナラシやヤナギの芽がヘラジカに食べられることが減って森林地帯が拡大し、川沿いの新しい森には多様な鳥や小動物が現れた。オオカミが食べ残した死骸は、ワタリガラス、ワシ、クマなどの屍肉食動物を引き寄せ、数年のうちに生態系全体が完全に作り変えられたのである。そのすべてが、31頭のオオカミによって引き起こされた。それでは、殺傷力の高い武器とそれに見合う行動様式を備えた頂点捕食者が他所からやって来たところを想像してほしい。新参集団は、先住者を意図的に駆逐するといった直接的な方針をとる必要はないし、両者が直接接触する必要すらあまりない。更新世ユーラシアの不安定な生態系は、ナンバーワン頂点捕食者の座を狙うホモ・サピエンスの到来によって、同じような影響を受けたのだろうか？　先住のネアンデルタール人にとってはまさにそうだった、とシップマンは考えている。

最初の接触（5万年前よりも古い時代）

　考古学者は、以前からネアンデルタール人が絶滅したことは知っていた。しかし、消え去る前に彼らがホモ・サピエンスやデニソワ人と

いくらかの遺伝子を共有していたことがわかったのは、ここ10年と少しの間の遺伝学者たちの研究のおかげである。第2章で触れたように、2010年にネアンデルタール人の全ゲノムが発表された。ミトコンドリアDNA（mtDNA）の塩基配列はその10年前から利用可能であったが、mtDNAは母系を通してのみ遺伝するため、ネアンデルタール人のメスとホモ・サピエンスのオスとの交雑に関する情報しか得られなかった（母系に遺伝するmtDNAは、ネアンデルタール人のメスがホモ・サピエンスのオスと交配した場合にのみ子孫に伝わる）。混血があったという明白な証拠は、全ゲノムの塩基配列決定によって初めて得られた。実際、ネアンデルタール人、デニソワ人、ホモ・サピエンスの三者の遺伝子は互いに混じり合っていたように見え、その痕跡は私たち全員の中で生き続けている。今の人類の遺伝子の2％程度を占めるネアンデルタール人由来の遺伝子は、多様性が小さい。このことは、地域による比率の差はあれど、両者の混血はまれであったことを示唆している。たとえば、東アジアの人々はヨーロッパ人よりもネアンデルタール人のDNAを20％ほど多く持っている。それは、異種交配のパターンが単純ではなかったことをもあらわしている。しかし、前述のように、祖先の時代には6％が共有されていたのに現在残っているのは2パーセントだけということは、歳月とともに多くが失われたことを示している。

　ネアンデルタール人のDNAは、ヨーロッパからシベリアに至る広い範囲で出土したさまざまな初期ホモ・サピエンスの標本から見つかっており、そのなかには、ひとつながりのネアンデルタール人のDNA断片が現生人類におけるネアンデルタール人由来の断片の7倍もの長さを持っている例もある。このことは、5万年前くらいまで（場所によってはそれよりもっと後まで）交雑が行われていたという見方を補強する。後期旧石器時代の初めから中頃にかけての人類の多くはネアンデルタール人との交雑によるDNAを持っており、交雑が起きたのは、その個体の死の数千年前～数百年前だった。

　ホモ・サピエンスとネアンデルタール人というふたつの集団が時折出会った最も可能性が高い場所は、近東であろう。レヴァントは、北から拡大してきたネアンデルタール人と南から拡大してきたホモ・サピエン

スの両方にとって、「ゴルディロックス・ゾーン〔生存にちょうどよい環境の場所〕」だった。遅くとも20万年前から、それぞれの生息域の拡大と縮小によって、両方の集団がレヴァントの同じ地域に流入した。

　ネアンデルタール人は30万年前から12万年前まで、そして8万年前から5万年前までふたたび、レヴァントを縄張りにしたが、そこにはホモ・サピエンスが散在していた。一部の研究者は、イスラエルのスフール洞窟やカフゼー洞窟に埋葬されていた初期の人骨に、ネアンデルタール人と共通する形質が認められると論じている。それが正しいかどうかは別として、おそらく何万年もの間のそれぞれ別の時期に、両者が出会って遺伝子を交換したことや、それが起こった場所として最も可能性が高いのはレヴァント回廊であることは、認めてよいと思われる。妥当な見方と言えそうなのは、このふたつの人類集団はめったに出会うことはなかったが、出会った場合には交雑の障害となるようなことはほとんど起こらず、繁殖能力のない子供にまじって時折は繁殖可能な子孫が生まれた、というものだ。

　しかしそのためには、それぞれの集団が互いを"交配しうる相手"と認識する必要がある。これは、類似性をどのように認識するかという問題である。振り返って見ると、研究者はネアンデルタール人とホモ・サピエンスの違いを探そうとするあまり、少なくとも5万年前くらいまでは両者が多くの行動的類似性を持っていたことを無視してきたきらいがある。レヴァントにおける両者は、土地の利用規模が異なっていた証拠がいくつかあるものの、石器には多くの共通する技術的な特徴が見られる。およそ5万年前に技術面で大きな転換が起きたが、わが研究仲間のナイジェル・ゴーリング＝モリスとアンナ・ベルファー＝コーエンが論じているように、それは従来考えられてきた「ホモ・サピエンスだけが革新的で、古いものに取って代わった」ということではなく、「ホモ・サピエンスとネアンデルタール人の最後の関わり合いの結果であった」可能性が高い。レヴァントのネアンデルタール人は、馬鹿のひとつ覚えしかできない人々ではなかった。彼らの石器は技術的な柔軟性があったことを示しており、同時代にアフリカの近隣にいたホモ・サピエンスの石器と比べても遜色のないものだった。

生存競争では、言うまでもなく情報が重要だが、遺伝子も同じくらい重要だ。ロビン・デネルが指摘するように、ある土地にずっと住み着いてきた者の遺伝子を取り込むことは、特に風土病への免疫や、それまで食べたことのない食料を消化する能力をもたらしてくれる場合には、極めて大きな意味を持つ。おそらくデニソワ人の遺伝子は、低酸素症（高地で起こる血中酸素濃度の低下）を避ける能力をホモ・サピエンスに伝えたとみられている。集団同士が互いをほとんど区別していない限り、ある程度の慎重な関わり合いはあっておかしくなかったかもしれない。しかし、競争は必ずしも直接的である必要はないし、意図的である必要もない。ネアンデルタール人は、技術的な競争では負けなくても、個体数の競争で負けた可能性がある。私たちは、ネアンデルタール人の集団が少人数であったことを知っている。また、考古遺跡の数から推測すると、ネアンデルタール人の人口は10万年前頃がピークで、おそらくその後は減少していったと考えられる。もしかしたら、もともと脆弱だったネアンデルタール人同士のつながりのネットワークは、不安定な気候によって絶えず変化を余儀なくされて、すでに破綻しかけていたのかもしれない。同時期のヨーロッパでは数多くの大型哺乳動物が絶滅しており、その中には社会性を持つ肉食動物であるハイエナも含まれていた。これは北方の生態系の重要な構成要素が徐々に失われていったと考えるべきなのかもしれない。二大肉食動物が生き残れなかったとすれば、それは彼らに生き延びるための戦略の何かが欠けていたことを示唆している。もしネアンデルタール人が非常にうまく危険な大型動物を狩っていたとしても、あまり計画性なしに野山を駆け回って狩りをしていたとすれば、競争相手が現れた時に、彼らには何ができただろう。

　個体数の少なさは、とりわけ競争での弱さに直結する。ある生物種がひとつの地域で絶滅するのは、その地域の個体数が、再生産を維持するのに必要な最小限度以下に減少した時——言い換えれば、死んだ数と同じだけ生まれなくなった時である。この現象がその生物種の分布域全体で起こると、完全な絶滅となる。ネアンデルタール人のおおよその人口数は、更新世の各時点とよく似た環境で暮らす現代の狩猟採集民の人口密度に関するデータを基にして、モデル化することができる。それら

のモデルでは、レヴァントにおけるネアンデルタール人の人口はおそらく2000人前後だったのではないかとされている。驚くべき少なさである。もっと緯度が高い北方ではさらに低い数字になるという話は、いずれ述べる。レバノン、イスラエル、シナイ半島、シリア、ヨルダンに散らばって存在する2000人のネアンデルタール人。これは、1995年にチェコのプラハで行われたローリング・ストーンズのコンサートの入場者数12万6742人と比べたら、ほんのわずかでしかない[4]。

　食物も重要である。私は研究仲間のマイク・リチャーズ、エリック・トリンカウスとともに、ネアンデルタール人の骨に初めて安定同位体の測定を行い、彼らのタンパク質摂取源を直接調べることに成功した。以前から、ネアンデルタール人の宿営地に残されていた動物の骨から、肉が彼らの生存にとって非常に重要であったことはわかっていた。しかし、どれくらい重要だったかを知るためには、彼らの骨の窒素・炭素同位体比（2章を参照）を調べねばならない。私たちの分析結果は、彼らが食事で摂るタンパク質の80〜90％が陸生の草食動物に由来していたことを明らかにした。現在では、ネアンデルタール人の生息域全体で、同様の割合であったことが確かめられている。彼らは明らかに、何万年もの間、頂点捕食者としての生態的地位（ハイエナと同様の地位）を占めていたが、その地位は不安定であった可能性も高い。体重が重く筋肉の多いネアンデルタール人は、ホモ・サピエンスよりも10％ほど余計にカロリーを摂取する必要があった。特に妊娠中・授乳中の女性ではそれが顕著で、おそらく1日に5500kcalは必要だっただろう（現代の平均的女性の必要量である2000kcalよりもはるかに多いだけでなく、男性アスリートの1日5000kcalをも上回る）。もちろん、それだけのカロリーを毎日確保することは不可能だったろうし、ネアンデルタール人の歯にはしばしば発育時形成不全（エナメル質減形成＝栄養不良の時期に発育不全を起こした結果生じた線）が見られるが、彼らが進化史の中に長く存在したことを考えれば、平均すればそれだけのカロリーを摂取できていたと推測される。ネアンデルタール人が住んでいた環境のほとんどで、十分なカロリーと栄養素の供給源となりうる唯一のパッケージは肉と脂肪であり、このふたつは生存に不可欠だった。しかしこのこと自体が問

題だったのかもしれない。というのも、肉と脂肪が豊富な食事は、ビタミンとミネラルの過剰摂取とカルシウムの不足につながりやすい。それは妊婦と胎児にとって致命的になりうる。ベリー類、根菜類、その他の野生の植物で少しは肉を補完できただろうが、最上位の捕食者という彼らの生態的地位は次第に不安定の度を増していった。ネアンデルタール人が過度に肉食に依存していたとすると、その肉が手に入りにくくなった時、どこに彼らの生態学的な逃げ道があったのだろうか？

2度目の接触（5万年前よりも新しい時代）
──「まずは撃つ、質問はその後だ」

　考古学的な研究によって、5万年前頃以降にホモ・サピエンスの技術に重要な変化が起きたことが明らかにされている。アフリカ内外のネアンデルタール人とホモ・サピエンスの集団が採用していたルヴァロワ技法に代わって、角柱状の石核を叩いて細長い刃を剥ぎ取る技法が使われるようになり、この新しい刃に基づく新しい形状の道具が数多く作られるようになったのである。同時に、武器の先端に付ける出来の良い刃先や、骨から削り出した道具類が現れる。しかし、これらの新しい武器は本当のところ、何を意味していたのだろうか？　こうした変化の複雑さを研究してきたのが、旧石器時代の狩猟技術の専門家であるニューヨーク州立大学ストーニーブルック校のジョン・シェイである。彼は、これらの変化を「入れ替わり事象」であるとし、この地域のネアンデルタール人が侵略者であるホモ・サピエンスに最終的に取って代わられたことを反映したものだと考えている。

　第4章では、ホモ・サピエンスの最初期の拡散（温暖で湿潤な時期にアフリカ北部から外へ出た）の一例を見た。だが、8万年前を過ぎると、気候の悪化によってこの状況は終了した。旧北区が南へ拡大し、ネアンデルタール人がレヴァントに入って来た。7万5000年前から4万5000年前まで、この地域に住んでいた主要な人類はおそらくネアンデルタール人であった。そして4万5000年前にまたも暮らしにくい気候になったことで、この地域だけでなくかなり広い範囲でネアンデルター

ル人が絶滅した。それ以降、この地域に住む人類はホモ・サピエンスだけになった。シェイは巧みな手法を使って、考古学的な証拠に見られる変化が、ホモ・サピエンスの新しい集団を反映していることを示す微妙な手掛かりを導き出した。この地域のホモ・サピエンスは、極めて重要な革新的武器技術を持っていた。つまり、軽くて貫通力のある武器と、それを高速で飛ばすシステムを組み合わせた、複雑な武器投擲法を手にしていたのである。それは弓矢ではなかったろう。弓矢は、日本では3万8000年前には使われていたともいわれているが、それ以外の地で登場するのは更新世の終わり頃になってからである。この革命的な新しい殺傷技術は、アトラトル（手で持って使う槍投げ器）を使って軽い槍を投げるという方法だった。

　それまで使われていた槍（スピア）はもっと重く、投げて効果的に使えるのは近距離の場合だけで、主に手で持って振り回したり刺したりする武器だった。それに対して、新しい投げ槍（ジャベリン）は有効射程が長く、飛翔速度も速かったため、大型で危険な獲物にも、小型で動きの素早い獲物にも使うことができた。この技術革新がゲームチェンジャー〔状況を大きく変えるもの〕として果たした役割は、決して見逃すことができない。シェイが指摘しているように、軽い投擲武器という技術は、新たな獲物を開拓し、生態的地位を拡大する。彼は、この変化によってホモ・サピエンスは典型的なジェネラリスト（万能型）になったのであり、進化競争においては常にジェネラリストがスペシャリスト（専門型）に勝つ、と述べている。それは決して誇張ではない。シェイは、アフリカとレヴァントの尖頭器の特徴を綿密に分析し、10万年前から5万年前までの時期には、アフリカの尖頭器の多くが投擲武器用のサイズと重さの範囲内に収まっていることを示した。これは、アフリカのホモ・サピエンスが、より重い槍に加えて投げ槍も使用していたことを示している。そしてその目的は、おそらく、自分たちが暮らせる生態系の範囲を広げることにあっただろう。彼らがどうして北アフリカの乾燥地帯に分布を広げ、レヴァントの乾燥地帯にまで拡大することができたのかは、これで説明がつく。現代にたとえるなら、銃剣を持って走り回っている者と、ピストルで慎重に狙いを定めている者がいたら、あなたはどちら

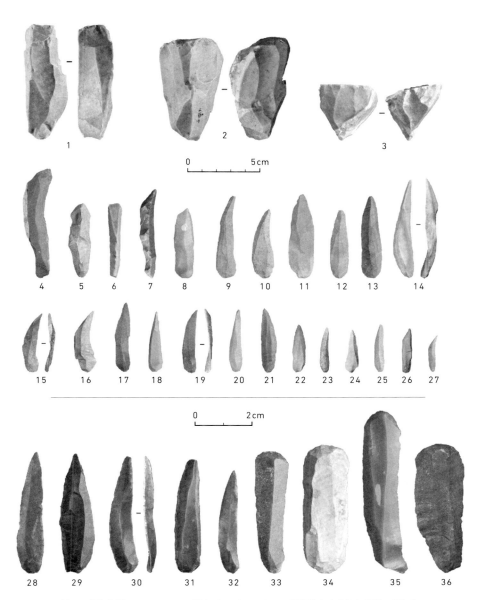

新しい殺傷技術：イスラエルのガリラヤにあるエミレー洞窟から出土した石器。打ち欠いて細長い刃を取った跡が残る角柱状の石核（1-2）、小型石刃を得るための比較的小型の角錐状の石核（3）、これらの石核から取られた典型的な石刃（4-21）と小型石刃（22-27）、投げ槍の先端に付ける「エル＝ワド」型の軽い尖頭器（28-32）。薄片石器である掻器（エンドスクレイパー）（33-36）も作られ、獣皮の加工に使われた。

側につきたいと思うか、という話である。

　ここまでの説明を読んで、ネアンデルタール人は進化のゲームにおいて、より「知的」なライバルに出し抜かれたのだという単純な見方が頭をもたげる可能性があるが、それはまったくの見当違いである。考えてもみてほしい、私たちはハイイロリスがキタリスより「賢い」と主張したり、イタドリ〔日本からヨーロッパに持ち込まれてはびこり、侵略的外来種とされている〕が意図的に在来種を駆逐しようと乗り込んできたと言ったりはしない。ネアンデルタール人の場合も、単に個体数が減少し、獲物となる動物も少なくなるにつれて、集団の存続に必要な繁殖個体数が維持できなくなっただけかもしれない。また、今から4万年後の考古学者が、ローマ略奪（410年）が起きたのは蛮族の大軍がライフルを所持していたことが大きな理由だと推論したら、明らかに間違いだ。だが、5世紀の西ローマ帝国の滅亡と最古の銃との間には、せいぜい1000年程度しか違いがない。これは4万年後の放射性炭素年代測定では、誤差の範囲内に収まってしまうのである。

　私自身がオックスフォードの放射性炭素加速器研究所にいた頃から、不正確さは悩みの種だった。ラボの年代測定技術で得られる結果には、どの年代についても、方法論的な不確かさ（不正確さ）がついてまわる。また、測定や計算には常に誤差がある。たとえば、ルーマニアのオアセ洞窟で出土したホモ・サピエンスの下顎骨から採ったサンプルを放射性炭素年代測定法で調べた結果では、得られた数値は3万4290＋970／－870年前である。第2章で述べたように、この放射性炭素の"生の"測定値は、プラスマイナスの誤差（不正確さ）を考慮に入れて、実際の暦年に較正する必要がある。そうすると、この下顎骨の主は3万9000年前から3万5000年前までのどこかで生き、死んだということになる。その範囲内なら、どこであってもおかしくない。さて次に、この下顎骨の年代を、ベルギーのスピー洞窟から出土したネアンデルタール人の指の骨と比較してみよう。指の骨の測定結果は3万3940＋220／－210年前、較正すると、このネアンデルタール人は3万7500年前から3万6000年前までのどこかで生きて死んだことになる[5]。両者の年代は重なっており、「統計的には同じ年代」と言ってもよいものだ。この結果は、ネア

ンデルタール人がベルギーにいたのと同じ時期にホモ・サピエンスがルーマニアに住んでいた可能性があることを示す。しかしそれと同じくらい、ネアンデルタール人は3万7500年前に生きていて、ホモ・サピエンスは3万5000年前だった可能性もあり、そうなると両者の間には2500年の隔たりがある。同じ遺跡で堆積層が理想的に整っていれば、上の層の個体群が下の層の個体群よりも後に生息していたことは間違いないと推測できるが、そうでない限り、何が正しいかはわからないのだ。このような年代のモデルは好きなように作ることができるし、実際多くの人がそうしている。結局のところ、年代測定値によって提示されるモデルは、そのモデルを構築する際にどのような前提を立てるかに大きく左右される。

　両方の集団の証拠が残っている洞窟では、常に、明白にネアンデルタール人のものである考古遺物が、明らかにホモ・サピエンスのものである遺物よりも下にある。ヨーロッパでは、どこかの地域で両者がある程度共存していたことを示唆するような層の重なりは一例も見られない。多くの場合、考古遺物を含まない、それなりに厚い堆積層が両者を隔てており、たとえばドイツ南西部では、最後のネアンデルタール人が絶滅してから最初のホモ・サピエンスがやって来るまでにおそらく数千年が経過したと考えられている。こうした考古学の調査結果が示唆しているのは、仮にヨーロッパのどこかで両者の集団の存在時期が重なっていたとしても、それはごく短期間だったということだ。そして、このような短期間の重なりは問題にならなかっただろう。前述のように、新しい頂点捕食者の登場は数年のうちに生態系を劇的に変化させることができるが、イエローストーン国立公園を変化させるのと、広大なユーラシア大陸全体でそれまでの頂点捕食者の集団を絶滅に追いやるのとでは、わけが違うのである。

　では、なぜ変化が起こり、なぜネアンデルタール人はその変化の一部として絶滅したのだろうか？　5万年前から4万年前にかけてのネアンデルタール人とホモ・サピエンスの視覚文化には、特に着色顔料と装身具の使用の面で、類似性が見られる。ネアンデルタール人は動物の特定の部位を使ったペンダントを好み、ホモ・サピエンスは貝殻に魅力を感

じていたようだ、という程度の違いはあるが、こうした身体装飾用の遺物は、両者の間で共通の視覚的な言語として機能していたのかもしれない。ヨーロッパに残るホモ・サピエンスの集団の考古遺物が真に変化したのは、ネアンデルタール人が絶滅した後である。このふたつの点には何らかのつながりがあったのだろうか？　もしかしてホモ・サピエンスは、自分たちを他者とは文化的に異なる存在と考え、「彼ら」は「われわれ」とは違うという排他的な見方をするようになったのではないか？　しかし、「彼ら」とみなしうる集団はひとつではなかったのだ。

デニソワ人

　アルタイ山脈のふもとにあるデニソワ洞窟は、アヌイ川の幅が狭まる地点を見下ろす位置にあり、獲物が通るのを見張ったり待ち伏せしたりするのに都合が良い（116ページの図版Ⅷを参照）。狩猟採集民にとっては非常に便利な場所であるため、ロシア科学アカデミーによる40年にわたる発掘調査によって、洞窟内の3つの"部屋"から膨大な量の考古遺物が発掘されたことも、驚くにはあたらない。この場所が世界にその名をとどろかせたのは、数点の小さな人骨が発見されたせいで、特にその骨に含まれていたゲノムのためである。このゲノムは、この地における人類の拡散に関する理解を一変させることになった。この洞窟の堆積物は厚さ6mにもわたって積み重なっている。オーストラリアのウーロンゴン大学のゼノビア・ジェイコブスのチームは、堆積物がどのように積もっていったのかについて、その期間と速度を明らかにしようと、熱ルミネッセンス年代測定法を用いて調査した。その結果、この堆積物は、30万年前から2万年前までに積もったものだった（合間に時折、浸食によって削り取られたことがあった）。その歳月の間に、周囲の環境はツンドラとステップから針葉樹林へと変化した。

　その期間中、ここはほぼ絶え間なく、ホラアナハイエナ、オオカミ、クマなどの洞窟居住性の肉食獣がねぐらにしていた。それとは対照的に人類の訪問はまれだったが、何万年もの間には、炉で火を焚いたり、獲物を解体したり、石を叩いて石器を作ったりするといった彼らの活動の

証拠が多数蓄積された。のみならず、彼らは時として洞窟に残した少数の歯や骨の中に、そして堆積物に付着したごく微量の物質の中に、彼ら自身のDNAを残していった。これは驚くべき幸運だった。おそらく、この地域の厳しい寒さが保存を助けたのだろう。2010年頃には、古代DNAの塩基配列決定技術は格段の進歩を遂げ、信じられないほど少量の残存DNAを抽出し、増幅して解読できるようになっていた（しかも手の届くコストで）。そして、あたかもフランスの作家プルーストのいう「マドレーヌから流れ出る記憶」のように、微小な遺伝子の断片から、長い間忘れ去られていた世界が転がり出てきたのである。

　デニソワ洞窟の出土遺物のうち、人類のものと同定できたのはごくわずか——3本の臼歯と1本の指の末節骨のみ——で、それぞれ異なる時代の異なる個体に由来している。第2章で、この洞窟から出土した、小さすぎてどの種のものか分類できなかった骨のかけらを、カテリーナ・ドゥーカとトム・ハイアムがZooMS技術を用いて分析した話を紹介したのを覚えているだろう。彼らの努力は実を結び、同様の解析によって別の人骨も同定することができた。まだたいした数ではない（長い骨のほんの一部と頭蓋骨の断片だけ）とはいえ、さらに塩基配列決定を進めることが可能になり、そこから驚くべき事実が明らかになった。この洞窟で発見された骨は、現時点で、少なくとも4人のデニソワ人、2人のネアンデルタール人、そして後述するが、最も予想外で驚愕すべきことに、デニソワ人とネアンデルタール人の混血の少女のものもあることがわかったのである。デニソワ人は、種の定義が骨格の形態に基づいて行われるため、見つかった部位が少なすぎて、まだ正式に定義されていない。数点の骨のかけらから全ゲノムの配列が解読されているものの、十分な骨格資料がないため、私たちは今のところ「デニソワ人」という非公式の名称を使っている。今後、十分な骨が集まれば、おそらくホモ・アルタイエンシス（*Homo altaiensis*）という名で呼ばれることになるだろう。

　最初にゲノムが解読されたのは指の骨と1本の歯で、2010年のことだった。発掘者はネアンデルタール人の骨ではないかと考えていたのだが、解析の結果、ネアンデルタール人ではなくその姉妹群に属している

ことが判明した。ゲノムの比較から、ネアンデルタール人とデニソワ人の祖先は、ホモ・サピエンスとの共通祖先から約70万年前〜50万年前に分岐し、デニソワ人は60万年前頃〔最近の研究では40万年前頃〕にネアンデルタール人と分かれたことが明らかになった。デニソワ人の骨格資料が不足しているため、彼らがどのような姿形だったのかを論じることはできない（もっとも、指先が私たちと似ていること、臼歯はネアンデルタール人やホモ・サピエンスよりもそれ以前のホモ・エレクトスに近いことは言える）。しかし、進化の道筋が分岐してからの隔たりが比較的小さかったため、まずネアンデルタール人が、次いでホモ・サピエンスが一時的にデニソワ人の生息域に進出した数少ない機会に、それぞれの交雑が遺伝的に妨げられることはなかった。

　その後も遺伝子配列の解析が進み、時代ごとにどの人類がこの洞窟にいたかの再構築が可能になってきた。確実なところでは、20万年前から5万年前までの間にデニソワ人がこの洞窟を頻繁に利用し、18万年前から10万年前までの間にはネアンデルタール人が時折訪れて使っていたとみられる。しかし、4万5000年前以降のどこかで後期旧石器時代のホモ・サピエンスが登場すると、どちらもいなくなった。ホモ・サピエンスは、新型の"針孔のある縫い針"や錐やペンダントを持っていた。この洞窟の状況は、レヴァントの洞窟でネアンデルタール人とホモ・サピエンスが行っていた「タイムシェア（同じ場所を異なる利用者が別々の時に使用する）」と似ている。そしてここもやはり、ある人類集団が別の人類集団と出会う地域だった（ネアンデルタール人の分布域の東の端で、かつ、おそらくは当時のホモ・サピエンスの拡散の北限だった）。デニソワ洞窟は考古学的に見て非常に複雑で、堆積年代も不正確であるため、洞窟の近辺でこれらのグループがどの程度接近していたかは、まだ判断できていない。しかし、デニソワ人の遺伝子が、ネアンデルタール人とホモ・サピエンスの双方との混血を明らかにしている以上、彼らは間違いなく出会っていた。デニソワ人の遺伝子は、現代のアジア人、オーストラリアの先住民、メラネシア人の中には見つかっているが、ヨーロッパ人では見つかっていない。ある意味では、ヨーロッパ人にとってのネアンデルタール人にあたるのが、アジア人にとってのデニソワ人だ

と考えることもできる。彼らは、同じ頃にユーラシア大陸の東と西にそれぞれ存在した先住の人類だということだ。ただし、ネアンデルタール人のDNAが大陸全域で現生人類に寄与したのに対し、デニソワ人のDNAの寄与はより限定的であった。その理由は、おそらくデニソワ人の人口がネアンデルタール人よりも少なく、また、彼らの遺伝的多様性の低さが示すように、より孤立していたことにあるのだろう。

デニソワ人の発見は、異種交配と交雑の問題を別の次元に押し上げた。新たに発見されたこの集団は、ネアンデルタール人ともホモ・サピエンスとも交雑していた。また、ネアンデルタール人とホモ・サピエンスの間でも交雑があった。それだけでなく、骨断片のうち1個は、およ

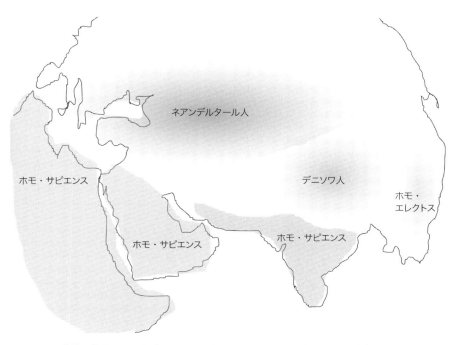

接触の機会：11万年前から5万年前までのユーラシア大陸における人類集団の分布。ホモ・サピエンスはこの時期にアフリカから出て拡散した。北方ではネアンデルタール人が西ヨーロッパからシベリア南西部にかけて分布していた。デニソワ人の生息域はネアンデルタール人の東に広がっていた。ホモ・エレクトスはそれよりさらに東におり、10万年前頃まで存続していた。

第5章　接触

そ11万8000年前に生きていたデニソワ人の少女のもので、その少女は母親がネアンデルタール人、父親がデニソワ人だった。もちろん、こうした混血の子がどのような関係から生まれたのかはわからない——愛情ではなく暴力によるものだったかもしれない——が、生殖に生物学的な障壁がなかったことは確かである。

　デニソワ人が表舞台で脚光を浴びるための歩みは、まだ極めてゆっくりとしている。最近では、チベット高原の白石崖溶洞〔溶洞とは中国語で鍾乳洞の意〕で発見された16万年前の下顎骨が、ZooMSによってデニソワ人と同定された。この洞窟はデニソワ洞窟の南東3000kmほどの場所にあり、アルタイ山脈とチベット高原の厳しい高地環境にまたがって暮らしていたデニソワ人の生息範囲をある程度知る手掛かりになる。私たちはデニソワ人と、ファーストコンタクトを果たしたばかりである。この先、発掘現場でも研究室でも、多くの胸躍る新発見があるに違いない。デニソワ人がどのような外見であろうと、デニソワ人の発見は、イエティを見つけるのに最も近い行為なのだろう。なにしろ状況を考えれば、両者の間にそれほどの違いは存在しないのだから。

第6章

多様性

　ホモ・サピエンスは、すでに先住の人類がいたヨーロッパやアジアの地域に入り込むことに成功し、それ以外の地域には人類として初めて進出してみせた。また、前章で見たように、いくらかの遺伝子交換があったにせよ、接触した他のすべての人類集団との競争に勝ち残った。旧人類（アフリカを出た最初のホモ・サピエンスもそこに含めてよいかもしれない）は、特定の環境にのみ適応し、気候の変化に応じてその環境が広がったり縮んだりすると、それに合わせて生息域を広げたり縮めたりした。しかし今や、状況は変わろうとしていた。

　アフリカを出たホモ・サピエンスが、生物地理学的にまったく異なる世界に足を踏み入れたのは、インド亜大陸に到達した時である。その際にホモ・サピエンスが適応しなければならなかった新たな景色――インド、ミャンマー、バングラデシュ、スリランカ――を、ロビン・デネルは彼一流の鋭い視点で、「ヨーロッパ連合と同じ広さで、相当な多様性を持つ地域」と評している。そびえるヒマラヤの山々、ガンジス川をはじめとする河川が作る広い氾濫原、デカン高原、ガーツ山脈の森林に覆われた斜面、そして熱帯雨林地帯。それまで、私たちの祖先は真の意味でアフリカを離れたとは言えなかった。彼らが通って来た場所はアフリカの延長だった。彼らの知っていたアフリカと同じ環境は、アフリカ大陸自体よりもはるかに広範に広がっており、動物の生態系もそれに伴っていた。ナイル渓谷やアラビア半島からイラン高原を迂回してパキスタンを通り、インドの入り口に来るまでは、似たような環境アフォーダンス〔環境が動物に提供するもの〕があったため、ホモ・サピエンスの拡散は比較的速かった。しかし、多様性の大きいさまざまな環境に直面することで、分布拡大の速度は鈍ることになった。それでも彼らはア

ジアの大部分に広がり、そして最終的にはアメリカ大陸に渡る道を進んでいった。本章で語るのは、多様性についての物語だ。現代の人間には、環境に応じたかなりの多様性が見られる。たとえば、極地の寒冷環境に適応して背が低くがっちりした体格になったイヌイット（男性の平均身長は163cm）から、暑さに適応して背が高く細身になったナイル川流域のディンカ族（1950年代の男性の平均身長は182cm）まで。現生人類の多様性の源は、新しい生息環境に進出したことにある。

　ディンカ族の祖先がナイル渓谷で使っていたのと同じようなルヴァロワ技法の石器がインドのタール砂漠のそばで発見されたことは、7万4000年前にはその地にホモ・サピエンスが到達していたことを示唆している。これは当時の拡散範囲の東端だったのだろう。もっと早くに到達していた可能性もあるが、その根拠は薄弱である。インドにホモ・サピエンスが存在したことを示す明確な証拠がより広範囲に残されるのは、約4万5000年前よりも後のことになる。その証拠とは、細石刃（マイクロブレード）と呼ばれる小型の石刃で、アフリカで6万5000年ほど前に登場し、マスティックという木から採れる樹脂で道具の柄や武器に取り付けて使われた。細石刃は、4万8000年前から3万5000年前までの間に南アジアに現れた。しかし専門家の見解では、アフリカと南アジアの細石刃は表面的には似ているものの、その背後には多くの相違点があり、アフリカから東へ持ち込まれたというよりも、南アジアにいた人類集団が創意工夫の才と柔軟性を獲得した結果、独自に生み出した新技術であった可能性が高いとされている。4万5000年前までには（もしかしたら6万5000年前にはすでに）、人々は熱帯雨林で一年中生きていけるようになっていた。つまり、ユーラシア大陸の太平洋岸まで拡散できたということになる。

　とはいえ、彼らがその地域に現れた最初の人類だったわけではない。最近まで、ホモ・エレクトスは少なくともジャワ島では4万年前まで生存していたと考えられていた。しかし堆積物の年代測定法の向上により、12万5000年前頃には絶滅していた可能性が高いことが判明している。フィリピン最古の人類はホモ・エレクトスだった可能性もある。ただ、意図的に海を渡ったのではなく、漂流の末に流れ着いたのだろう。フィ

インドのナルマダ川のほとりにあるメータケリ遺跡のユニット2から出土した4万8000年前の細石刃とその石核の例。1段目と2段目：細石刃を取った後の石核。2段目右端は、比較的歌らかい材料に穴をあけるために作られた小さな尖頭器。3段目：さまざまな大きさの叩き石（ハンマーストーン）。ものを叩くために使われた。4段目：加工の初期段階の石刃や小型石刃。おおもとの石核が石刃と比べてどれくらい大きいかがわかるだろう。

第6章　多様性

リピンでは、およそ70万年前に人類が簡単な剥片石器を使ってサイを解体していたが、彼らが何者だったかはわかっていない。また、6万6000年前頃にルソン島に小柄なホモ・ルゾネンシス（*Homo luzonensis*）という人類がいたことが判明しているが、70万年前の未知の人類がホモ・ルゾネンシスの時代までずっとフィリピンに生息し続けていたのかどうかは不明である。これまでにルソン島北部のカヤオ洞窟で発見されたホモ・ルゾネンシスの化石は、数個の歯と手の指の骨と足の指の骨、そして大腿骨の一部だけで、3個体に由来するとみられている。しかし、それらの形態は興味深い。指の骨の曲がり方は、彼らが木登りをしていた可能性を示唆している。この点は、200万年前のアフリカの華奢型のアウストラロピテクス類とあまり違わない。現代のフィリピン人のmtDNAの分析から、ホモ・サピエンスが6万年前よりも前にフィリピンに到着していたとする説もあるので、ホモ・サピエンスがホモ・ルゾネンシスに出会っていた可能性も否定できない。今後の発掘調査次第では、このわくわくする物語に新たな展開が見られることだろう。

　少なくとも15万年前からインドネシアのフローレス島に生息し、5万年前頃に絶滅したホモ・フローレシエンシス（*Homo floresiensis*）については、ホモ・ルゾネンシスよりもずっと多くのことが判明している。ホモ・フローレシエンシスは身長がわずか1mで、「ホビット」の愛称を持つ[1]。脳のサイズはチンパンジーと同じくらいであったが、石器を作っていた。彼らは、ゾウ科の矮性ステゴドン、巨大なネズミ、巨大なコウノトリ、ハゲワシと同じ地域で暮らしていたが、そのうちネズミを除くすべてが5万年前には絶滅していた（ネズミが沈みかけの船から逃げ出したわけではないだろうが）。これが気候変動に関連した広範囲での絶滅なのか、それとも新たな侵入者が原因なのかは、まだわかっていない。ホモ・フローレシエンシスの証拠の多くが出土したリャン・ブア洞窟では、彼らの痕跡がすべて消えた後、4万6000年前頃までに新しい加工用の石材（赤色のチャート）と火の使用跡が現われた。これは、ホモ・サピエンスがこの島に到達したことを示すと考えてほぼ間違いない。考古学的には、ヨーロッパの端でネアンデルタール人が消滅してホモ・サピエンスがやって来たのと似たパターン——何かが消え、別の何

かがその後釜になる——である。しかし、先住の人類が後から来た人類によって絶滅させられたのか、それとも先住人類がいなくなった後、その生態学的地位に後から来た人類が入り込んだだけなのかは、まだ解明されていない。ホモ・ルゾネンシスもホモ・フローレシエンシスも、見たこともない大柄な競争相手が突如として現れた時、標的にされやすかったかもしれないが。

　私が学生だった頃にはすでに、化石で出土したホミニンのリストに多様な名前が並んでいた。その後もリストには新顔の人類が多数加わった。たとえばアウストラロピテクス属やパラントロプス属の新しい種、アフリカの小柄なホモ・ナレディ、スペインのホモ・アンテセッサー、アジアのデニソワ人、そしてホモ・ルゾネンシスとホモ・フローレシエンシスなどである。今挙げたのは、はっきりと確認されたものだけである。中国の「龍人」〔黒龍江省で発見された人類〕のようなそれ以外の新種候補も、新たな出土物や遺伝子の解析データが増えるにつれて、本物だと認められるかもしれない。いずれにせよ、ホモ・サピエンスが故郷のアフリカから外へと拡散しはじめた頃、世界にはまだ多様な人類がいたことは確かである。今後も、さらに多くの人類や集団が明らかになることは間違いないだろう。

　しかし、その先で物語は新たな展開を見せることになる。3万年前までに、これらの多様な人類がすべて姿を消してしまったのだ。初期ホモ・サピエンスの解剖学の専門家として知られるエリック・トリンカウスは、5万年前から3万5000年前までがホモ・サピエンスという種が確立された最終段階で、その時期に、今のようなホモ・サピエンスの特徴が支配的になったと捉えている。私たちの祖先の行動の柔軟性が増していく様子をたどるには、4つの場所を見てみるのがよい。その場所とは、南へ向かってはスンダ〔現在のマレー半島・インドシナ半島からカリマンタン島にかけての大陸棚にあたる場所で、氷河期には海面後退により陸地だった〕の熱帯雨林、ワラセア〔海峡によってアジアともオーストラリア大陸の大陸棚とも隔てられたインドネシアの島嶼の一群〕、サフール〔今のニューギニア、オーストラリア、タスマニア島などが陸続きになって形成していた大陸〕、そして北へ向かってはシベリアの寒冷地である。

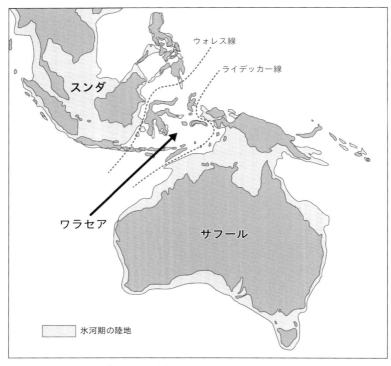

氷河期における東南アジアとオセアニアの陸地の拡大

スンダ —— 群島と熱帯雨林

　更新世の海面が低かった時代には、今の東南アジアの大きな島々（スマトラ島、ジャワ島、ボルネオ島）はアジア大陸と陸続きで、間には低い平地が広がっていた（現在は水没してスンダ大陸棚となっている）。気候が比較的冷涼だった時期には、森林や草原、そしてその環境で暮らす動物たちが、この広大な土地に難なく拡散していった。気候が温暖湿潤な時期には、それに代わって熱帯雨林が広がった。冷涼期には、人類は従来どおりウシ科動物、ブタ、シカなどの大型動物を獲物とすることができただろうが、熱帯雨林はそれとはまったく別物だった。それまで人類が慣れ親しんでいた環境を想像してみてほしい。草原と、水源を囲む小さな森林地帯があり、そこにいれば、群れで行動するさまざまな大

型動物が多数見つかることをあてにできた。大型動物からは肉、脂肪、皮、腱、骨が得られ、小型の動物からは毛皮が手に入る。肉中心の食生活を補う季節ごとの食用植物があり、織物に使う繊維が取れる植物も生えていた。では次に、それらが存在しない、まったく新しい場所に入ることを想像してほしい。小動物は、はるか上方、鬱蒼と茂った樹冠の部分に隠れていて、近寄れないことが多い。かつての開けた環境では、群れを作る草食動物や、比較的高い場所にある葉や芽を食べる動物がいたが、ここでは大きな動物がひとつところに何頭もいることはない。つまり、狩猟に労力をかけても、それに見合う栄養源が手に入らないことも多い。熱帯雨林の植物の多くには毒があり、水にさらしたり調理したりして有毒成分を取り除かない限り、食べることができない。また、特定の季節に樹冠部や地中でしか採れないものもある。熱帯雨林は、ただそこに行けば暮らせるという場所ではなく、そこで生きるすべを学ばなければならないのだ。生き残るためには、たくさん考え、探求し、そして何世代にもわたってその場所で知識を積み重ねることが必要なのである。

それでも彼らは生き残った。5万年前頃になるとボルネオ島に人類が存在した証拠が現れ、4万5000年前にはスリランカで細石器が作られていた。スンダは、より極端な気候変動から逃れるための退避地（レフュジア、第11章参照）であったようだ。スンダの環境が北へ向かって拡大し、中国南部に隣接する地域に至ると、それを機にホモ・サピエンスが中国に最初の進出を行った可能性も考えられる。人類の動態は複雑だったのだろう。ラオスのタムパリン洞窟で発見された6万3000年前〜4万5000年前の頭蓋骨と、それとは別の個体の下顎骨は、明らかにホモ・サピエンスのものであるにもかかわらず、旧人類と共通の解剖学的特徴も示している。ボルネオのニア洞窟では刃物傷や焼かれた跡のある骨が発見され、それらの分析から、この洞窟を最初に使ったホモ・サピエンスがイノシシ、オオトカゲ類、センザンコウ、サル、リクガメ、ミズガメを食べていたことが判明している。微細なデンプン粒の解析から、ヤムイモやサゴヤシを加工し、他の植物は毒抜きをして食べていたことも明らかになった。また、彼らはただ生き延びていただけではなかった。ごく最近になって、非常に興味深い文化の例が見つかり、狩猟採集

民の心の中を垣間見せてくれることになった。それがボルネオ島のルバン・ジェリジ・サレ洞窟の壁に残されたハンドステンシル〔壁にあてた手の上に顔料を吹きかけて作った手形〕である。手形は、その上を覆っていた方解石のウラン・トリウム法年代測定で、5万1000年前よりも古いことが判明している。これらの手形は、ほぼ間違いなく、もっと東のワラセアで見つかった類似の例とも関連がある。

ワラセア ── 島々の海岸線

　第4章で、アルフレッド・ラッセル・ウォレスが世界を生物地理学的な区域に分けた最初の科学者であることを述べた。1859年に彼が発見したひとつの区域には、彼にちなんだ「ワラセア（ウォーレシア）」という名が付けられている。ワラセアの約2000の島々は、西のアジア（およびスンダ）と東のオーストラリアの間の移行地域になっている。今もこの地にはバビルサ〔イノシシ科の哺乳類〕やスンダと同じネズミが生息している一方、サフールに棲息する有袋類の大半も見られ、さらに、固有の動植物も豊富である。ワラセアはそれ自体でひとつの広大な生物地理学的地区を形成しており、ホモ・フローレシエンシスのような近年新たに科学界で知られるようになった人類は、ホモ・サピエンスが到来するよりもずっと前からこの地域に適応していた。ホモ・サピエンスは、スマトラ島のリダ・アジェル洞窟で発掘された3本の歯から、7万3000年前から6万3000年前までのどこかでワラセアの熱帯雨林に住んでいたことがわかっている。これは、熱帯雨林という極めて特殊な環境に適応したホモ・サピエンスの、最古の証拠である。

　ワラセアはどの場所も海からさほど遠くないため、海産物が生存の鍵になる。貝の採集に加えて、4万2000年前頃には、ワラセアへの適応の一環として漁撈が行われていた。東ティモールのジェリマライで発掘された堆積物を細かいふるいにかけたところ、約3万9000点もの魚の骨が発見された。それらの骨は沿岸と外洋で獲れる数種の魚のもので、マグロの幼魚やサバも含まれていた。おそらく釣り針と糸で釣り上げたとみられる。魚の骨は脆く、酸性土壌では溶けて消えてしまう。また、

ボルネオのニア洞窟での発掘調査から、5万年前にはすでにホモ・サピエンスがマングローブ林、低地の湿地帯、高地の森林など多様な環境の中で生活していたことが判明した。ここで発掘された「ディープスカル」(現生人類の成人女性の頭蓋骨)は、洞窟に埋められる前に周囲の環境の中を持ち運ばれていた。

ジェリマイのような遺跡で堆積物を注意深くふるい分けなければ、見逃されてしまうことになる。こうした発掘のアプローチは比較的最近発展してきた。だが、今ようやく私たちの目にとまりはじめたのは魚などの小さな食べ物だけではない。新たなフィールドワークや実験室での年代測定によって、豊かな文化のいろいろな側面も明らかになりつつあるのだ。

　スラウェシ島のレアンティンプスン洞窟のハンドステンシルは、年代測定で少なくとも4万年以上前のものという結果が出ている。ここはボルネオ島からそれほど遠くない。ボルネオとの往来には海を渡る必要があったとはいえ、これはワラセアにホモ・サピエンスの視覚文化が広く行きわたっていた証拠と見るべきだろう。ハンドステンシルの近くに、少なくとも3万5000年以上前に描かれたバビルサの絵があることを考え合わせると、スンダでは4万年前よりも昔に非具象的な壁画があり、

第6章　多様性　　　109

それからさほど歳月の経たぬうちに具象美術が出現したことがはっきりわかる。おいおい述べるように、これはユーラシア大陸の西の端で見られた現象と驚くほど似ており、初期のホモ・サピエンスがその分布域全体で視覚文化を似たような形で発達させていたことを示唆している。洞窟壁画に加えて、東ティモールのいくつかの洞窟では、オーカーで着色し、紐を通してネックレスのように使うために穴を開けて研磨した貝殻が多数発掘されており、その年代は4万1000年以上前であることがわかっている。旧世界全域に人類文化が存在したことを示すこれらの証拠は、ヨーロッパを中心とする従来の視点が少し変わりつつあることを意味している。細工して創造性を発揮できる素材には、木や植物の繊維など腐朽しやすいものも多く、それらは考古遺物としては残らないことも忘れてはならない。

　ワラセアは、海によって他の大陸から隔てられた島々の集まりとみなすべきである。ロビン・デネルが指摘しているように、更新世のホモ・サピエンスは間違いなくこの海を渡って拡散した。そのためには、航海に適した帆付きの舟を造る能力、その舟を昼夜を問わず操って航海する能力、海上で飲むための真水を貯える能力、そして魚を獲る能力が必要だった。たしかに、ワラセアの島々のほとんどは、陸から見えただろう。当時は海面が低下していたぶん、島々は今より高さがあり、陸地同士がよく見えたはずだが、それでも海を渡らねば別の島へは行けず、それには舟が必要だった。

サフール

　今のワラセアの海底地形と、6万5000年前から5万年前までの海水面の高さの値を用いると、当時ワラセアの島々が互いからどのように見えていたかをモデル化することができる。すると、ワラセアの島々からサフールランド（今のオーストラリア、タスマニア、パプアニューギニア、その他の島々が陸続きになっていた大陸）へ渡る場合に、どの程度の距離を航海する必要があるかや、出発前の準備がどの程度容易か（あるいは困難か）に基づいて、取りうるルートの相対的なコストを計算す

ることができる。その結果得られる「海洋航行コスト比較図」からは、海面が最も低くなった6万5000年前頃に、絶好の機会が訪れたことがわかる。もちろん、バリ島や東ティモールからオーストラリア北部に至る、よりコストの高い南方ルートで航海した可能性も否定はできないが、当時、パイオニアとして海を渡ったホモ・サピエンスにとって最もコストの低いルートは、スラウェシ島から東に向かい、モルッカ海とセラム海を横断してパプアニューギニア西部のドベライ半島に至るルートだったと考えられる[2]。おそらくは異なる時期に何度かの拡散が起こり、拡散したパイオニア集団同士の間では、文化や生態を似たものに保つのに十分な接触が維持されたのだと推測される。この仮説はパプア人のmtDNAの分析によって裏付けられている。それによれば、サフールには6万5000年前〜5万年前に南部と北部に2つの集団が到着して定住し、その後2万年間は互いに接触せずに暮らしていたということが示唆されているのである。

もしも海産物がワラセアの人類の食生活で大きな比重を占めていたのなら、彼らはそれより前に舟を操っていたはずで、それはとりもなおさず植物繊維を材料とする紐や網があったことを意味している。それらは朽ちてしまうため考古学的証拠としては残らないが、彼らの作った石器に劣らず出来の良いものだったことだろう。ホモ・サピエンスは好奇心旺盛な種である。彼らは、ただ単に好奇心から水平線上に見える島に行ってみたいと思ったのかもしれないが、新しい漁場や採集場、狩猟場を常に探していたことも理由のひとつだった可能性もある。誰かがある時「あそこ（サフール）に移り住もう」と言ったと仮定する必要はない。またモデリングでは、サフールで人類集団が確実に存続していくためには、膨大な人数は必要なかったことが示されている。当時の条件下で絶滅しないためには、1000人から2000人いれば十分だったのだ。多数の舟が船団を組んで一度に海を越えたと考える必要もなく、おそらくは1000年ほどの間に、100人から200人程度が何度も航海を行ったのだろう。これは、ひとりの妊婦が丸太で漂流して流れ着いた、というかつての仮説とはまったく異なったものだ。このモデリングからは、広大な大陸への拡散を成功させるスピードや、ワラセアに最初に入った人類

の母集団の個体数がかなりのものだったとみられることについて、大まかな感触をつかむことができる。ワラセアへの進出は、大人数での意図的な拡散とはほど遠く、おそらくは、それまで利用していたラグーンや河口域の狩猟採集場の資源が枯渇し、新しい資源のある場所を求めた結果だったのだろう。

　パプアニューギニアは、グリーンランドに次ぐ世界第2位の大きさを誇る島である（オーストラリアは、通常は最小の大陸に分類されるため、このランキングに入らない）。いずれにせよ、サフールランドが広大であることに変わりはない。それでも5万5000年前にはホモ・サピエンスはサフール全域に分布していた。彼らがサフールの北部に拡散したのは、早ければ6万5000年前頃だったかもしれない。オーストラリア北部のノーザンテリトリー準州にマジェドベベという洞窟住居遺跡があり、その最も古い層からは、数千個の石器や、オーカーをすりつぶした証拠が発見されている。また、植物由来の残留物やマクロ化石〔顕微鏡なしで見ることのできる有機物化石〕からは、居住者が多様な種子、イモ類、木の実を食べていたことがうかがえる。問題は、そこに人類が明らかに存在したことではなく、その年代である。実際のところ、考古遺物を含む堆積層の年代判定は非常に不正確で、6万5000年前のものである可能性もあれば、もっとずっと新しい可能性もある。

　仮に、マジェドベベが、5万9000年前にはすでにサフール北部に人類が存在していたことを示す証拠だとしても、よりはっきりとした裏付けがあるのは5万5000年前頃の遺跡になる。その頃にはホモ・サピエンスが標高の高い熱帯林とそれに近い草原や、サバンナ、半乾燥の草原と森林、さらに温帯林地帯に至る範囲に生息していたということが、多くの考古遺跡から明らかになっている。そうした内陸の環境の中で、多種多様な資源が狩猟・採集されていたことは明白だ。しかし、私たちの祖先がこの地域に到達したことによる影響という面には、ひとつの問題がつきまとっている。生態学的見地から見ると、ホモ・サピエンスの拡散がもたらした最も明白な"遺産"は、彼らが到来した後に絶滅が相次いだことである[3]。ホモ・サピエンスがサフールに現れてまもなく、大型・小型合わせて7種ほどの動物が絶滅した。後述するように、アメリカ大

I 脳の機能の進化：fMRI（磁気共鳴機能画像法）とDTI（拡散テンソルイメージング）により、石器作りの際に活動する脳の領域を示した画像。A〜Cの「ホット」（赤系の色）部分は、集中的な訓練中に活動領域の体積が増加した場所を示し、「コールド」（青系色）はその後に活動領域の体積が減少した場所を示す。集中的に訓練するほど、脳のこれらの領域への要求が増大する。Dは、特定の技術や専門知識に対応する部分がどこか、fMRIとDTIイメージングを組み合わせて示している。

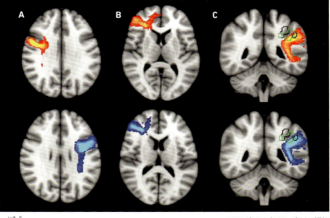

閾値以上の結合性を示した部位　3 ▭▭▭▭ 6

── VBMがT1からT2へ向けて増加
── VBMがT2からT3へ向けて減少

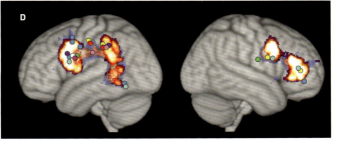

石器を作る（FDG-PET）
- 訓練前
- 訓練後
- 訓練の前と後

石器を作る（FDG-PET）
- オルドワン石器（単純な技法）
- アシュール石器（複雑な技法）
- オルドワンとアシュール

石器作りを観察する（fMRI）
- 訓練した者のみ
- 訓練しなかった者のみ
- 訓練した者としなかった者の両方

II 南アフリカのブロンボス洞窟から出土した、中石器時代の数十個のオーカーの塊のひとつ。挽き潰して赤い顔料を得た。石器で線刻が施されている。ホモ・サピエンスの"視覚文化"を示す、最古の証拠のひとつである。

Ⅲ　モロッコのジェベル・イルード遺跡の洞窟は、30万年以上前の初期のホモ・サピエンスの骨や彼らが使った石器を含む堆積物でいっぱいだった。

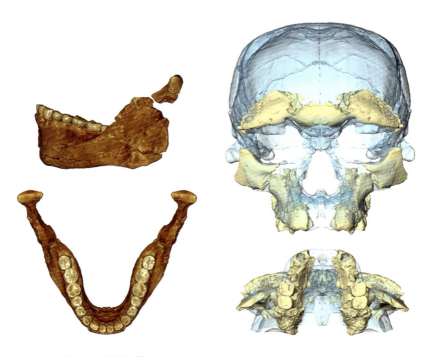

Ⅳ　ホモ・サピエンスの最古の骨のひとつであるジェベル・イルードの化石11を、堆積物の重さによる歪みを補正してデジタル復元した画像。こうすることで、他の初期ホモ・サピエンス、ネアンデルタール人、その他の人類集団の化石との比較が可能になる。

Ⅴ　イルード1の頭蓋骨（青）とイルード10の顔の部分の骨（ベージュ）を3次元スキャンし、歪みを補正した後に合成することで、アフリカにおける最古のホモ・サピエンスの頭蓋骨全体がどのような形だったかを近似的に示した画像。ジェベル・イルードの頭蓋骨は、ほぼすべての点で、ネアンデルタール人など他の人類よりも現代のホモ・サピエンスに似ている。

VI　およそ10万年前のブロンボス洞窟（南アフリカ）で、中石器時代のホモ・サピエンスは、丸い石を乳棒、アワビの殻を乳鉢として使い、オーカーを粉にした。この粉を液体と混ぜて絵の具にし、装飾を（おそらく何かのシンボルも）描いた。

VII　中国の福岩洞（ふくがんとう）で発見された47本以上の人類の歯は、年代測定で少なくとも8万年以上前のものと判明し、中国にホモ・サピエンスが存在したことを示す最古の確実な証拠となった。歯の形態と寸法は、明らかに現代のホモ・サピエンスの範囲内で、旧人類の範囲からは外れている〔監修者注：現在ではこの数字は古すぎるという批判が出ている〕。

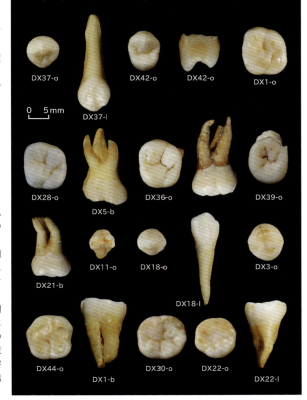

VIII　ロシアのアルタイ山脈にあるデニソワ洞窟では長期にわたる発掘が行われており、かつて知られていなかった人類集団「デニソワ人」の手掛かりを与えてくれる。

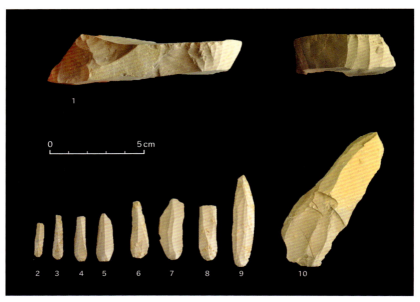

IX　バスク地方のラベコ－コバ遺跡で発見された石刃、小型石刃、それらのもとになった石核。ホモ・サピエンスがヨーロッパに拡散した最も早い時期に、技術的多様性があったことを明かしてくれる。

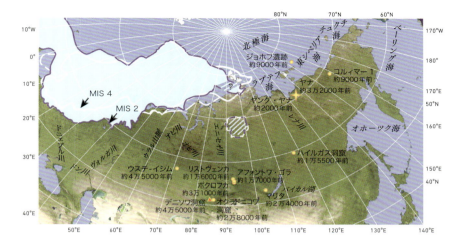

X 広大なシベリアにホモ・サピエンスが出現したばかりの時代、すなわち旧石器時代の、年代が確実に測定されている遺跡（5万年前〜3万8000年前）。これらの遺跡は石刃技術によって特徴づけられている。海洋酸素同位体ステージ（MIS）〔過去の海水温による時代区分〕を利用し、MIS 4（約6万5000年前）とMIS 2（約2万年前）の氷床の最大範囲も示されている。

XI（右の写真） アイソトロピックボクセルのヒートマップ図。ボクセルはピクセルの立体版で、立方体の形をした単位。質量89〜144マイクログラム（100万分の1グラム）のボクセルのヒートマップは、骨の正確な厚さをミリメートル単位で表している。ここでは、クロマニヨン（フランス）で出土したヒトの大腿骨の断片をデジタル処理で再構成して、それらが同一個体のものであることを示している。これによって、身長と筋骨格の推定が可能になった。

XII（次ページ） クロマニヨン人（ヨーロッパの初期のホモ・サピエンス）の一集団の復元図。獣皮と毛皮の服をまとい、貝殻、歯、マンモスの牙などから作った装身具を身につけている。なお、本文にも記載があるように、旧石器時代のヨーロッパ人はゲノムの解析の結果、肌色は浅黒く、目は青か緑、髪はダークブラウンでウェーブがかかっていたと予想されている。

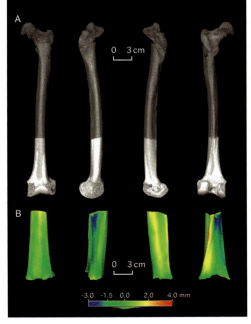

XIII スペイン北部のエル・カスティーヨ洞窟のハンドステンシル(手形)。洞窟の壁に手を当てた上から、口に含んだオーカーの顔料を吹き付けて作られている。この洞窟では少なくとも4万年以上前に、数十のハンドステンシルが作られた。

XIV ヨーロッパの後期旧石器時代の初めから中頃にかけて(3万1000年前～2万5000年前)の女性像3点。左上:オーストリアのガルゲンベルクの丘から出土した蛇紋石(じゃもんせき)の彫像(オーリニャック文化)。右上:オーストリアのヴィレンドルフの石灰石の彫像。下:ドイツのホーレ・フェルスで発見された、マンモスの牙を彫って作られた像。

陸でも似たようなことが起こっており、そうした絶滅にホモ・サピエンスが関わっていた例があるかどうかについての議論が続いている。しかし、サフールの場合、その可能性は低いと考えられている。それらの動物の絶滅に人類が関与したことを示す決定的な証拠はなく、絶滅のさまざまなプロセスは人類が到来する前から始まっていた。そのため、人類は最悪でも「すでに不安定だったバランスを崩した」程度で、多くの場合は何の役割も果たさなかった可能性が最も高い。

ある生物種の登場と別の生物種の退場の時期がだいたい同じである場合、どうすればそのふたつの事象に因果関係があることを——互いに無関係ではないことを、あるいは偶然同時期に起こったのではないことを——証明できるのか？　これは、考古学者にとっては古くからの問題である。約4万3000年前に絶滅したサフールのメガファウナ（大型動物）には、巨大な鳥ゲニオルニス（*Genyornis*）、巨大な有袋類のディプロトドン（*Diprotodon*）とプロコプトドン（*Procoptodon*、恐ろしい巨大カンガルー）の3種が含まれる。だが、その絶滅の原因はホモ・サピエンスの到来だったのか、気候が徐々に変化して生きていけなくなったためなのか、それともある時急激な大寒波が襲ったせいなのか？　この疑問については、第17章でアメリカ大陸に進出した初期のホモ・サピエンスについて述べる時に、あらためて考えることにする。たしかに、カンガルーやカモノハシ、ワラビー、エミュー、その他多くの鳥類など、さまざまな動物が人類に狩られたり罠で捕えられたりはしたが、それらは絶滅しなかったのだ。

発掘が進むにつれ、地域ごとに異なる豊かな文化があった証拠が見つかっている。説得力のある年代測定結果を持つ最古の岩絵は2万8000年前のものだが、4万年前には岩絵が描かれていたとする説もある。岩絵の出現年代の推定値は、今後も新たな例が発見されたり、年代測定が行われたりすれば、ほぼ確実に過去へさかのぼっていくはずだ。サフールの岩絵の伝統のうち最も古い時代のものと見られているのが、タスマニア南部の少なくとも5つの洞窟にあるレッドオーカー（赤色顔料）のハンドステンシルやアームステンシルである点は、ボルネオ島、スラウェシ島、そして第13章で取り上げるヨーロッパにも似たような洞窟壁画

があることを考えると、興味深い。サフールではおそらく4万5000年前頃から顔料が加工され、4万2000年前頃までにはツノガイの貝殻でビーズが作られていた。そしてほどなくして、地域ごとに異なる貝殻を使った装身具の伝統が見られるようになった。おそらく、各集団がそれで自他を区別していたのだろう。南東部のマンゴー湖畔では、知られている限り世界最古の火葬された遺骨が見つかっており、年代はおよそ4万年前とされている。当時その場所へは、200〜300km離れた所から貝殻のビーズとオーカーが運ばれていた。

シベリアと旧北区 ── 短い夏と、長く寒い冬

　さて、では今度は別の方角の果て、アメリカ大陸の端に届こうという場所を見ていこう。ホモ・サピエンスが旧北区に進出するうえで決定的な役割を果たしたのは、多様な環境に適応する能力だった。旧北区は極寒の冬が長く続き、場所によっては1年のうち9ヵ月間は気温が氷点下になる。寒さは西から東へ向かうにつれて増す。年間最低気温を比較してみると、イラン高原（−5℃）、カザフスタン（−20℃）、シベリア（−30℃）、モンゴル（−45℃）となっている。旧北区はどこでも雪が降るので、この厳しい環境下では、獣皮や毛皮を使った暖かい衣服、火、隠れ場所（シェルター）、食料の貯蔵が間違いなく必須となる。私は日本に行く時、よくシベリア上空を飛んだ。カナダでもそうだが、山、川、湖、そして雪に覆われた広大な土地の上をずっと飛んでいると、時間の経過がわからなくなる。ホモ・サピエンスのこの地域への拡散が、草原を越えてアジアの熱帯雨林に進出した時期よりも遅かったのは、不思議ではない（117ページの図版Xを参照）。

　第4章で、更新世の特に寒冷な時期に旧北区の範囲が南へ広がり、今の中国やモンゴルの一部を含むまでになったことを述べた。ホモ・サピエンスはこの拡大したステップ・ツンドラ地帯に拡散した。4万5000年前までには、イラクとイランにまたがるザグロス山脈に進出し、ネアンデルタール人に取って代わった。さらに4万2000年前までに、アルタイ山脈や中国北部とモンゴルの旧北区へと進み、マンモスとケブカサ

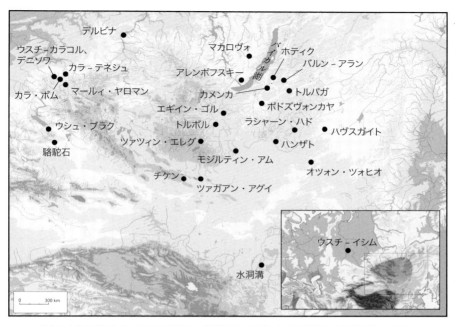

広大な中央アジアとシベリアにおける、初期ホモ・サピエンスの遺跡と人骨出土地。カラ・ボムは、中央アジアに後期旧石器時代の石刃技術が出現した（つまりホモ・サピエンスが到来した）最も古い年代（5万年前〜4万5000年前）を教えてくれる。ウスチ‐カラコルはカラコル川とアヌイ川の合流点に位置する季節的な狩猟用宿営地で、遅くとも3万8000年前、細石刃が作られはじめた頃には利用されていた（近くにデニソワ洞窟がある）。バイカル湖周辺の7ヵ所の遺跡はすべて、4万5000年前から4万年前までの間にホモ・サピエンスがそこにいたことを示している。中国の水洞溝では、後期旧石器時代の石刃やダチョウの卵の殻から削り出したビーズが、およそ4万3000年前に作られていた。そして、シベリア北東部のヤナ（この地図には描かれていないが、117ページの図版Ⅹに記されている）では、4万年前頃にはすでにマンモスを基盤とした経済が発展していた。ウスチ・イシムのホモ・サピエンス化石のゲノム配列は、現代のユーラシア人の遺伝子プールにほとんど寄与していない（そこには北ヨーロッパ人と北米先住民の両方とDNAの一部を共有する「ゴースト人類」がいた証拠が残っている）。

イが住むこの土地でデニソワ人に取って代わった。さらに東へ進むと、北から朝鮮半島に入ることができる。ホモ・サピエンスが4万年前までにやったのはまさにそれだった。彼らはそこから日本列島に向かい、3万8000年前には古本州島（本州、四国、九州と属島が陸続きになっていた島）に入った。一方、アムール川を経由して古サハリン（北海道を含む）には3万年前までに到達した。これらの場所では、丘の斜面に柵

第6章　多様性　　　　123

と落とし穴を作っておき、共同体の成員が協力して動物を追い込んで狩っていた。また、人類は黒曜石（鋼鉄のメスよりも鋭利な刃が得られる火山性ガラス）を長距離運んで交換もしていた。

　モンゴルの北、アルタイ山脈から東に1500kmほどのところに、世界最大の貯水量を誇るバイカル湖がある。そこはツンドラに近いステップ（低木が生えている）と、マツ、カラマツ、シラカバの林が広がるタイガが出会う場所である。この地域に源を持つエニセイ、アンガラ、レナという大河が北へ向かって2000kmを流れ下り、北極海に至る。機上からレナ川とその巨大な河口を見つけることは簡単だ。私はよく、広大な雪原を見下ろしながら、この過酷な場所に拡散したホモ・サピエンスに思いをめぐらせ、ここで生き残ることがいかに困難かを深く考えたものだ。しかし私たちの祖先は、4万5000年前にこの地域で実際に生き延びていた。彼らは、装身具や笛や道具といった形で、アルタイにいた頃のものとよく似た文化——ついでに言えば、同じ時期にヨーロッパに到着した初期のホモ・サピエンスのものともよく似た文化——を持ち込んだ。狩猟採集民がなぜ、冬にはほとんど日の光が差さない極寒の土地にわざわざ足を踏み入れたのだろうか？　答えはおそらく、栄養分となる生きた獲物が豊富だったからなのだろう。草原にはさまざまな大型草食動物が生息していたが、何にもまして魅力的だったのは、巨大なマンモスだったことだろう（第9章で、もっとずっと西方のマンモスを取り上げる）。マンモスが持つ豊富な肉、脂肪、皮、牙を考えれば、ロビン・デネルが洒落まじりに評したように、旧石器時代の北極圏の狩猟民の生活が"マンモス経済"に立脚していたとしても不思議ではない。彼らは4万年前までには北極圏内にも分布を広げたが、おそらくその最大の誘因はマンモスだったのだろう。

　この北方への拡散で、ホモ・サピエンスの集団は、彼らが進化した場所とは明らかに異なる生物地理学的区域（第4章を参照）に入った。しかし彼らは多様化し、適応した。ではここでいったん、ベーリング陸橋の西端のホモ・サピエンスからは離れることにしよう（ベーリング陸橋とは、今はベーリング海峡でふたつに引き裂かれてしまったシベリアとアラスカをつないでいた陸地で、広大なステップが広がっていた）。

第7章

大災害
ホモ・サピエンス、ヨーロッパに到来す

　時は1826年、ところは画家ジョン・マーティン（1789 – 1854）のロンドンのアトリエ。完成間近の絵画《大洪水》がイーゼルに置かれている。間もなく王立研究所で初公開され、後にはフランスの万国博覧会で展示されて、彼の名声を確立することになる作品である。誰かがドアをノックし、その日ただひとり在宅していたマーティンの息子レオポルドが応対した。扉の外には、粋な身なりをして襟元に色鮮やかな花を挿したフランス人が立っていた。紳士は突然の訪問を詫び、自分はロンドンにほんの短い滞在をしている者だと自己紹介した。そして、かねてよりその高名を聞き及んでいる英国の画家、まごうことなきターナーの後継者、聖書や古典や（今で言うところの）先史時代の世界を迫力満点に描き上げると評判の方にお目にかかれれば光栄だ、と述べた。レオポルドは、「あいにく父は外出しています」と答えた。「ああ、なんと残念な！ せめて、最新作を一目でも見せて頂けないだろうか」。中に通された訪問者は、玄関ホールの小さなトレーに名刺を置いた。アトリエに案内された彼は、大洪水の壮大な描写を熱烈に賛美した。紳士が礼を述べて辞去した後、レオポルドはこの印象的な客人が誰だったのか知りたくて、早速名刺を手に取った。名刺には、ジャン・レオポルド・ニコラ・フレデリック・キュヴィエ男爵（つまり、博物学者ジョルジュ・キュヴィエ）と記されていた[1]。帰宅して、偉大な博物学者に会う機会を逸したと知ったマーティンの落胆は、キュヴィエの落胆よりも大きかった。

キュヴィエ ── 自然の大災害と天変地異説

　学部学生だった頃、私はフランスの旧石器時代の遺跡を巡る見学旅行

をしたついでに、パリのペール・ラシェーズ墓地にあるキュヴィエの墓に立ち寄ったことがある。同じ墓地には、錚々たる面々が――ビゼー、ショパン、シャンポリオン（ロゼッタ・ストーンの解読者）、その他多くの偉大な人物が――眠っている。キュヴィエは、比較解剖学と古生物学の創始者として、また、層序学（特定の動物の化石を用いて、地質学的堆積物を相対的な時間軸に位置づける研究）を発展させて地質学に大きく貢献した人物として、高く評価されている。科学への多大な貢献が認められて、1819年に一代貴族に叙された。エッフェル塔に名前を刻まれた72人の科学者のひとりでもある[2]。

　キュヴィエは、多くの動物の化石と現生種を比較したが、その中にはゾウも含まれていた。"ゾウ"の化石が時折北半球の高緯度地方で発掘されることは昔から知られていたが、それらは聖書に記された大洪水によって北へ流されたゾウに違いないと考えられていた。キュヴィエは、出土した"ゾウ"の解剖学的特徴を、生きているゾウのそれと注意深く比較し、それらの化石の「マンモス」は実は絶滅した動物で、ゾウの近縁ではあるが、明らかに異なる種だと結論づけた。マンモスは、最も早い時期に絶滅動物として認識されたもののひとつである（他の例としてはメガテリウム〈*Megatherium*〉というアメリカ大陸の巨大ナマケモノがあり、これもキュヴィエの命名である）。キュヴィエはまた、米国オハイオ州で発見されたゾウに似た絶滅動物に、マストドン（*Mastodon*）の名を与えた。彼は、化石として残っているマンモスやマストドンのような動物の多くが、現代の世界には存在しないことをはっきりと証明した。明らかに、種全体が消えてしまった――今の言い方をするなら絶滅した――に違いなかった。しかし、現代でも動植物の生物多様性が驚異的なほどに高いことは明白だ。もしも絶滅が起き続けているのなら、世界の動植物種の数はもっと少ないはずではないか？　結論はひとつしかなかった――種が新たに誕生しているに違いない。キュヴィエの実証は、19世紀の科学における大きな疑問のひとつを生み出した。もし種の創造が神のみわざでないとしたら、どのようなメカニズムで種はこの世界に生まれ、世界から消えていくのだろうか？

　キュヴィエは、パリ周辺やその他の場所の岩石に含まれている化石の

種が年代ごとにどう変化するかを観察し、その変化が徐々に進んだというよりも比較的急激に起きたように見えることに気付いていた。地球上の生命は徐々に変化しているのではなく、時折、突発的に大きな出来事が生じて作り変えられているようだ、と彼は考えた。彼は1821年に発表した『地球に関する理論』で、自然史の流れは、(現在言うところの)生物の大量絶滅をもたらした大災害(カタストロフ)によって過去に何度か断ち切られた、とするカタストロフィズム(天変地異説)を展開した。この認識は現代地質学の基礎のひとつと見なされており、また、進化と多様性の背景には実際にさまざまな種類の大災害がある。天変地異説は、今ではしばしば戯画化されるため、誤解されやすい。大災害は、他の考え方では理解しにくい事象を説明するには便利な方法で、そのため、かつては科学的に検証不能な物語的説明として時々使われた。記録に残る最古の天変地異説はシュメールやバビロニアの洪水伝説で、それが鉄器時代に編まれたヘブライ語聖書に「ノアの方舟」の物語[3]として記され、ジョン・マーティンの画布へとつながっていく。

　今日の考古学や社会科学では、人間の才覚が称えられ、ホモ・サピエンス自らが進化の道を切り拓いたとみなされているため、天変地異説的な考え方や「環境決定論」は流行遅れと捉えられがちである。しかしキュヴィエは、今日の古人類学者と同様に、もっと深くまで知っていた。知の世界の流行に乗り、都会の快適な研究環境に浸っている学者には、初期のホモ・サピエンスが大自然の中でどれほど不安定な生活を送っていたか想像するのは難しいだろうが、地球の歴史では、生態系の大災害は現実に起きた出来事で、しかも頻繁に生じ、その打撃は甚大だった。

火山噴火

　コブレンツ(ドイツ)の州立博物館の氷河期ギャラリーには、床の何ヵ所かにガラスで覆われた灰色の部分がある。来館者が、特に目を引くでもないその場所を気にも留めずに通り過ぎたとしても、責めることはできない。だが、ガラスの下の正方形の石には多数のくぼみがある。それは、氷河期後期に積もった火山灰の上を動物や人間、そしておそらくはイヌ

が歩いた足跡である。その火山灰と軽石（噴出後の溶岩が急速に冷えて固まった多孔質の火山ガラス）には、更新世末期に現在のドイツでラーハー・ゼー火山の噴火が始まった直後の生物の痕跡が残されている。当時のラーハー・ゼー〔ラーハー湖〕は、過去の火山噴火で山体が吹き飛んだあとにできた湖だった。新たな噴火は巨大なクレーターを作り、そこに水がたまって湖は拡大した。火山灰は中央ヨーロッパ全域に降り注いだ。ラーハー・ゼーの火山灰に残された足跡とその下の層の考古遺物は数ヵ所で発掘されており、1万3000±9年前の風景を覗き見ることができる。噴火の証拠はヨーロッパ北半分にある湖の底の堆積物から発見されており、氷河期最後の寒冷な千年紀であるヤンガー・ドリアス期の始まりを知るうえで重要な役割を果たしている。ヤンガー・ドリアス期が終わった1万1500年前頃から、完新世の温暖化が始まる。

　歴史に記録が残る最大の火山噴火は、1815年のインドネシアのタンボラ山の噴火である。この噴火は「夏のない年」を引き起こし、世界中で不作と飢饉が起きた。噴出物の量、噴煙高度、継続時間によって噴火を評価する火山爆発指数（VEI）では、7にランクされている。タンボラ山の噴火は、グリーンランドの氷床コアの中の亜硫酸塩の急増によっても検知されているが、人類の進化の観点から見れば、比較的影響の小さい噴火だった。火山は地球という惑星の成り立ちとそこでの生命の進化に大きな役割を果たしてきたので、火山が人類の進化、ひいては今日に至るまでの人類社会に多大な影響を及ぼしたことは不思議ではない。

　キュヴィエがはっきり気付いていたように、火山噴火であれ何であれ、大災害がもたらした地球規模の激変では、進化の勝者と敗者が分かれる。激変のたびに、自然選択が働く場である生物世界の構図が書き換えられ、進化の方向が変わり、ひいては生態系の中の生き物たちの関係も違うものになっていく。生命誕生から間もない頃の出来事でさえ、その後の進化に影響を与えた。たとえば、ローレンシア大陸〔約19億年前に形成された超大陸のひとつで、現在の北米大陸の大部分とヨーロッパの一部を含んでいた〕の中央部にあったデイク火山の噴火は、過去5億5000万年で最大級の噴火だった。オルドビス紀とシルル紀の境界をなす大絶滅の主因はその噴火だったと考えられている。この時の絶滅は、

ドイツのアイフェル丘陵にあるメルトロッホでは、ラーハー・ゼー噴火（1万3000±9年前）で積もった火山灰に残ったウマの足跡が発見されている。

地球史上に起きた5回の大量絶滅のうち、2番目に激烈だった（ちなみに、6回目の野生生物の大量絶滅がおそらく現在進行中で、その地球規模の大災害の原因の大半を作っているのは人間である）。デイク火山の噴火とその長期にわたる余波で、生物種の85％以上が消滅した（当時、生物がいるのは海洋だけだった）。ただし、噴火が具体的にどのような形で大災害を引き起こしたのかについては、科学者の間でも見解が分かれている。

現在、大陸移動によってアフリカプレートとユーラシアプレートが離れつつあり、アフリカは大地溝帯を境に引き裂かれつつある。大地溝帯にンゴロンゴロやキリマンジャロのような火山が多数並ぶのにそのためだ。これらの火山のせいで、第1章で出会ったアウストラロピテクスや初期のホモ属の暮らす環境が失われたこともあっただろう。しかし、彼らが失ったもののいくばくかを、古生物学者は手に入れることができた。火山から噴出して地表に降った火山灰や流れ出たマグマ（凝灰岩）は、人間や動物の化石や石器を覆って固化した。そのおかげで、私たちは非常に古い時代の人類の遺跡を調べる機会を手にできたのだ。噴火がなければそれらが現代まで残ることはなかっただろう。

7万4000年前── トバ山の噴火とホモ・サピエンスの初期の拡散

　トバ火山はスマトラ島にあり、この島の近傍ではインド・オーストラリアプレートがスンダプレートの下に年間6cmの割合でもぐりこんでいる。そのため、東南アジアは世界で最も地震が多発する場所のひとつとなっており、津波のリスクも高い（2004年のスマトラ島沖地震の際の大津波が、約28万人の死者を出し、数え切れないほどの動物を飲み込み、何十年も続く壊滅的な影響を環境にもたらしたことを覚えている人も多いだろう）。トバ火山は、100万年以上の間に4回しか噴火していない。直近の噴火は約7万4000年前で、山の高さを約2000m削り、最終的には地上最大の火口湖を形成した。火山学者の用語でいえばウルトラプリニー式噴火[4]〔俗にいう破局噴火〕で、噴煙の高さは20km以上、降灰面積は約4000万km^2におよび、タンボラ山の噴火の100倍もの規模があった。

　噴火によって大気中にそれほどまでに大量の物質が放出されると、地球のアルベド（宇宙から入射する光や放射線を惑星がどれくらい反射するかの割合）が増加する。つまり、地上に降り注ぐ光の量が減る。日光が減るということは地球の気温が下がるということであり、そうすると植物の成長や、植物を食べて生きている動物の個体数に影響が出る。海洋では氷の量が増加し、陸上では気温の低下により雪が増え、白く光る

表面が地球のアルベドをさらに増加させる。トバ山の4度目の噴火だけで、地球の気温は5℃（夏季にはおそらく最大10℃）下がったと考えられている。噴出した軽石と火山灰でできた厚さ1〜3mの層はヤンガー・トバ凝灰岩（YTT）と呼ばれ、西から北西方向に2500km以上離れたインドとインド洋の島々、北東に向かっては1500km以上離れた南シナ海、さらには南西に9000km近く離れた南アフリカのケープ州の海岸近くにあるいくつかの遺跡や、タンザニアのマラウィ湖でも発見されている。ヤンガー・トバ凝灰岩は少なくとも400万km^2の地域を覆い、その体積は約800km^3にもなる分厚い岩の層である。これに比べれば、タンボラの大噴火による噴出物は33 km^3以下であり、1883年の有名なクラカトア山の噴火ではわずか20 km^3だった。

　これまでにトバの斜面やその周辺で採取されたさまざまなサンプルがカリウム－アルゴン法およびレーザーアブレーション・アルゴン－アルゴン法で年代測定され、噴火の推定年代は73.8 ± 3 ka BPとされている〔kaは地質学で「1000年前」をあらわす単位、BPは「1950年を基準として何年前か」をあらわす表記で、この場合であれば7万3800 ± 3000年前ということ〕。つまり、年代測定の誤差を考慮して7万6800年前から7万800年前までの間になる。その頃には、ホモ・サピエンスの小集団はアフリカから東アジアにかけて点々と分布し、中央アジアのネアンデルタール人やデニソワ人などのユーラシア先住民と活動範囲が重なった場所では、時折は彼らとの出会いと交雑があった。状況は不安定だった。なにしろ、小集団が広大な地域に分散し、厳しい環境の中で生存するために、自然資源に全面的に依存していたのだ。アフリカのサバンナであれユーラシアのツンドラであれ、たとえVEI 8の超巨大噴火の壊滅的な影響がなくても、生きていくのは容易ではなかった。

　だが、正確にはトバの噴火はどれほど破壊的だったのか？　古気候学者が、近代以降に記録された噴火が気候や環境に与えた影響についてのデータを収集し、それに基づいて高度な計算式を作って、トバの噴火のモデリングを行うこと自体は可能である。ただしそれは難しい作業になる。数日以上先の天気予報ですらあてにならないことを考えれば、容易に想像できるだろう。過去の噴火のモデリングは、天気予報よりも多く

の変数を考慮しなければならない。噴出物の量と分布や、噴出物がどの程度空中に滞留するかは、その時の風の吹き方、陸地の地形、海面水温などが影響するし、また噴出物の粒子の組成によって、アルベドへの影響は異なってくる（硫酸塩の粒子は特に反射率が高い）。加えて、更新世の気候、特に空気中の氷河黄土（氷河の融水とともに流れ下った黄土が、秋冬に乾燥し風によって空中に舞い上がったもの）の影響がある。こうした点を考えれば、トバの噴火の影響について多くの議論がある理由がわかるだろう。しかし、そうした不確実な要素があっても、人類集団への影響を探り当てることは可能だ。遺伝学的な研究によれば、ほぼこの時期に、ホモ・サピエンスに相当なボトルネック——遺伝的多様性の危機的な崩壊——が生じたことがわかっている。遺伝学的に見ると、私たちのほとんどは、この頃以降にアフリカを出て拡散した、"多様性の減った遺伝子プール"を持つ者たちの子孫である。これまでの章で見てきた、短期間の（そして最終的にはうまくいかなかった）拡散をした集団の子孫ではないのだ。

　このボトルネックは、トバの噴火が私たちホモ・サピエンスに残した痕跡なのだろうか？　私の研究仲間でアフリカの石器時代の権威であるスタン・アンブローズは、イエスだと考えている。彼によれば、複数のモデリングで、トバの噴火は深刻な気候の悪化と、その結果としての環境の劣悪化を引き起こしたことが示唆されているという。噴火が起きたのは、ちょうど、氷河期の中でも比較的温暖な亜間氷期から厳しい寒さの亜氷期へと変化しつつある時だった。ただし、その変化自体はトバが原因ではない。多くの氷床コアや海洋コアには、トバ噴火に特徴的なアイソクロン（同位体の特徴）が出現する以前から、氷の発達具合や含まれる黄土などに気候の悪化の兆候が現れている。とはいえ、すでに厳しかった状況を噴火がさらに悪化させたことは間違いない。スタンが行った気候、環境、考古学的証拠の慎重な検討では、噴火の後100年から200年続いた"火山の冬"が、アフリカにおいてもその他の地域においても、人類集団に大きな影響を与えたことが示唆されている。

　当然ながら、古環境データは当時の深刻な環境悪化を物語っている。年代測定の不正確さの問題を考えると短期的な（年ごとの）環境変化を

検出するのは難しいが、アフリカからインドまでの地において、寒冷で長期に及ぶ大旱魃、森林の衰退、草原の拡大がはっきり認められている。こうした状況は、アフリカにおけるホモ・サピエンスの分布をかなり変化させたことだろう。地域によっては個体数が減少したり消滅したりすることもあったはずだ。しかし、環境悪化がそれほど深刻ではなかった地域は、レフュジア（退避地、第11章参照）の役目を果たすことができた。ラーハー・ゼー火山噴火の場合は、南方16kmに位置するメルトロッホに積もった火山灰にヒトの足跡が残っていることから、噴火の中期までは、月面のような景観のその場所で生き延びていた人類集団が存在したことがわかっている。

　戯画的に「トバ火山の冬」と呼ばれるようになったこの説に対しては、批判も起きた。批判したのは主に考古学者で、彼らはトバ火山の噴火の痕跡が残る地域において、噴火の前後で人類の存在が連続しているように見えることを指摘し、人類集団が壊滅的打撃を受けたとは、とうてい認められないと主張した。ヤンガー・トバ凝灰岩（YTT）のアイソクロンはアフリカやレヴァントのいくつかの遺跡で確認されており、考古遺物が含まれる層に上下をはさまれている場所もある。たとえば、南アフリカのピナクルポイント遺跡では、アイソクロンの上と下の層に考古遺物が連続して含まれているように見える。これは従来、大噴火の前後数千年にわたって人類がその場所にとどまって、変わらず繁栄していたことを示す証拠とされてきた。同様の証拠はインドのジュワラプラム遺跡でも見つかっている。しかし、そこには問題が潜んでいる。考古遺物を含む堆積層が積もるのにどれくらい時間がかかるかは正確にはわからないし、それらの層の年代測定には不正確さがつきまとうため、「人類がその場所に継続的に存在していた」と見るのは誤っている可能性があるのだ。石器はヤンガー・トバ凝灰岩（YTT）アイソクロンの上下数センチずつの位置で発見されているが、それでも、噴火と石器の間に数世紀程度の開きはありうる。人類集団が本当にその場所にずっと留まり続けていたかどうかを立証するのは、不可能なのである。実際、ピナクルポイントでは堆積物の大部分は空中を漂ってきたものが積もったように見え、炉で火を焚くといった人類の活動の痕跡はない。スタン・アン

ブローズが指摘するように、この証拠は、人類が高い頻度で居住していたのではなく、稀にしか使っていなかったことを示唆しているのだろう。似たような状況は、約260km東のクラシース遺跡でも見られる。実際のところ、遺伝的ボトルネックをもたらすのは、人類集団の完全な消滅ではなく、人口の減少なのだ。
　人類の故郷アフリカのなかで、比較的豊かな南部沿岸地域が退避地となって人類が生き延びることができたとしても、不思議ではない。ただ、クラシースやピナクルポイントにそうしたことを示す証拠はない。それでも、おそらく人類は、その近くには住んでいたと考えられる。スタンはこれについてひとつの説を提案している。ザンベジ川流域の湖で採取された湖底コアのデータは、周辺の地域が乾燥して寒冷だった時期に、湖の周辺は湿潤で安定した環境を保っていたことを示している。この地域が、大陸全体でもおそらく数ヵ所程度しかなかった退避地、ホモ・サピエンスが少数とはいえ生き残ることができた場所だった、というのが彼の考えである。
　もっと広い視野で見ると、トバの噴火は地球上の全人類に何らかの影響を与えたことがわかる。ネアンデルタール人の個体数はこの時期がピークで(それまでと比べて多くの遺跡が、より広範囲に分布している)、以後は徐々に減っていった。デニソワ人については現時点では不明な点が多いが、私は、今後新たな発掘調査で理解が深まれば、彼らも同様に影響を受けたことがわかるだろうと考えている。それは、ホモ・フローレシエンシスやホモ・ルゾネンシスについても同じである。描き出される図式は、ヨーロッパからアジアにかけて分布していたいくつかの人類種あるいは亜種が、7万年前から5万5000年前までの間に厳しい試練に直面したということである。古代DNAのデータもそれを示唆している。そこには進化の勝者と敗者が存在した。ネアンデルタール人とデニソワ人の遺伝子は薄れてゆき、やがてホモ・サピエンスのゲノムに保存されている一握りにまで縮小した。それ以外の人類の遺伝子は完全に消滅したのだろう。後から振り返って見れば、勝者はホモ・サピエンスだった。重要なポイントは、アフリカのホモ・サピエンスの諸集団が、組織として驚くべき変化で対応したことだ。それを示しているのが、7万1000

年前頃から遺跡の数が再び増えはじめたことと、集団が以前よりはるかに長距離を移動するようになったこと（これは発見される石器が物語っている）である。地球全体で環境が改善へ向かうにつれて、集団は退避地を出て再び拡散し、南アフリカの遺跡には人類がそこで過ごしていたことを示す新しい証拠が残され始めた。スタン・アンブローズが説得力をもって提唱しているように、これは、比較的小規模ではあるが資源の豊富な縄張りの防衛から、遠く離れた集団同士が協力し合う、はるかに広域的な戦略への変化を反映しているのかもしれない。ホモ・サピエンスは、厳しい環境条件によって生じた"遺伝的多様性の少なさ"を携えて再びアフリカに広がり、さらにアフリカの外へ出て、以前よりもはるかに遠くへ、以前よりもはるかに恒久的に拡散した。アフリカのホモ・サピエンス集団は、より大きく、より結びつきの強い社会を築きはじめていた。彼らの分布は、気候の変動に従って広がったり縮まったりを繰り返したが、7万年前にはアフリカ、ヨーロッパ、アジアの大部分に存在していたことが確実視されている。強固な集団が確立され、次の段階として北と西への進出が始まった。

4万5000年前 ── 北上してヨーロッパに第一歩をしるす

　スペインのバスク地方にあるラベコ‒コバ洞窟とクリミアのシュリェニI洞窟は、距離にして3000km以上離れている。しかしこの2ヵ所はともに、ホモ・サピエンスが初めてヨーロッパに一時的に足を踏み入れた証拠をとどめている数少ない遺跡に含まれている（116ページの図版IXを参照）。そこに残された証拠は、主に技術に関わるものである。石を叩いて剝片を取る際に出る石屑や廃棄された道具から、とても斬新な加工法がヨーロッパに持ち込まれたことが判明している。わずかではあるが、それらの石器と関連付けられる化石人骨があることで、石器を作ったのはヨーロッパに最も早い時期に到来したホモ・サピエンスであることがわかった。彼らが持っていた技術は、長くて薄い石刃、特に小型石刃を定型的なやり方で繰り返し生産する方法だった。小型石刃は角柱型やピラミッド型の石核から、熟練したスキルを用いて割り取られた。ネ

アンデルタール人も石を叩いて刃を得る高い技術を持っていたが、ホモ・サピエンスの新しい技術には材料の扱い方の点で顕著な違いが見られ、小型石刃それ自体や、その製作時に出る特徴的な石屑は、彼らがそれを作ったことを示す紛れもない証拠になっている。

　これは考古学で用いられるプロキシ（代替指標）の一例である。プロキシは、ホモ・サピエンスが存在したことを示す直接的な証拠がない場合に、存在を推定するために用いられる。家にねじ回しや電線の切れ端が残されているのを見て、電気工事士が来たに違いないと推測するのに似ている。ある道具や技術が特定の人類集団によってのみ使われたことが確実であれば、その事実から特定の集団の拡散状況を推定できるということだ。考古学者がプロキシを使わざるをえないのは、当時の人骨の出土例が極めて少ないためである。それは別に例外的なことではない。人類の個体数は、獲物の草食動物よりもはるかに少数であったし、おそらくまだ遺体の埋葬（それにより骨が浸食から守られる）が行われていなかったので、ほとんどの場合、遺体は塵に返ったと考えられる。実際は、後期のネアンデルタール人や初期のホモ・サピエンスの遺骨がないわけではなく、数例は見つかっている。それらの年代測定結果を見る限りでは、信頼性のあるネアンデルタール人の骨に4万1000年前より新しいものはない。一方、直接的に年代測定がなされたヨーロッパのホモ・サピエンスの最も古い例は、ブルガリアのバチョ・キロ洞窟の臼歯1本と骨の破片数個（おそらく同一個体のものと思われる）で、4万5800年前〜4万3600年前の堆積物の中から発見されている。このことは、ホモ・サピエンスが4万3000年前にはバルカン半島南東部に拡散していたことを示唆している。おそらく、それは間隔をあけて行われた一連の拡散のなかで最初期のものなのだろう。初期ホモ・サピエンスの骨はこの他にルーマニアのオアセ洞窟の頭蓋骨などわずかしかないが、その中に4万2000年前より古いものはない。ただ、これほどサンプル数が少ないと、不正確で誤解を招きやすい議論しかできない。だからこそ、もっとずっと多くの考古学プロキシが必要なのである。

　モラヴィア（チェコ）南部で見つかった石刃技術は、そうしたプロキシになりうるもののひとつである。この技術は、早ければ4万5000年

前頃にハンガリーのセレタ洞窟に登場した。もしその年代が正しければ、ずっと北の方にまだネアンデルタール人が生息していた時代に、ハンガリー北部のビュック山地にホモ・サピエンスが存在していたことになる。私の考えでは、これはホモ・サピエンスとしては最初期の、地理的に限られた範囲への拡散と見るのが最も妥当で、それはおそらくバルカン半島を通って一部はドナウ川に沿って進み、ハンガリー平原の端で止まったのだろう。この後、大雑把に言って4万5000年前〜4万年前に、次のプロキシがはるかに広範囲に広がることになる。それが、ロシア平原からスペインまでに見られる小型石刃の生産技術である。

その小型石刃は、一辺だけが鈍くて柄をつけやすい精巧な形状に作られ、ナイフにしたり武器の先端にしたりするのに適している。フランス

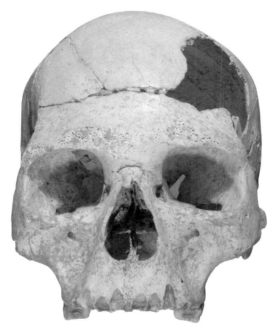

「オアセ2」は、ルーマニアのオアセ洞窟で発見された15歳の子供の頭蓋骨である。およそ4万500年前、この子供はヨーロッパに一番早い時期に入って来たホモ・サピエンス集団に属していた。この頭蓋は、ヨーロッパ後期旧石器時代の最も古い人類に特徴的な解剖学的な特徴を示している。ある部分はそれ以前の北アフリカや近東の初期ホモ・サピエンス集団の形質を受け継ぎ、別の部分でははっきりとヨーロッパ特有の形質を持っている。

イタリア北東部にあるフマーネ洞窟の堆積物層には、ヨーロッパのネアンデルタール人の最も遅い時期の証拠と、ホモ・サピエンスの最も早い時期の証拠の両方が残されている。

南西部のオーリニャック遺跡にちなんで「原オーリニャック（先オーリニャック）技術」と呼ばれるこの技術では、小型石刃を作るという技術の中に、すでにある程度の多様性が見られている。おそらく、小さな集団が拡散し、多様化しはじめるにつれて、行動様式も少しずつ違うものになったのだろう。これは、ホモ・サピエンスに文化面での変化が生じた最も早い時期の証拠であり、後期旧石器時代（だいたい5万年前から1万2000年前までを指して専門家はそう呼ぶ）の最も典型的な特徴のいくつかが現れたことをあらわしている。

　ここでも問題となるのは年代測定が不正確な点である。原オーリニャック技術について現在わかっている年代の範囲が、本当にホモ・サピエンスが4万5000年前に南ヨーロッパに存在したことを示しているとすれば、そしてネアンデルタール人の最後の存在の痕跡が4万1000年前だとする年代測定が正しければ、両者の生息時期は最大で4000年ほど重なっていた可能性がある。問題は、こうした年代の範囲はこれまでにわかっている年代に基づいたモデリングに依存していることと、私たちが「重なっている可能性」を見ているのは、それぞれの確率分布の

両端だということである。より慎重にデータを読み取れば、ネアンデルタール人は4万3000年前までにヨーロッパの西の端っこ以外からは消え去り、ホモ・サピエンスは4万5000年前頃に短期間ヨーロッパに拡散して、その後4万3000年前以降に再び拡散したと考えられる。これならば、ヨーロッパでは両者が互いに関わりあったことを示す文化的証拠がまったくないこと、そして、たとえばイタリアのフマーネ洞窟がそうであるように、最古のホモ・サピエンスの遺跡は常に最後のネアンデルタール人の遺跡よりも上にある（混じり合っている場所はない）という単純な観察結果の双方を、最も簡単に説明することができる。これまで見てきたように、この2種の人類（デニソワ人も入れれば3種）が時折遺伝子を交換した地域を見つけるには、東の広大な中央アジアに目を向ける必要がある。しかし、第5章で述べた、古代北ユーラシア人という"ゴースト集団"を思い出してほしい。この"ゴースト"の正体探しにおいては、おそらく原オーリニャック人は、ヨーロッパの人類のなかでは最有力の候補となるだろう。

　原オーリニャック人と、それ以前のネアンデルタール人の遺跡における石器の製作技法以外のもうひとつの大きな違いは、前者では装身具の数と種類が圧倒的に増えている点である。装身具はネアンデルタール人も間違いなく身につけていたが、その例はごくわずかなのだ。象徴的な価値を持つ装身具を含む視覚文化は、ネアンデルタール人の間ではあまり広がっていなかったか、少なくとも普遍的な価値を持っていなかったのかもしれない。ホモ・サピエンスの到来とともに、丁寧に穴をあけた貝殻やシカの切歯が一般的に見られるようになった。だが、その後、状況は一変することになった。

もうひとつの（または、もうふたつの）大災害

　最初の噴火で高温のガスと火山弾が柱のように噴き上がり、少なくとも40km上空まで達した。噴火の威力は、周囲の地面が1000mも隆起し、火山自体は内側に崩壊してカルデラになるほどだった（カルデラは後に地中海の水で満たされて、現在のような湾を形成した）。そして、短い

休止の後に不気味な山鳴りがして、メインイベントの大噴火が起こった。火口を中心として少なくとも1500km^{2}の範囲に、約200km^{3}の物質が放出された。それは更新世では最大クラスの噴火で、現在の噴火指標でいえばVEI 7にあたる。ヨーロッパでは、ホモ・サピエンスの居住する地域の大部分に火山灰が降り注いだ。火を噴いたのは、今のイタリアのナポリに近いカンピ・フレグレイ（フレグレイ平野）である。この地域全体が、その後も時折噴火しては灼熱の噴出物を周辺にまき散らした。この地がローマ神話の火の神ウルカヌスの故郷とされたのも、ゆえなきことではない。

　アルゴン – アルゴン年代測定法によって、この火山はおよそ4万年前（39.28±0.11 ka BP）に噴火したことがわかっている。放出された大量の硫酸塩エアロゾルは、グリーンランドの氷床コアでも検出できるほど広範囲に拡散した。この時の噴火の重要なマーカー（目印）として「CI Y2アイソクロン」があり、この噴火の時期は、古気候学者がハインリッヒ・イベントと呼ぶ、非常に寒冷で乾燥した気候の到来のひとつと一致している。ハインリッヒ・イベントは、極地から大量の氷山が北大西洋へ流れ出す現象である。ヨーロッパの視点から見ると、これによって大西洋の暖かく塩分を含んだ海水の循環が止まり、著しい寒冷化がもたらされることになった。

　ハインリッヒ・イベントは更新世の間に繰り返し発生し、海洋コアにその痕跡が残っていて、最新のものから順に番号が付けられている。CI Y2の噴火は、まるでその破壊力では足りないとでもいうように、ハインリッヒ・イベント4（HE 4）と時期が重なってしまった。両事象はフィードバック・サイクル〔互いの相乗効果で負のスパイラルを起こし状況を悪化させること〕を引き起こし、その結果、数世紀にわたって極端な気候の悪化が続いたとみられている。このような事象が世界的に影響を及ぼしたことは、第6章で述べたディプロトドンやゲニオルニスといったオーストラリアの大型動物の絶滅がこの時期だったことを思い出してもらえれば、理解できるだろう。

　噴火による直接的な悪影響もあった。火山から噴出した目に見えないほど微細なガラスを吸い込むと、ぜんそくや珪肺症などの呼吸器疾患を

モンテネグロのツルヴェナ・スティエナ洞窟に分厚く積もった堆積物には、15万年以上前から青銅器時代までの考古学的証拠が残されている。深さおよそ5〜8mの層には、ネアンデルタール人がこの場所を利用した最後の証拠があり、その上に最初に到着したホモ・サピエンスの層が重なっている。ここに写っている厚さ7〜8cmのCI Y2火山灰層は、この遺跡を最後にネアンデルタール人が使用した証拠を含む堆積物の上にある。Y2火山灰層は、ルーマニアでは最大1mもの厚みがある。

起こしやすい。フッ素濃度が高ければ、人類だけでなく、人類が主な栄養源として依存していた草食動物もフッ素中毒になり、骨が変形した可能性がある。大気中の硫黄が増加し、それに伴って環境の生産性が低下すれば、栄養摂取に支障が出て、健康上のさまざまな問題が引き起こされることになっただろう。それを考えれば、この時期に原（プロト）オーリニャック人の拡散に終止符が打たれたのも不思議ではない。

おそらく、これらの出来事のために人類集団の分布域は縮小し、アフリカとその周辺の中核的な集団を残すだけにまで収縮したのだろう。一部の人類はアフリカに逆移住し、ユーラシア大陸由来のDNAを持ち込んだ。このDNAの存在も、人類の分布が収縮したことを示すひとつのしるしである。しかし当然ながら、「火山の冬」の影響は人類だけでなく、より広範な生態学的共同体全体にも及んだ。寒冷地に適応していた

第7章　大災害　　　141

動物は、数千年の間、北方から姿を消した。マンモス、ケブカサイ、トナカイ、ホッキョクギツネの分布域は驚くほど南へ押し縮められ、イベリア半島では、これらの動物が北緯37度のグラナダまで南下した痕跡が化石として見つかっている。ハイエナは二度と北方へは戻らなかった。ネアンデルタール人はすでに絶滅しており、デニソワ人もおそらく同様だった。ホモ・サピエンスは数世紀にわたって寒いヨーロッパから姿を消した。更新世の人類の拡散の多くがそうであったように、ヨーロッパへの最初の進出は、一時的な成功に過ぎなかったのだ。

第8章

ストレス、病気、近親交配

　そろそろ、氷河期の祖先たちをもっと親しく知るべき時だろう。その手始めとして、彼らの骨以上にふさわしいものがあるだろうか？　ただし、あなたが思い浮かべる彼らのイメージは脇に置いてほしい。そのイメージは、ほぼ確実に間違っているからだ。彼らは、男性は背が高く女性は太めで、黒い肌と黒い髪を持つところは、アフリカに起源があることを示している。男女とも筋肉質である。あちこち痛かったり骨折していたりすることは、移動の多い厳しい生活をあらわしている。

クロマニョン人：アルファ、ベータ、ガンマ、デルタの4人
　ケンブリッジ大学の博士課程時代、私は研究の一環として、フランスのドルドーニュ県のレゼイジー・ド・タヤックという美しい村にある国立先史博物館で石器を計測して数週間を過ごした。私が興味を持っていたのは、ネアンデルタール人がフリントを叩いて石器を剥ぎ取る際の思考方法から、ネアンデルタール人の知性について何を推測できるかという点だった。博物館は、スタッフが昼食をとる2時間の間、毎日私を外に追い出したがっていた。そこで私はヴェゼール川が作った石灰岩の渓谷を歩き回り、"先史時代のフランスの首都"という地元の主張もごもっともと思わせるような、典型的な氷河期の遺跡群を見学した。渓谷の両側に点在する洞窟はわれらが祖先たちの宿営地で、1860年代から発掘が続けられており、その洞窟のひとつがクロマニョンである。私はよくそこに座って昼食のバゲットを食べた〔クロマニョンは、洞窟というよりむしろ岩壁の下部が軒下のように削れた場所という方が近い〕。かつて、この洞窟の奥の岩壁の前に、少なくとも成人4人と子供4人の遺骨

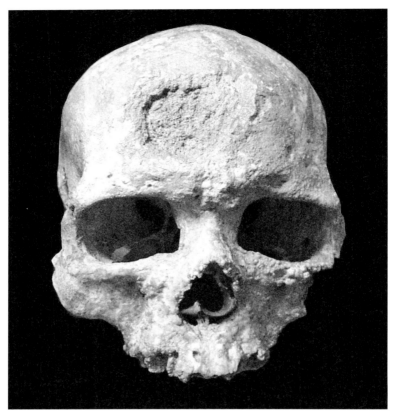

クロマニョン1。高齢男性の頭蓋骨で、洞窟内の遺骨片の分析から判明した4人の成人と4人の子供に与えられた新しい名前に従えば、ほぼ間違いなく「アルファ」のものである。年代はおよそ3万1000年前で、これらの骨は洞窟の奥に隠されるように残されていた。

が眠っていた。おそらく彼らの遺体は、軟組織が腐敗する間は、風雨にさらされていたのだろう。その後、一部の骨が洞窟の奥に隠され、そのまま時が流れて、約3万1000年後の1868年に発掘された。クロマニョン人は、最も早い時期に科学の力で見出された氷河期の人類化石のひとつだが、その結果、クロマニョン人という名は、氷河期のホモ・サピエンスの標本を指す非公式な用語として使われるようになった（118〜119ページの図版XIIを参照）。遺骨は断片のみで、浸食されており、骨格を構成する一部の骨の数から、3人か4人の成人が含まれているこ

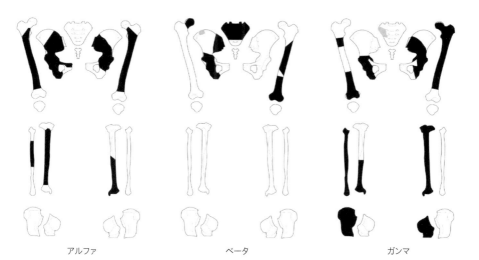

アルファ　　　　　　　　　　ベータ　　　　　　　　　　ガンマ

クロマニョン遺跡（フランス、ドルドーニュ県）で発見された3人の成人の下肢骨を、伝統的な骨考古学と3次元バーチャルモデリングに基づいて再構成した図。

とは明らかだと思われたが、他の数人の骨の断片が紛れ込んでいる可能性もある。どうやってそれを見分けるのか？　また、どの骨がどの個体のものかを知るにはどうすれば良いのか[1]？

　伝統的な骨考古学〔日本での呼び方は「形質人類学」が一般的〕では、骨が同じ個体に由来するかを判断するときには、骨の関節面（他の骨と関節を形成する骨の両端部分）と、筋肉が付着していた目印となる多くの部位を目視で照合する。非常に時間がかかる作業だが、体の同じ側の骨が残っていて、対応する関節部分がすべて存在し、骨の状態が良い場合にはうまくいく。しかし、クロマニョン人のように、骨が傷んでいて、失われている骨も多い場合には、追加のテクノロジーが必要である。そこで役立つのが、骨の3次元バーチャル・モデリングである。〔病院のCTよりも高精細な〕マイクロCTスキャナーを使って、肉眼では見えない骨の厚み、密度、成長パターンを精密に再構築することで、断片だけの骨を照合することが可能になる。立体ジグソーパズルにたとえるとわかりやすいだろう。いくつものピースが失われ、残ったピースも端が壊れている時に、ピース同士を結び付ける方法が、このモデリングであ

る。これにより、個体ごとにそれぞれいくつの骨を関連付けられるかを見ることができる（117ページの図版XIを参照）。

　フランスの骨考古学者アドリアン・ティボーとセバスチャン・ヴィロットは、クロマニョンの骨にこの方法を適用し、下肢の骨を3人に関連付けることに成功した。アルファはとても背の高い高齢男性、ベータは高齢女性、ガンマは別の高齢男性である。どの骨がどの個体のものかがわかると、3人の生前の健康状態の評価が可能になった。アルファは、氷河期の高齢者に予想される摩耗や損傷に加えて、頭蓋と脚にまれな病気（おそらく細胞がん）の形跡があった。ベータの上半身は非常に頑丈で筋肉質で、これは氷河期の多くの女性に見られる特徴である。彼女は、肘の骨軟骨炎（痛みを伴う関節疾患）を含めて、中程度の変形性の関節疾患を患っていた。

小規模で孤立した集団── 配偶者の選択と近親交配

　昔も今も、狩猟採集民の集団はしばしば「小規模な社会」とされる。非常に少ない人数が集団として組織されていて、小さな村のようではあるが、彼らは定住地を持たない。狩猟採集民の1集団の人数は、農耕民族の村落と比べても少ない。なぜなら、狩猟採集に依存して生存する集団の規模は、自然環境から得られる資源量によって制限されるからである。この、ある環境が資源を枯渇させずに維持（収容）できる個体数のことを環境収容力という。狩猟採集民は通常、この収容力よりはるかに少ない人数の集団で生活しており、一般に1km^{2}あたり0.1〜0.001人、別の言い方をすれば、平均で10km^{2}あたり1人以下ということになる。一方、現在の世界の平均人口密度（世界の総人口を、南極大陸を除く陸地の面積で割った値）は、1 km^{2}あたり約55人である。ただし、平均値は個々の地域ごとの違いを覆い隠す。イングランドは1 km^{2}あたり432人、モナコは1km^{2}あたり1万8000人以上で、狩猟採集民には考えられない人口密度である[2]。氷河期の人口を推定するのはおそろしく難しい。近い過去におおむね似たような環境で生活していた狩猟採集民の人口密度に近いと仮定することはできるが、第7章で見たように、現代

には氷河期とまったく同じツンドラもなければマンモスの群れも存在しない。過去1万年間の海面上昇によって海岸線は大きく変化し、広い面積の低地が海に沈んだ。そのため、氷河期の任意の時点で利用可能な土地の面積は、あくまで大体の推定でしかない。私たちの大雑把な推定では、氷河期のユーラシア大陸全体の人口は2000人から3万人で、氷河期の最後の1万年間には7万人にまで増えていたとみられる。7万という数字は、私の故郷ポーツマスの人口の3分の1である。

　狩猟採集民は、許容できるレベルの近親交配（これについては後述する）を行いながら集団の人数を維持し、かつ、その人数を環境収容力以下に抑えるために、さまざまな方法を発展させてきた。これは不思議でもなんでもないことで、当然失敗することもあり、その場合の結末はただひとつ、局地的な絶滅だった。雪による足止めが長く続きすぎたり、春の移動の時期にトナカイが現れなかったり、有能な採集者や狩りの達人が早死にしたりすれば、その地域集団にとって大きな打撃となる。リスクを分散しようと、狩猟採集民は土地資源の枯渇を最小限に抑えるための分裂と融合のシステムを発展させた。資源が比較的豊富な時期には、集まって比較的大勢で行動することができた。逆に、資源が少ない時期、特に冬には、より小さな単位（通常は核家族がいくつか集まった集団）に分裂した。彼らの年間行動サイクルの構造は、これで決定されていた。

　狩猟採集民の集団を「小規模」と呼ぶ時、そこに彼らが単純であったとか、進歩が遅かったという意味合いはない。むしろ実情は大違いである。人類学者の研究によって、狩猟採集民は小規模で流動的な集団という特徴を持つものの、各集団は、世代を超えて築かれた広範で複雑なネットワークから派生していたことが明らかになっている。ここでいう複雑なネットワークとは、移動性の高い"バンド"（文化人類学における最も小さな社会集団の呼称で、狩猟採集民の集団は一般にそう呼ばれる）同士を結びつけてより大きな構造にする「マルチレベル」社会のことを指す。決定的に重要なのは、問題解決の方法、環境に関する情報、技術、娯楽、そして最も肝心な配偶者の選択といった"文化"が、広大な土地の中で距離をものともせず共有可能だったという点である。サケの産卵やトナカイの移動の時期になると、バンドはそれに合わせて集合し、歌

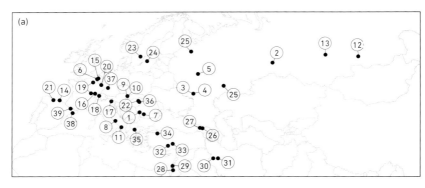

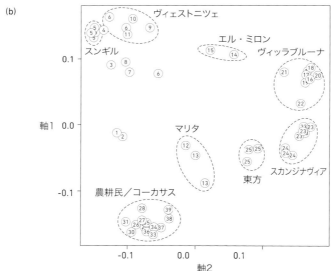

① オアセ（UP）	⑭ エル・ミロン（LP）	㉗ コーカサス（HG、M）
② ウスチ（UP）	⑮ ゴイエ（LP）	㉘ ナトゥーフ（LP）
③ コスチョンキ（UP）	⑯ フランス（HG、LP）	㉙ レヴァント（EN）
④ コスチョンキ12（UP）	⑰ ヴィッラブルーナ（LP）	㉚ ザグロス（EN）
⑤ スンギル（UP）	⑱ ビション（LP）	㉛ イラン（EN）
⑥ ゴイエ（UP）	⑲ フランス（HG、M）	㉜ ボンジュクル（EN）
⑦ ルーマニア（UP）	⑳ ロシュブール（M）	㉝ ツェペジク（EN）
⑧ パリッチ（UP）	㉑ ブラナ（M）	㉞ バルチン（EN）
⑨ ヴィェストニツェ（UP）	㉒ ハンガリー（HG、M）	㉟ ギリシャ（EN）
⑩ パヴロフ（UP）	㉓ モタラ（M）	㊱ ハンガリー（EN）
⑪ オストゥニ（UP）	㉔ スカンジナヴィア（HG、EN）	㊲ 線帯文土器（EN）
⑫ マリタ（UP）	㉕ 東方（HG、M）	㊳ カルディウム土器（EN）
⑬ アフォントヴァ・ゴラ（LP）	㉖ コーカサス（HG、LP）	㊴ イベリア（EN）

略号：HG＝狩猟採集民　UP＝後期旧石器時代　LP＝前期旧石器時代　M＝中石器時代　EN＝前期新石器時代

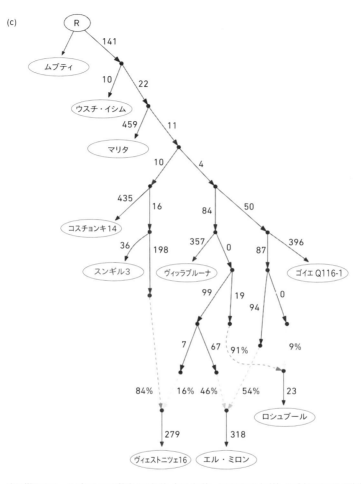

氷河期のホモ・サピエンスの数多くの個体（5万年前〜1万5000年前）の遺伝子DNAの塩基配列を2つの方法で調べた結果をグラフと図で示したもの。（a）は解析したサンプルの出土地。（b）は塩基配列を決定したサンプルの遺伝的な近縁関係で、スンギルを含めて、各集団がそれぞれ他とはっきり区別できるクラスターを形成していることは注目に値する。（c）は同じ解析結果を遺伝子の系図として描いたもので、（b）で示された個々のグループだけでなく、それらの間の関係を示している。比較のため現代のムブティ（コンゴのピグミーの総称）も含めている。このデータは、氷河期のヨーロッパの人類集団は小規模で比較的孤立していたことを示している。たとえばスンギルとコスチョンキのサンプルは、それぞれはっきりした違いがあるものの、同じ祖先集団から派生している。同じ祖先集団からは、もっと遠い関係ながら、ヴィェストニツェ（チェコ）の集団も派生している。それぞれの"枝"の横に書かれた数字は、その枝の遺伝的分岐の相対的な量をあらわし、数字が大きいほど相違が大きい。従って、コスチョンキ14の数値（分岐の程度）が大きいということは、コスチョンキ14の遺伝的な歴史が、共通祖先の単なる子孫であるスンギル3よりも複雑だったことを示している。

第8章　ストレス、病気、近親交配

い、踊り、物語を語り合い、そして配偶者を選んだ。

　現在では、古代DNAの解析が可能になったことで、時折、氷河期の何人かの間の血縁関係を垣間見ることができる。小さな集団では、近親交配の危険が常に存在する。少々の近親交配はよくあることで、生物学的にも許容範囲だが、多すぎるのは問題である。近親交配は、集団内のさまざまな悪い形質を、増幅した形で発現させやすい。たとえば繁殖能力が低下したり、身長や寿命が縮んだり、その他多くの肉体面・健康面の欠陥によって呼吸能力から脳の機能までに悪影響が出る。ちなみに中世ヨーロッパの君主たちの行動の多くも、それで説明できる。

　近親交配をタブーとして禁止すれば、このリスクを積極的に減らすことができる。今日、ほとんどの国では、一親等から三親等まで（親と子、きょうだい同士、祖父母と孫、おじと姪・おばと甥、二重いとこ〔父方・母方の祖父母が同じいとこ〕、片親が違うきょうだい）の間の婚姻を禁止している。近過去のすべての狩猟採集民においても、交配集団を閉鎖的にしないための社会的な方法が編み出されている。氷河期にもおそらく同じようなしきたりがあったと推測できる（そうでなければ、今私たちはおそらく存在していなかっただろう）。古代DNAの分析を行うと、それがうまく機能していたかどうかを調べることもできる。

　ただし、そのためには同じひとつの遺跡でほぼ同時期に生活していたことが分かっている、複数の個体の骨が必要になる。この条件を満たすサンプルのひとつがロシアのスンギル遺跡（3万4000年前～3万3000年前）で、隣接する墓に4人が埋葬され、他の数人の骨の断片がその近くに散らばった状態で発見されている。スンギルの埋葬地については、このさきの章の死者の扱いについて述べる部分で改めて取り上げるが、ここでは彼らが生きていた時の関係を見てみよう。古代DNAの分析で、いとこや曾祖父母までの関係を特定することができる。スンギルの古代DNAは、それらの骨の持ち主の間に、少なくともいとこや曾祖父母よりも近い血縁関係がないことを明らかにした。交配相手と出会う機会が比較的限られていたと考えられる氷河期の狩猟採集民の小集団としては、驚くべき結果である。そこから、各集団は小さなサブグループ内での交配を好んでいたが、過度に近親交配が進まないように、バンド同士

の十分な接触が維持されていたことがわかる。この古代DNAのデータは、現代人のデータとも矛盾しない。現代の狩猟採集民は、少なくとも200人規模の交配相手の集団と接触があり、どの小さなバンドをとってみても、三親等以内の血縁関係にあるのは集団のわずか10％程度であることがデータで示唆されている。つまり、氷河期の先祖たちは、少なくとも3万4000年前には、配偶者選択のためのネットワークは常にオープンでなければならないと認識していたのである。これは、古代DNA分析の登場で初めて可能になった驚くべき発見である。過酷な氷河期の環境の中で生きた小規模集団にとって、これは見事な手柄であった。しかし、それには常に代償がつきまとったことだろう。こうしたネットワークを維持するには、かなり骨の折れる移動が必要だった。移動力とネットワーク機能が衰えれば、数世代で絶滅してしまう可能性がある。もしかすると、それがネアンデルタール人を絶滅に追いやった最大の要因だったのかもしれない。

人生、寿命、体格

　氷河期の人類はどのくらいの頻度で出産し、生まれた子どもはどのくらいの確率で成人まで生き延びたのだろうか？　生活はどれくらい困難だったのか、成人の平均余命はどれくらいだったのか？　こうしたことを考察する際、私たちは現存する化石人骨の骨学的・遺伝学的研究に全面的に依存している。化石人骨は、宿営地の遺跡から回収された歯や骨のかけらから、浅い墓に守られたほぼ完全な全身骨格まで、さまざまだ。それらの人骨の研究により、硬組織や遺伝子に残された痕跡から、彼らの人生のいくばくかを理解することができるようになった。とはいえ、知りたいのに調べるすべがないこともたくさんある。たとえば、彼らの合計特殊出生率、つまりひとりの女性が平均して一生に何人子供を産んだかなどはわからない。ネアンデルタール人の場合、乳幼児の骨もよく混ざっているため、乳幼児死亡率が高かったことがうかがわれるが、ホモ・サピエンスでは、乳幼児の死亡率がいくぶん低下した証拠がある。これは重要なポイントかもしれない。生殖可能年齢まで生き延びる子供

の数が少し増えるだけでも、集団全体の規模の拡大につながりうるからである。また、成熟が比較的早かったことはたしかである。このことを推定するひとつの方法に、第2・第3大臼歯が生え始める時期がある。氷河期の人類では第2・第3大臼歯が比較的早く生えており、これはおそらく骨格全体が総じて速いスピードで成熟したことを反映していると考えられる。

　早い成熟、大きな脳、移動が多い生活は代謝コストが高い。氷河期とほぼ同じ環境にいる現代の狩猟採集民（たとえばイヌイット）は、1日あたり3500〜4000kcalを消費する。ネアンデルタール人の場合は、体重と移動の多い生活様式から推定して、1日あたり5000kcalが必要だったと考えられている。それをもとにして考えると、氷河期のホモ・サピエンスの消費カロリーは、現代の狩猟採集民の中でも一番高いあたり、つまり1日約4000kcalだったと推測できる。これは、食べ物から摂らなければならないタンパク質の量が多いということであり、これまでに述べたように、そのほとんどは肉や水産資源から摂取しなければならなかったはずである。そして、その供給源である動物も水中の生物も動き回る。氷河期の狩猟採集民の移動性の高さは、好き好んでそうしたのではなく、必要に迫られてのことだったのは明らかである。

　氷河期の大部分の期間、ホモ・サピエンスの腕と脚の長骨に見られる特徴は、祖先である古代型ホモ属と共通だった。つまり、日常生活で生体力学的なストレスを多く受ける骨によく見られるように、比較的太く、筋肉が付着している部位が発達して目立っているという特徴があった。下肢は歩行に適していた。氷河期の人類の脛骨（膝と足首の間の2本の骨のうち内側の太い方）の頑丈さは、現代のクロスカントリー競技選手に匹敵するか、それ以上である。大腿骨（太ももの骨）の長さは平均身長を知るための非常に良い指標になり、大まかに言うと大腿骨の長さの4倍が身長である。そういうわけで、私たちは、祖先が気前よく残してくれた大腿骨から、彼らの身長を推定できる。その結果浮かび上がるのは、背が高く脚も長い姿である。そこからは、アフリカの祖先の遺産を受け継いでいることがわかる。

　氷河期の人骨研究の専門家であるブリジット・ホルトは、大腿骨／身

長比を使って氷河期のヨーロッパ人の身長を割り出した。その結果、時代が下るにつれて、身長が男性は174cmから161cmへ、女性は162cmから153cmへと低くなっていることが判明した。もちろんこれは平均値であり、ヨーロッパ人だけのデータであることを忘れてはならないが、およそ2万年前の最終氷期最寒期以降に、平均身長が男性で最大10cm、女性で最大8cmも急激に縮んだことは明らかである。それまでの人類は、もっと背が高くて体重が重く、胴体に比して脚が長かった。この時代から、厳しい気候がもたらした移動性の低下によって利用可能な栄養資源をめぐる競争が激化し、代謝が低く必要な栄養量の少ない小柄な人類の方が生き残るチャンスが大きくなって、彼らの遺伝子が受け継がれたのである。

　大腿骨のサイズや形と、移動能力や体格との間には強い関係がある。移動の機会が多ければ多いほど、大腿骨にかかる曲げ応力は増える。その結果、この力に対応するために骨の厚みが増し、長骨の断面にその特徴的な形態を見て取れるようになる。仮定の話として、あなたが自分の太ももを切断して大腿骨の断面を見たとする（実際にやらないように！）。あなたがトップアスリートやフィットネスマニアでもない限り、大腿骨は比較的細くて断面は丸い形をしているだろう。これは、日常的に長距離を歩いたり重い荷物を持ったりすることがないため、脚にかかる生体力学的な力がどちらかといえば小さいためである。よく歩いたり走ったりする人は、大腿骨の前部から後部へ向かって大きな力がかかるため、大腿骨の断面の後方、特に、膝に一番近い最も力がかかる部分に、他よりも骨が厚く線状に盛り上がる"稜"ができる。ブリジットは氷河期と氷河期後（中石器時代）の人類の大腿骨の断面を比較し、骨の後ろ側の稜が時代の経過とともに消失していることを発見した。これは、気候が良くなり、亜寒帯林が広がって長距離移動の必要性が減るにつれて、運動量が徐々に下がっていったことを示す確かな指標である。彼女のこの研究は、氷河期のホモ・サピエンスが肉体的に過酷な生活をしていたことを見事に示している。ホモ・サピエンスの腕も、氷河期の間に強くなった。同じ特徴が、現代のアラスカやカムチャツカのアレウト族に見られる。彼らの場合、舟を漕ぐことが多くて筋肉の発達がうながされた

ためである。氷河期の人類で右腕が特に頑強だったのは、投げ槍を投げる習慣があったからと考えてほぼ間違いないだろう。

病理

　前述のように、クロマニョンの洞窟から出土した成人の骨の中には、厳しい生活の中ですり減ったり折れたりした跡があり、「アルファ」にはガン性の病気があった。骨にはしばしば、骨の表面に変化をもたらす事故（外傷）や病気の痕跡が残っている。クロマニョン人の研究チームの一員でもあるエリック・トリンカウスは、氷河期の人類の骨に最も精通している人物だと言っていいだろう（彼については第2章でも紹介した）。彼は氷河期の多くの骨を調べ、そこに見られる負荷や病気の事例を丹念に記録してきた。氷河期の生活は明らかに過酷だった。エリックが調べたすべての標本に、栄養不足や骨折を示す所見があった。現代人を無作為抽出で調べた場合に予想される結果と比べて、はるかに出現率が高い。

　氷河期の人類の生態に関しては世界的な専門家であるエリックと彼の同僚たちは、外傷に関連した骨折が、人生の早い時期からわりあいあたりまえに起きていたことを明らかにした。その多くは頭部への比較的軽い打撃であったが、脚、腕、足首の骨折や、それに関連した変形性関節症も含まれていた。こうした外傷はしばしば個体を弱らせ、とりわけ移動能力を低下させるが、治癒していることから、不運にも負傷した個体には——少なくとも比較的若い個体には——治療が施されていたのではないかと考えられる。マノット洞窟（イスラエル）で発見された若年成人には、足の骨折が治癒した跡が見られた。おそらく痛む足を引きずって歩いていたことだろうが、彼または彼女（どちらかはわからない）は、足が遅く狩りに参加できない、あるいは少なくとも獲物を追いかけることができないにもかかわらず、明らかに怪我をした後も生きて生活をしていた。

　エリックは、下肢が変形したり外傷を負ったりした個体も、移動を続けていたと結論づけた。ということは、移動能力の低下した高齢の者は

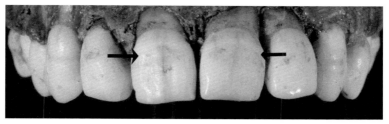

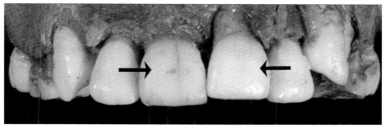

ロシアのスンギルで一緒に埋葬されていた2人の若年者の上顎前歯（上：スンギル2、下：スンギル3）。発育時のエナメル質の形成不全が見て取れ、一部（矢印）は重度の発育異常を示している。スンギル2は3歳頃に1回、スンギル3は3歳から5歳までの間に少なくとも3回、ストレスを受けた期間があった。〔監修者注：ゲノム解析の結果、どちらも男児であることが分かっている。〕

置き去りにされて死に、肉食動物に骨を食べられて、古生物学のサンプルになれなかった可能性が高い。だとすれば、化石人骨に高齢の個体のものが少ない理由のひとつは、移動能力の喪失かもしれない。要するに、集団についていくか、脱落するかだったのだ。

　狩猟採集民は人口密度が低く、移動性が高く、病気を媒介する家畜が近くにいないことから、通常は罹患する感染症の種類が比較的少ない。氷河期の彼らの健康状態は、概して良好だった。口腔内の健康状態も、一部の例外を除いては比較的良かった。歯の健康状態が急激に悪化するのは、農業が始まって糖分が豊富な穀物を石臼で挽いて食べるようになってからである。虫歯は年代が新しくなるにつれて増えてくるが、それはおそらく食生活におけるストレスのレベルが高くなったことを示しているのだろう。氷河期の人々の歯には、現代人では稀にしか見られないエナメル質形成不全（エナメル質減形成）がよく観察される。これは、カルシウムやビタミンの不足によってエナメル質の成長が妨げられた結

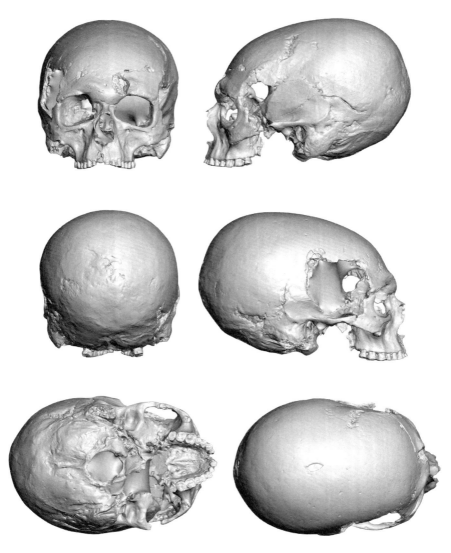

アレーネ・カンディデ洞窟（イタリア、リグリア州）に埋葬されていた氷河期末期の多数の人骨のうち、1体の成人男性の頭蓋。脳頭蓋が細長くて高さがないのは、おそらく矢状縫合が早期に癒合し、正常な成長を妨げた結果であろう。頭蓋骨の縫合線は、解剖学的には左右の手の指を交互にゆるく組み合わせた時と同じようなものと考えるとわかりやすいだろう。発育中は縫合線が開いていて、（両手を引いて少し離すと手の容量が増えるように）脳頭蓋の拡張が可能だが、癒合してしまうと脳頭蓋がそれ以上拡がらなくなる。その結果、この男性の脳は後頭部側へと拡張した。

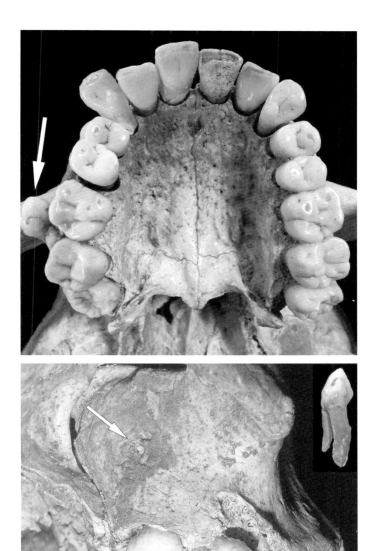

アブリ・パトー洞窟(フランス、ドルドーニュ県)で発見された成人女性の上顎骨。右側に過剰歯(正常な本数以外の余計な歯)が生えている。このような発育異常は現代人では極めて稀である。加えて、歯周病の証拠がかなり見られる。

第8章 ストレス、病気、近親交配

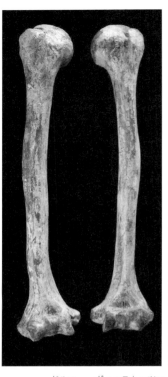

ドルニー・ヴィェストニツェ（チェコ）に埋葬されていた20〜25歳の小柄な男性の腕と脚の骨。 左：上腕骨。どちらも比較的短く、片方は発育過程でねじれて不自然に彎曲（わんきょく）している。 中：左腕の前腕の骨（尺骨と橈骨（しゃっこつとうこつ））。尺骨が下端（遠位）に向かって骨折しており（おそらく転倒が原因）、そのため、橈骨が著しく曲がっている。 右：大腿骨は胴体に比して短く、著しく彎曲している。

果、歯の表面に小さな孔が線状にできる現象で、厳しい環境が硬組織に残したマーカーである。約3万4000年前、ロシア北部のスンギルに並んで埋葬されていた2人の若年者は、前歯に形成不全が見られ、そこから3歳から5歳にかけての歯の発育期に何度か栄養ストレスを受けた時期があったことがわかる。この2人の子供がそうした経験をしたことを考えれば、集団の他のメンバーも同じような経験をした可能性が高い。

　エリック・トリンカウスは、66人の人骨に75件の発育異常を認めた。これは、現代社会をはるかに上回る高い発生率である。その発育異常に含まれるのは、低リン血症（血液中のリン酸塩濃度が低く、呼吸不全

や衰弱につながる)、水頭症(脳室内に脳脊髄液がたまり、頭痛、複視、平衡感覚障害、失禁、精神症状、痙攣、人格障害などの症状が現れ、最終的には脳腫瘍に至ることもある)、全身性異形成(遺伝的障害により骨の発育に影響が出て、脊椎の不具合、手足のプロポーションの異常、呼吸障害、肥満を引き起こす)、歯のさまざまな異常などである(先ほど「口腔衛生は良好」と書いたが、歯の形成はまた別の話である)。不自然に体が小さい個体も数例見られ、一部は脚が比較的短く、しばしば大腿骨が過度に彎曲していた。遺伝性のくる病で確実に歩行に影響があっただろうという例もいくつかあった。特筆すべき例として、軟骨異栄養症(軟骨の無形成あるいは低形成)による小人症の男性個体がある。イタリアのロミート洞窟で成人女性と一緒に発見されたこの男性は、前腕が極端に短く、肘の可動域に制限があり、頭蓋骨に顕著な突起が複数見られた。

死

考古学者は死者のことには詳しい。死者の骨は、氷河期の人類がいつ、どのように死んだかについて多くを教えてくれる。成人になる前、骨がまだ成長途中の時に死亡すると、成熟に関連する解剖学的なランドマークによって、死亡時の年齢をかなり正確に特定できる。これらのランドマークは、頭蓋の成長と縫合線の癒合の状態、歯の萌出の時期、四肢骨の成長とその骨端の癒合のしかたなどから推定できる。成長期が終わって成人期が始まる頃になると、この方法での判断は難しくなる。そこで研究者が頼るのは、歯の咬合面の摩耗の度合い、加齢に伴う椎骨や骨盤の変化、年齢による骨そのものの微細構造の変化などである。これらを現代の標準と比較することで、氷河期の人々が通常の状況下でどのくらい長く生きたと予想されるか、また人生のどの段階で特に死亡しやすかったのかを推定できる。

現在の世界の平均寿命は72歳だが、平均値というものは、多くのばらつきを隠してしまう。女性の平均寿命(74歳)は男性(69歳)より少し長い。アフリカの平均寿命が61歳なのに対し、ヨーロッパは77歳

である[3]。氷河期の平均寿命の推測は、可能ではあるものの、なかなか難しい。少し脱線するが、たとえとして、村の集会所に全住民が集まっているとする。そこはアガサ・クリスティ描くところのセント・メアリー・ミード村だとしよう。村一番の有名人であるミス・マープルも間違いなくいるはずだ。なにしろ死にまつわるお話なのだから。全年齢層の村人がいる――生まれたての赤ん坊、乳児、子供、思春期の若者（扱いにくくて騒がしいに違いない）、成人、親世代、祖父母世代、さらに曾祖父母世代も数人いる。

　では、彼らの死を想像してみよう。この穏やかな小村を突然大災害が襲った場合を別とすれば、村人のうち自然死する可能性が高いのは誰だろうか？　当然、高齢者である。平均すると高齢者ほど死にやすい。この話を考古学にあてはめてみよう。もしもすべての死者が村の墓地に埋葬され、最も死ぬ可能性が高いのが高齢者で、青年期や幼少期の死者は比較的少ないとすると、墓地は比較的年齢の高い人の骨であふれ、若年層の骨は相対的に少ないはずである。墓を掘り返せば（あるいは、手間を省いて墓碑銘から死亡年齢を読み取れば）、何歳で何人が死んだかという死亡曲線を描くことができる。そのグラフは、高齢者ほど多く死ぬことを示す曲線になる。若年層と高齢層の比率は、栄養状態や、生活するのにどれくらい肉体を酷使するかに応じて、時代によって変化する。先進国ですら比較的最近まで乳幼児死亡率がある程度高かったことは知られているが、それでもデータでは高齢での死亡率が高い。ここまでの話は、すべて単純でわかりやすい。ただし、氷河期が残した骨を調べる場合には、話はそう簡単ではない。

　エリック・トリンカウスは、11万年前から2万年前までのユーラシアの人類について、埋葬された骨や宿営地遺跡で見つかった骨のかけらなどの入手可能なサンプルに基づいて、死亡の状況を集計した。個体が何歳で死亡したかに注目すると、発見されている氷河期のホモ・サピエンスの骨の大半を占めているのは、高齢者のものではなく、人生の盛りの時期の成人だったのだ。現代の常識ならば多数含まれるはずの高齢者は、それほど見られない。

　比較のために、エリックは20世紀に工業化されていない国々に住ん

でいた多様な人々のデータを入れてみた。データは、ミス・マープルがお墨付きを与えてくれそうな、予想通りのパターンになった。すなわち、死者のうち60％以上が高齢者で占められたということだ。対照的に、氷河期の死亡率データはすべて——実際に、驚くほどに——働き盛りの成人が多数なのである。ここでひとつ頭に入れておいてほしいのは、ホモ・サピエンスとネアンデルタール人の死亡率曲線の違いは比較的小さいことである。どちらも平均寿命は短く、人口動態はかなり不安定だった。氷河期の人類は、高齢になってから死ぬよりも、成人期や壮年期に死ぬことの方が多かったように見える。しかし、この謎を解くのは簡単だ。セント・メアリー・ミード村に話を戻すと、もし村の死者が、全員必ず墓地に埋葬されるわけではなかったとしたらどうだろう？　国外に住む親類を訪ねている間に亡くなった人や、近くの森に埋葬されて自然に還ることを望んだ人（なぜそうしてはいけない？）、火葬して風に乗せて散骨してほしいと言い遺した人がいたとしたら？　墓地に埋葬された村人のサンプルはかなり歪んだものとなり、村における本当の死亡パターンが不明瞭になるだろう。

　氷河期のデータを歪める偏りを解き明かすことは、ミス・マープルが喜びそうな科学的問題である。その偏りが、人生の盛りの時期の成人だけが埋葬される傾向があり、若年者や高齢者は別の方法で扱われたことに起因する可能性はどれくらいあるのだろうか？　エリックはそう自問し、宿営地から出土したバラバラの骨片と埋葬されていた骨とを区分して考慮することで、その問題を調整した。その結果、全体としては高齢者のサンプルが増えることになった。これは、氷河期の死亡パターンが、成年期・壮年期の成人が優先的に埋葬されたことによるバイアスであることを示す、確かな証拠である。彼が調査した高齢者の骨は、もっと年下の人の骨と同様に、よく保存されていた。骨は年をとるほど朽ちやすいから高齢者の骨が少ないという説では説明できない。つまり、パターンは本物なのだ。だが、これは何を意味するのだろう？　第18章で、その答えになりそうな説明にたどり着くことになる。

第9章
マンモスを中心とした生活

　凍てつく風が吹き、海ぞいの濡れた洞窟の中には海藻と鳥の糞の悪臭が漂っていた。私たちは身を寄せ合い、映像の撮影という目の前の仕事に集中した。ところはガワー半島（ウェールズ）のパヴィランドのゴーツ・ホール洞窟。この洞窟は人里離れた場所にあり、干潮時か、または困難な懸垂下降でしかたどり着くことができない。今では洞窟から見わたす先に広がるのはブリストル海峡だけだが、海面が低かった更新世には、洞窟入口に座った狩人の目には広大な平原が映り、そこにはウマ、バイソン、トナカイ、そして氷河期の象徴であるマンモスなどが多数生息していたはずである。数万年の昔、後期旧石器時代の狩猟採集民のひとりが、赤褐色のパーカーとレギンス姿でこの洞窟に埋葬された。その墓には、とある神秘的な素材〔マンモスの牙〕を彫って作られた品物がいくつも散らばっていた。私は、科学番組のキャスターで作家でもある旧友のアリス・ロバーツと一緒に、テレビシリーズ用にこの洞窟の考古遺物を撮影していたのだ[1]。

　1823年、オックスフォード大学の地質学者ウィリアム・バックランドが、ここに埋葬されていた人骨について初めて発表し、被葬者はたちまち「パヴィランドの赤い貴婦人」として知られるようになった。バックランドは、最初は遺体を男性と判断したが、その後、私たちには知りえぬ理由で考えを変え、骨がレッドオーカーで染まっていたことから、「赤い貴婦人」という名前が定着した。現在では、この骨の主はおよそ3万4000年前に死んだ若い男性であることがわかっている。遺体は、マンモスの牙を彫って作られた「両手で何すくいかできるほどの」品々と一緒に埋葬されていた（バックランドはその牙を、聖書に記されている大洪水で死んだ動物のものだと考えた）。おそらくこの不運な狩人は、

人を寄せ付けない北の土地で、なんとか耐えられる気候条件の夏場に、加工可能なマンモスの牙を探していた小集団の一員だったのだろう。それはともかく、バックランドと彼の同僚たちが発見したのは、絶滅した動物の遺した牙と一緒に発掘された旧石器時代の埋葬地の最初の一例であった。そして彼の発見とその遺産が、アリスと私をパヴィランドの海岸に導いたのだ。私はその当時、「赤い貴婦人」とそれに関連するマンモスの牙細工の大規模な再分析に携わっていた。牙細工の一部は、まるで特別なやり方で処分しなければいけない"力を秘めた品"であるかのように、意図的に壊されて墓の中にばらまかれているように見えたが、これについてはいずれ触れる。

　マンモスは、長鼻目（ゾウ目）という豊かで多様性を持つ目の中の絶滅した種である。長鼻目は中新世後期に現れ、その後多様化してトロゴンテリーゾウ、マンモス、マストドンなどに分かれ、最終的には現代のゾウに至る。ケナガマンモス（*Mammuthus primigenius*）はこの目の標準からすると比較的後になってから分岐した動物で、約40万年前にシベリアで進化し、北の高緯度地方の寒さに適応して、15万年前にはヨーロッパに広がっていた。マンモスは、更新世の生態系を特徴づける生物である。厳密な意味では現代に類似する生態系はなく、今日の北極圏のツンドラで見られる動物種と、草に覆われたステップに生息している動物種が混在していた。現在の極北の地では、雪に覆われた厳しい冬と緑豊かな夏が著しい対照をなしていて、それは氷河期も同じだったと考えられるが、更新世の寒冷地は緯度がやや低いぶん太陽が高めで、気候の苛烈さはいくらかは緩和されていただろう。その結果、"マンモスがいる草原"の生態系は、栄養が豊富だった（ただ、人類が消化可能な栄養源は、ツンドラの草食動物という「蹄を持つ生物」が中心であったが）。そこはホモ・サピエンスにとって特に豊かな狩り場だったことが、考古学調査で明らかになっている。

　シベリアの北緯60度以北の永久凍土からは、極めて保存状態の良いマンモスが多数発見されている。あらゆる年齢層のマンモスが見つかっており、ジーマ、リューバ、マーシャと名付けられた3体をはじめとする赤ん坊も含まれている（313ページの図版XVを参照）。しかも、嫌

気性の条件（空気がなく、死骸を分解する生物が生息できない環境）と冷凍庫のような温度の組み合わせのおかげで、それらには最も繊細な軟組織までも保存されている。沼地や湿地帯にはまって抜け出せずに死んだ個体もいれば、川を渡ろうとして死んだ個体もいる。老齢で慢性病の症状が見られる個体もいるが、胃が食べ物でいっぱいで、致命的な事故に遭うまでは健康そのものだったものも多い（赤ん坊のジーマの心臓のCTスキャンからは、およそ4万年前の死亡時には申し分なく健康で、乳離れしはじめたところだったことが判明している）。今では、こうしたマンモスたちの死因は、ジョルジュ・キュヴィエ（第7章でジョン・マーティンの《大洪水》に感嘆する紳士として登場した）とその同時代人たちが反論を展開しなければならなかった「聖書の大洪水」のような1回きりの大災害ではなかったことがわかっている。マンモスは、更新世のいろいろな時期に、さまざまな事故で死んだのだ。1808年にサンクトペテルブルクでほぼ完全なシベリアのマンモスの骨格が組み立て直され（肉の一部は地元のイヌのエサにされた）、この生き物の大きさと形を詳しく見ることができるようになった。キュヴィエは、これらの巨大な生き物は北方の低緯度地帯でしか発見されていないことや、歯の突起部の構造が堅い草をすりつぶすのに適していることを指摘し、彼らは寒冷な草原に適応した生物であり、もはや地球上には存在しない、と正しく結論づけた。

　比較解剖学者や生物学者は、マンモスについて多くのことを知っている。マンモスの大きさと体重はアフリカゾウに匹敵する。成体のメスは肩高（足の先から肩までの高さ）が2.5〜2.75m、オスは3〜3.4m、体重は最大で6トンにもなる。巨体に似合わず動きは速く、体当たりしたり、踏みつけたり、牙や長い鼻で強烈な一撃を食らわせたりして刃向かうものを殺傷する。しかし、進化の過程で受け継いだ多くの特徴が、マンモスをゾウとは異なる存在にした。成体のマンモスを横から見ると（正面から見ると突進してくる恐れがある！）、アルファベットの大文字のMを左右非対称にしたような形をしており、頭部は大きなドーム状で、肩の部分には顕著な脂肪のこぶがあり、そこから背中が尻に向かって下り坂を描き、先細りになっている。耳は小さく、尾は短くてずんぐりし

ているが、どちらも長いガードヘア〔上毛ともいい、強く弾力のある毛で、細く密生した短い下毛を保護する〕が生えているのでそこまで小さくは見えない。これらの特徴はすべて、凍傷のリスクを最小限に抑えるためのものである。現存するマンモスの毛はオレンジ色をしていることが多いが、これはおそらく長い年月の間に色素が失われたためで、もともとは暗褐色だったと考えられている。洞窟壁画に描かれるマンモスのほとんどが暗色のマンガン顔料や木炭で描かれていることは、これで説明がつく。長さが最大で1mもある粗く油っぽいガードヘアは足先まで届き、体を湿気から守った。その下には細く短めな下毛が密に生えており、厚い皮下脂肪層と一緒になって効果的な保温を実現した。ケブカサイの毛（および、ネアンデルタール人の皮下脂肪）と同様、これが更新世スタイルの防水・防寒のしくみだった。

　マンモスは草食だったが、食べる植物の種類には柔軟性があったよう

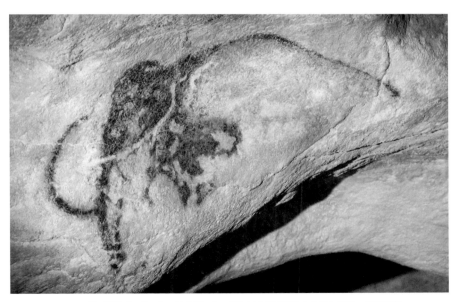

ショーヴェ洞窟（フランス、アルデーシュ県）に木炭で描かれたマンモス。この洞窟に赤と黒で描かれている壁画の年代については議論があるものの（3万5000年前〜3万年前と言われているが、私は2万年前くらいの可能性のほうが高いと考えている）、ホモ・サピエンスが残した更新世の芸術の中でも、最高レベルに見事で生き生きとした絵がいくつか含まれているという点では、専門家の見方が一致している。

第9章　マンモスを中心とした生活　　165

だ。おそらく、同時代に同じように草を食べていたウマ、バイソン、ケブカサイよりも、少しだけ幅広い植物を食べていたのだろう。マンモスの牙の摩耗パターンは、牙をどう使って食物から雪をこすり落としたかを教えてくれる。また、鼻の先端にある2つの突起は器用に動き、草や芽や花を優しく摘み取る際に役立った。現代のゾウからの類推が可能だとすれば、マンモスはおそらく大人のメスとその子で群れをなし、多くの場合オスは単独行動をとるという社会の単位で行動していたと考えられる。そして、晩春から初夏にかけて、交尾と出産のために集まった。後述するが、ヨーロッパに最も早期に進出したホモ・サピエンスの集団がマンモスを狙ったのは、まさにその時期だった。

マンモスと人間の対峙

　今でいう"後期旧石器時代の視覚芸術"のうち、最も早い時期に発見されたもののひとつに、ラ・マドレーヌの洞窟（フランス、ドルドーニュ県）で1864年にエドゥアール・ラルテとヘンリー・クリスティのチームが見つけた遺物がある。それは、絶滅した動物〔マンモス〕の牙に線刻された、その動物そのものの描写である。年代は1万5000年前だった（313ページの図版XVIを参照）。これは驚くべき発見であり、その価値は今も薄れていない。フランス南西部のまん中に位置するその場所で、この更新世の巨獣を実際に見たことのある誰かが腰を下ろし、細部まで正確に線を彫って姿を描いたのである。彫られたばかりの牙が持っていたであろう鮮やかな白さは褪せてしまったが、その鮮烈な魅力はいささかも失われていない。

　マンモスが生きていた時代に洞窟の壁に描かれたマンモスの姿は約500点、携行品に描かれたものは200点以上が知られている。発見地はスペインからシベリアにかけてであり、およそ1万1000年前より後になるとアメリカ大陸でも見つかっている。ヨーロッパでは、1、2の例外を除いて、2万年前よりも古い時代にはマンモスはほとんど描かれていなかった。おそらく、絵に描くより牙を装身具に作り変えることの方が重要だと考えられていたのだろう。マンモスをより正確に描くことが

重要になったのは、もっと後、ホモ・サピエンスの間で具象芸術が広まりだしてからだろう。携帯用のマンモスの模型は、最初はマンモスの牙に刻まれ、後には粘土に彫って焼成された。石のプラケット〔小さな飾り板〕に線刻されたり、まれにはラ・マドレーヌの例のように骨や牙の断片に刻まれたりもした。時には、洞窟の壁に描かれたり、洞窟の壁をハンマーで叩いて線刻されることもあった。その例は後ほど見ることにして、今ここで扱いたいのは、ホモ・サピエンスの最古の具象芸術の方である。それは、木炭やその他の顔料を使って絵を描くのではなく、マンモスの牙を彫って作られている。マンモスはドルドーニュにはほとんど生息していなかったが、大量の彫り屑から、その地で牙の加工が行われていたことはわかっている。ドルドーニュのカステルメルル渓谷のいくつもの小さな洞窟では、腕の立つオーリニャック人が丁寧な作業で円形の断面を持つ棒を形作り、それをいくつにも分割し、それぞれに穴をあけてビーズにしていた。円以外の形のビーズも、根気よく彫り削って作られた。マンモスの描写は、ヨーロッパ西部に位置するフランスにもあるものの、一般的にはマンモスの群れが闊歩していた中欧と東欧で多く見られる。

糞と破壊からもたらされる恵み

現代のゾウと同様に、マンモスは生態系の要となる草食動物であり、その貪欲な食習慣は、環境を大きく変えたはずである――ある面では破壊し、ある面では建設的に貢献するという形で。彼らが落とす大量の糞は、（マンモスの赤ん坊が食べない時には）土壌に養分を与え、イネ科の草やカヤツリグサ科のスゲ類の生育を助けた。一方で、植物はマンモスに根ごと引き抜かれ、散在する小さな木は丸裸にされたり樹皮を剥がされたりした。水辺や通り道は踏み荒らされ、石や木の切り株は、マンモスが寄生虫を落としたり痒いところを掻いたりするために身体をこすりつけた場所がすり減った（誰だって痒いところを掻くのは気持ちいい！）。マンモスの群れが草を食んでいた場所を想像してみよう。比較的開けた草原で、点々と落ちた糞と食べ荒らした跡が彼らの通った道を

示している様子が目に浮かぶ。しかし、その破壊の後には、肥沃な土壌から前より多くの木が生えたことだろう。人類は木を燃料として利用できる。雪に覆われる時期でない限り、死んだマンモスの骨を見落とすことはまずない。また、マンモスの死ぬ場所はある程度予測できる（水場の近くなど）。そのため、マンモスの死骸や骨は、遠くからでもよく見える絶好の目印だったに違いない。

　狩りをする人間にとって、これらの特徴はすべて、マンモスがどこにいるかを知る有益な手がかりとなる。ゾウを目視できさえすればそれで十分だ。ゾウの仲間は大量の餌を食べるため、食べ物と一緒に粘土や砂、さらには鳥でさえ丸ごと無差別に口に入れてしまうこともしばしばである。ゾウは食べたものの約半分しか消化しないので、食べてから胃に入ったまま移動した後に排泄される糞は、彼らの移動した距離と方向について多くの手がかりを与えてくれる。有能な追跡者は、糞の大きさ、新鮮さ、内容物の分解の具合から、その動物の大きさ、どれくらい前にどれくらいの速度でそこを通ったのか、健康状態はどうなのかを読み取る。そこから、かなり明白に残る破壊（食べ荒らし）の跡をたどれば、狩人たちは獲物の居場所を見つけることができる。おそらく、マンモスの移動の多くは、水場とミネラルの補給場所と餌場の間の通り慣れたルートをたどる反復的なものだったろう。だとすれば、狩人たちがマンモスの群れの行動に関する詳しい地図をどうやって頭の中に作り上げたかは、容易に想像がつく。マンモス、マストドン、ゾウの専門家として知られるゲイリー・ヘインズは、マンモスの暮らす草原に見られるこれらの特徴が、新しい土地への人類の迅速な拡散を促進した可能性を指摘している。マンモスの通り道をたどって探検すれば、道に迷うリスクが減る。マンモスの道、丘、群れが集まる水場といった視点で景観を記憶することで、ホモ・サピエンスの拡散プロセスは加速され、同時に成功のチャンスも増えたことだろう。

　スイスのニーダーヴェニンゲンにある泥炭地では、1890年代以降、古生物学の遺物を多く含む堆積層がときどき発見されている。それらの堆積層によって、4万5000年前の水場の一例が明らかになった。深さ1mの泥炭の層から、ケブカサイ、ウマ、バイソン、それらを捕食する

ハイエナやオオカミ、そしてノネズミやトガリネズミなど多数の小動物の骨とともに、全身の半分ほどが揃った成体のマンモスの骨が発見されたのである。同じ泥炭層から採取された花粉や、小さな植物のマクロ化石〔顕微鏡を用いずに研究可能なサイズの化石〕から、それらの動物たちはトウヒ、カラマツ、カバノキの木立が点在する寒冷な沼地のようなツンドラの中の湖のほとりで死んだことがわかった。かつてそこは、今のような緑に覆われたアルプスではなかったのだ。マンモスの頭蓋骨と体の左側の骨が保存されていたことから、マンモスは沼にはまって横倒しになった状態で死に、屍肉食の動物（おそらくオオカミやハイエナ）が、泥の上に出ていた体の右半分を食べ荒らしたと考えられる。その時代にまだネアンデルタール人がこの地域で活動していた可能性はゼロではないものの、ニーダーヴェニンゲンの湿地には人類が残した証拠はない。

　後述するように、マンモスの群れと人類の集団の両方が存在する地域では、特定の場所に多数まとまって残されたマンモスの死骸は、ホモ・サピエンスの集団を繰り返し引き寄せた。スイスでもドイツでも、さらにはチェコ、オーストリア、そしてウクライナやロシアに至るすべての地域で、マンモスは肉、脂肪、腱、短い下毛、長い上毛（ガードヘア）、そして牙を豊富に提供した。マンモスの2本の牙は、ゾウの牙とは違って、螺旋を描くように互いに向かって曲がっている。このことは、マンモスとゾウでは戦い方が異なることを示している。オスのマンモスが牙の先を相手の肩や背中にあてて頭を振れば、ものすごい圧力で牙を食い込ませることが可能だったはずだ。喉が渇いた時のゾウに似て、マンモスもせっかちな動物だったと思われるので、時には荒っぽい動きで水辺に押し寄せ、その際に牙の一部が欠けて破片が散らばったりもしたはずだ。その破片は、彫刻の材料として重宝されたことだろう。

シュヴァーベン・ジュラ山脈の"象牙時代"

　フランス南西部からドイツ南西部のシュヴァーベン・ジュラ山脈にかけての牙細工は、互いに関連を持っている。英国から東へ向かって旅をすると、それらの地域および隣接するスイスで、この巨獣の存在感が強

く感じられはじめる。そのあたりが、マンモスの生息地の南西の端だったのだ。ヨーロッパにホモ・サピエンスが進出した最初の頃に得難い足場となったこの場所では、少なくとも1万年もの長きにわたり、マンモスが重要な食料源だった。しかし、今の私たちの目に最も目立って映るのは、牙という硬組織である。ドナウ川上流域のツンドラ地帯では、小さなマンモスの牙のビーズで作られた装身具は、贈り物の交換に適していた。そのためフランス中央高地、アルプス山脈、ジュラ山脈のふもとを結ぶ900kmに及ぶ彎曲した地域のあちこちで、近隣の集団同士が出会いを重ねるうちに交換され、最終的には一帯に流通することとなった。この地域で見られるマンモスの牙の細工品は、技術的にも美的にも驚くべきレベルに達している。そのため、この地域の考古学の権威である私の研究仲間、テュービンゲン大学のニック・コナードは、この時代を「象牙時代」と呼べるだろうと提案している。その裏付けとなる遺物が出土した場所は、ドナウ川の2本の支流が作る渓谷にある一連の小さな洞窟である。アッハ川沿いのホーレ・フェルス、ガイセンクレステルレ、ブリレンヘーレと、ローネ川沿いのフォーゲルヘルト、ボックシュタイン、ホーレンシュタイン－シュターデルは、少なくとも4万年前から3万1000年前にかけて、折々にホモ・サピエンスの集団が立ち寄る場所として使用されていた洞窟である[2]。この時代は後期オーリニャック文化と呼ばれ、原オーリニャック文化に源流を持つ道具や装身具の発展によって定義される。一部の洞窟はほんの一時的にしか使われなかったが、ホーレ・フェルス、ガイセンクレステルレ、フォーゲルヘルトはオーリニャック文化の時代を通して繰り返し利用された。当時その一帯はツンドラで、マンモス、ケブカサイ、野生のウマ、ホラアナグマ、トナカイ、アカシカ、ノロジカ、そして絶滅したメガロケロス（*Megaloceros*）という巨大なシカが多数生息していた。

　洞窟を利用したのは人間だけではなかった。ホラアナグマが時々ねぐらとして使い、アカギツネとホッキョクギツネもしょっちゅう出入りしていた。実際、キツネは興味深い物語を教えてくれている。キツネは普段は小型草食動物を捕食しているが、実は非常に適応力のある生き物で、状況が悪化して齧歯類が獲れなくなってくると、より多様な食物をあさ

る"掃除屋"に早変わりできる。人間の近くに住むキツネは、宿営地の人間が捨てた食べ物をあさる（このような行動については第18章でオオカミの話をする際にまた触れる）。更新世のキツネは現代のキツネよりも大きかった。この時代のキツネの生態学的地位を知るために、キツネと、彼らが獲物にしたであろう小動物の両方について、骨に含まれる炭素と窒素の同位体の分析が行われたことがある。窒素はその生き物がタンパク源としていた肉の量を示し、炭素は、その動物性タンパク質のうち、水生と陸生の獲物がそれぞれどのくらいの割合を占めるかを教えてくれる。更新世のキツネの食べ物はすべて陸生で、典型的にはレミングやノネズミなどの齧歯類、ウマ、トナカイ、マンモスであった。窒素の数値の高さから、彼らの食事は大量の肉が主体だったことがわかる。ある時期にはこれらの動物をほぼ同じ割合で食べていたが、別の時期には窒素の値が上昇しているので、トナカイや（たぶん）マンモスの肉を、継続的に入手できていたと考えられる。もちろんキツネがこうした大型動物を狩ることはない。おそらく、オーリニャック人が頻繁に出入りしていた洞窟の周辺にたむろして、人間が殺したり解体したりした獲物の残りをあさっていたのだろう。

　遺跡で発見されるキツネの骨に付いたカットマーク（刃物傷）は、人間にとってキツネが肉や毛皮の重要な供給源であったことを物語っている。また、キツネの犬歯は穴をあけて装身具にされた。マンモスはこの地域に人類を引き寄せる大きな力を持っていた。キツネは人間の生ゴミをあさることで数を増やし、人間はキツネを狩って（あるいは罠を仕掛けて）、食料や工芸材料として利用した。オーリニャック人はカラフルな毛皮や獣皮の衣服をまとい、そこに、戦利品であるキツネの犬歯とマンモスの牙という、まったく異なる2種類の歯の加工品を付けていた。

　オーリニャック人は、大きな労力をかけてマンモスの骸を洞窟まで運んだ。非常に若い動物の骨や歯がよく見られるのは、おそらく幼少の個体の死亡率が比較的高かったか、狩人たちが幼い個体を狙って攻撃したことを反映している。幼い個体の骨に残る石器によるカットマークは、解体が繰り返し行われたことを示している。マンモスも他の草食動物と同じように春に出産し、子供が成長して最初の夏を生き延びる可能

第9章　マンモスを中心とした生活　　171

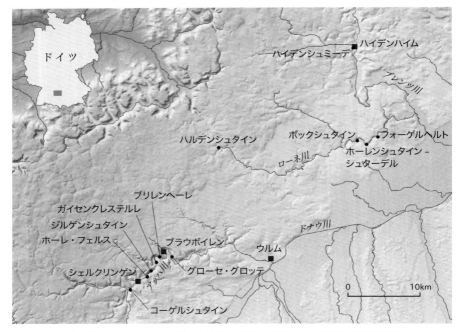

ドイツのシュヴァーベン・ジュラ山脈にあるアッハ川とローネ川が作る渓谷の洞窟群には、ヨーロッパにおけるホモ・サピエンスの最古の文化の証拠が残されている。後期旧石器時代初期のオーリニャック人は、マンモスの暮らす豊かな草原の環境の中で、1万5000年以上にわたってマンモスの骨や牙を材料にして道具や工芸品、装身具を作っていた。

性を最大にしようとしていたと仮定すると、マンモスの幼獣の骨や歯が多く残されている事実は、まだ弱いマンモスの子を狩ることが、人類の春から初夏にかけての"毎年恒例の活動"であったことを示唆している。季節と関連した証拠から、ウマ狩りは主に冬に行われ、ホラアナグマ狩りは冬から春にかけて行われたことがうかがわれる。1年のサイクルは、ウマ、クマ、マンモスの狩りと、それらに関連した品物の製作と修繕で構成されていたのだろう。

　フォーゲルヘルト洞窟は解体されたマンモスの遺物が非常に豊富で、少なくとも28頭分の骨、歯、牙が出土している。頭蓋、歯、牙など、比較的栄養価が低いうえにかさばる部位が驚くほど多いが、これはおそら

くマンモスの脳の脂肪分の重要性を反映しているのだろう。何かの役に立たない限り、こうした重いものを持って坂を上り、洞窟まで運ぶはずがない。洞窟の入り口のひとつに積み上げられていた牙、歯、頭の骨、肩の骨の山は、おそらくは「乾いた骨の壁」として洞窟内を避難所にする役割を持つと同時に、洞窟が加工用原材料の保管場所でもあったことを示しているのだろう。牙と肋骨が圧倒的に多く、場所によっては丁寧に積み上げられていた。牙は切歯が長く巨大に伸びたもので、他の歯と同様、顎骨の歯槽から生えている。牙は歯槽から慎重に取り出されることもあれば、断片が拾い集められることもあった。新しいか風化しているかにかかわらず、どのような状態の牙も洞窟に運ばれて利用された。

　発見された牙の大半は、加工されたものだった。フォーゲルヘルトだけでも、小さな像やポータブル・アート（持ち運べる美術工芸品）の断片が20数個、ビーズを作る前段階として棒状に加工したものが353本、完成したビーズやペンダントが345点発掘されている。他の洞窟を抜きにしても、ここだけで産業レベルの生産を行っていたように見える。おそらく、シュヴァーベンのオーリニャック人にとって春はマンモスのことで頭が一杯になる季節だったろう。彼らはマンモスの出産を観察し、弱い幼獣を殺し、解体して食べ、軟組織を縫って衣服やテントを作り、人知を超えた力を宿す牙をパワーを持つ美術工芸品や装身具に作り変えたのだろう。この地のオーリニャック人の生活は、文字通りこの荘厳な巨獣の精気で満たされていた──そう考えたくなる。

　人類がマンモスを直接狩ったのか、それとも死骸を見つけて利用したのかを確実に知ることは難しい。洞窟で見つかったマンモスの骨は全年齢層にわたっているが、最も多いのは、非常に若い個体と非常に高齢の個体である。突進してくる成体のゾウに槍1本で立ち向かうところを想像してみれば、巨体のマンモスを狩るのは尋常な出来事ではなかった、あるいは少なくとも、狩人たちが命がけでやるほかはない非常に困難な行為だったとされる理由がわかるだろう。マンモスの骨の年齢別分布から受ける印象は、「孤立して死んだマンモスから取ったり、弱い個体を狙った比較的安全な狩猟で、あるいはさまざまな原因で自然死した弱い個体を入手した」というものである。水場やミネラルが豊富な場所を見張っていれ

ば、まだ新しい死骸を見つけられたことだろう。幼獣は生まれたてを狩り、老獣は川辺の泥沼にはまりこんだところを襲った可能性が考えられる。考えて気分のいい話ではないが、これが野生でのサバイバルなのだ。

　生きたマンモスの牙には最大10パーセントの水分が含まれており、死ぬと乾燥が始まって、しばしばバラバラの破片になってしまう。牙は、コーヒーマシン用に多数重ねたカップに似て、円錐形の層を重ねるように外側へ向かって成長する。そのため、自然に割れると、薄くて長い刃状になる。この刃は、ホモ・サピエンスが道具作りに好んで使った石器に少し似ている。更新世は気温が低かったのでこのプロセスの進行がいくらか遅く、その間に大きな断片が堆積物にそっと覆われれば、時には数万年にわたってそのままの状態で残った。しかし、時とともに霜が牙を割り、春の雪解けにともなって使用可能な象牙が地面から顔を出すこともある。多くの場合、そのような牙の方が、死後間もないマンモスから取るよりも細工用の材料として入手しやすい。本来は白い牙は、堆積物の影響で時とともにベージュや黄色から濃いあずき色や黒にまで変色していくが、加工された品々にそうした色のものがよく見られることから、おそらくその色にも意味があったのだろう。当時の人類は、牙の色や状態の変化を、どのような物語を紡いで解釈したのだろうか？

　シュヴァーベン・ジュラ山脈の洞窟群には、マンモスの牙や肋骨を投げ槍の先に使ったり、皮の表面を滑らかにするための「スムーザー」（アイスキャンディーの棒に似た形をしている）や、皮に穴をあける錐（きり）のような道具として利用した証拠が残されている。牙が"他者に見せる"品物に加工するのに適した素材だったことは間違いないし、骨は炉の燃料に使えた。特にホーレ・フェルスとフォーゲルヘルトでは、この地域のオーリニャック文化の特徴である牙製ビーズが豊富に出土し、その生産に伴う廃棄物も発見されている。牙ビーズはオーリニャック時代の堆積層の下から上までどこでも見つかっていることから、数千年にわたって人気があったことは明らかである。ニック・コナードとジビレ・ヴォルフ（コナードのテュービンゲン大学での同僚）は、3万7000年前の産業であるビーズ製造の全工程を再構築することに成功した。それによれば、熟練した職人はビーズ1個を2時間ほどで作ったようである。

3万7000年前～3万2000年前にかけてのシュヴァーベン・ジュラ山脈のオーリニャック文化におけるビーズ作りの各段階。象牙の棒や長い破片を研磨して、曲面からなる大体の形を作る（1段目）。次にそれを円柱状にカットする（2段目）。さらに形を整え、小さな穴をあける（3〜6段目）。その後切り分けて、衣服などに縫い付けることができる2つ穴のビーズに加工した（下2段）。円柱状にした段階の素材からは、他の形のビーズも何種類か作られ、吊り下げるために穴が開けられたり、溝がつけられたりした。一部にはレッドオーカーの顔料で着色した痕跡が見られるものもある。

第9章　マンモスを中心とした生活　　　175

シュヴァーベン地方のオーリニャック人が、マンモスの牙や骨で作った彫刻。これを見ると、3万7000年前の動物や風景が思い浮かぶ。上段左：ウマの頭部。上段右：人間、または半人半獣。中段左：ライオン。中段右：マンモス。下段：水鳥。唯一の例外（146ページのライオンマン）を除いて、この種の彫刻はすべて全長7cm以下である。

ここで少し立ち止まって、洞窟群で発見された見事な彫像について考えてみよう。それらは世界最古の彫刻の例として、また、具象芸術一般としても最初期の例に含まれ、ホモ・サピエンスの文化の発展を理解するうえで世界的な重要性を持っている。ほとんどの場合、彫像のサイズはせいぜい5cm程度であり、主要な洞窟のほぼすべてで発見されている。それらを眺めると、当時のシュヴァーベンの風景を、オーリニャック人芸術家の視点から覗き見ることができる。20数体の小さな像は、完成度が高く何をかたどったかがわかる。マンモスとホラアナライオンが最も多いが、他の動物も幅広く彫られており、バイソン、ウマ、ホラアナグマ、魚、飛んでいる水鳥もある。さらには想像の産物を描写した像もあるが、それについてはこの先で詳しく見ていく。
　シュヴァーベンのオーリニャック人は、視覚文化だけでなく聴覚の領域でも革新的だった。マンモスの牙を彫って作られた少なくとも8本の笛（フルート）の断片と、ハクチョウやハゲタカの細い中空の骨が、3ヵ所の洞窟から発掘されており、何点かは丹念に復元されている。ある例では、牙から2つの半割りを別々に彫り出した後、マスティックの木の樹脂で接着して、3つの指孔（ゆびあな）を持つ長さ18cm以上の笛にしている。ホーレ・フェルスで出土した別の笛は、鳥の翼の骨を使って丁寧に作られており、現存する部分の長さは21cmだが、本来は最大34cmあったとみられている。指孔は5つ残っており、穴の近くには細い線が刻まれている。これはおそらく、骨に穴を開ける正確な位置を示すために、注意深く測ってつけた印であろう。この笛はレプリカが何点か作られ、実際に音楽家によって演奏されている。ハクチョウの翼の骨で作られた小型の笛は端に口から斜めに息を吹き込むことで演奏でき、息の強さに応じて4つの音と音色が出た。また、現代のクラリネットのように先が細くなっているものも複数ある。これは、リード（おそらくカバノキの樹皮製）を使っていたことを示唆しており、中世のショームやバグパイプのような音を出す「原始的クラリネット」と考えた方がいいかもしれない[3]。しかし、こうした特徴があるからといって、私たちが知っているような「旋律を持つ音楽」があったと言うことはできない。その可能性は否定はできないが、フルートの用途は、いろいろな鳥や動物の鳴き声を真似

ておびきよせるためだったかもしれないし、儀式に使われたのかもしれない。都市が誕生する前の社会では、通常、音楽と踊りと歌と儀礼は結びついていた。

　テュービンゲン大学の研究チームのひとりで、オーリニャック芸術の専門家であり、シュヴァーベン地方の資料を詳しく研究しているハラルト・フロスは、これらの美術工芸品や楽器が、新しい人間社会、新しい生活様式の出現を象徴していると指摘している。異なる地域の集団は、すでにそれぞれの違いを明確にしていた。私の考えでは、これは必ずしも先行するネアンデルタール人より洗練度が高くなったという意味ではない。両者の主な違いは、ホモ・サピエンスがいまや「動物（および想像上の生き物）を具象的に描写することができる」という概念を把握したこと、そして、そうした具象描写の品の流通が、社会をひとつのまとまりとして保つうえで主要な手段になったことだった。

　同じことは音楽にも言えるし、もしかしたら踊り、歌、語りにも言えるかもしれない。ネアンデルタール人とて、時折ちょっとしたリズムや踊りを楽しむことはしていたはずだ。ただ、実際に彼らの芸術（具象的なものではない）を見た私の印象では、それらの芸術は、個々のネアンデルタール人が自身を飾ったり身近な環境に自分の表現を残したりすることに関係していたと感じる。他方、シュヴァーベン・ジュラの洞窟で見つかった小さな像のなかには、吊り下げ用の穴が開けられたものがある。おそらく、首から下げたり、衣服に縫い付けたり、杖あるいは道具の持ち手など他の品に取り付けたりして、人に見せたのだろう。ホモ・サピエンスは、観察や隠喩に富んだ文化を構築しつつあった。彼らはそれを身体や宿営地周辺にディスプレイし、広く共有し、交換できる品物はやりとりして、近隣の集団間で、よりしっかりとした文化にしていった。ハラルトはその鋭い感性で、この現象を"景観の芸術化"、つまり自然界を人間の芸術作品や装飾品で埋めていくこと、と呼んでいる。それらの彫刻が具体的にどのような意味や機能を持っていたのかは、私たちにはわからない。研究者の中には、一種の「シャーマニズム」に使われたのではないかと推測する者もいる（シャーマニズムは、数世紀前まで北極圏のいくつかの集団で行われていた）。しかしこれはあくまで

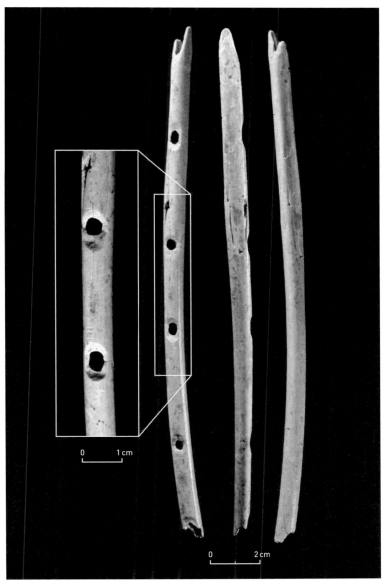

シュヴァーベンの洞窟群から出土した何点かの「フルート」のひとつ。ホーレ・フェルスで発見されたもので、ハゲタカの骨で作られている。注意深く配置された指孔が5つある。先が細くV字に加工されている点に注目してほしい。そこにカバノキの樹皮をマスティックの樹脂で貼り付けて、「原始的クラリネット」のように演奏していたのかもしれない。

第9章　マンモスを中心とした生活　　　179

憶測であり、この説を検証することはおそらく不可能だろう。私たちに言えるのは、この彫刻は最古の芸術的・文化的集団を代表する品だということくらいだ。私は現時点では、この印象的な文化は、深い洞窟の奥での芸術制作は行っていなかったと考えている。ガイセンクレステルレでは、色が塗られたこぶし大の石が見つかっており、それはたしかに、幅広い種類の物に色付けがされていた証拠である。しかし、これは洞窟の壁に描かれた芸術ではないのだ。このような石への着色が、オーリニャック文化の他の地域にも存在したかどうかは、今後の研究課題である。ともかく、この地域のホモ・サピエンスの視覚文化には、ネアンデルタール人にはなかったと思われる要素が——たとえば想像上の生き物や、冥界に関する超自然的な信仰が——あらわれはじめていた。ではこれから、その２つの要素を体現しているように見える、極めて印象的なシュヴァーベンの彫刻を見ていこう。

ライオンマン

　ホーレンシュタイン‐シュターデル洞窟の奥の小さな部屋で、加工された象牙の破片が1000個近く発見された。それらを丁寧に組み合わせて復元したところ、若いマンモスの牙の先の方（長さ31cm）を彫って作られた驚くべき像が現れた。この洞窟の入り口付近は宿営地として使われていたが、そこで牙が加工された形跡はほとんどない。この像は別の場所で作られ、私たちには知ることあたわぬ理由でこの洞窟に持ち込まれ、暗闇の中に置かれたのだろう。何千年もの間、冷たく湿った土の中にあったため、像はバラバラになり、丹念に磨き上げられていたであろう表面は傷んでいた。しかしそれでもなお、この像は旧石器時代から現代まで残った遺物のなかでも、最も強く私たちに訴えかけるもののひとつである。正確な年代を特定するのは難しい。断片の多くは、1939年に発掘が急遽中止される直前に発見され、地中のどの程度の深さにあったのかは大まかなレベル（spitと呼ばれる任意の単位〔一般には１〜10cmのあいだが多い〕で何層目か程度）でしか記録されていない。しかし、シュヴァーベンのオーリニャック文化に属していることは

間違いない。この像のジグソーパズルの残りのピースの一部は、2012年から13年にかけて、私の研究仲間であるドイツ人のクラウス・ヨアヒム・キントとその共同研究者たちの丹念な発掘により、少なくとも3万6000年前、おそらくは4万1000年前くらいの層で発見された。

　像は牙の自然なカーブの一部を生かして彫られ、腕はセメント質（歯根表面）の部分を使い、股間と脚の位置と形は歯髄の空洞の形に従っている。作り手は、材料の牙の形の特徴から、これを人間に似た形の彫像にできると考えたのかもしれない。頭部と前肢（腕）はホラアナライオンをかたどっている。表情は穏やかで、わが同僚のドイツ人たちが言うように、微笑んでいるようにさえ見える。股間の形からオスであることがわかるが、ホラアナライオンの特徴的なたてがみはない。像はただ立つだけの姿で、腕は両脇に垂らしているが、筋肉質な肩が収縮した形をしていることから、すぐにでも動き出せる態勢だと知れる。耳は立ち、人間と同じ形状の脚はつま先立ちの状態で、警戒していることも見て取れる。つまり、この力強く恐ろしい半人半獣は、飛びかかる準備ができているのだ。

　私たちはこのライオンマンの真の意味を知ることは決してできないが、この像が作り手たちに何を伝えたかを感じ取ることはできる。折れた牙の先端を使うことで、マンモスのオス同士の激しい戦いを想起させたかもしれない。この像は、マンモスの牙という神秘的な素材が何らかの文化にかかわるものへと変容する過程をあらわしているのかもしれないし、同時に、その姿かたちで、ライオンと人間というふたつの強力な動物の間での変容を強調しているのかもしれない。変容についてもうひとつ言うとすれば、様式と完成度の違いによっても何かが示されているのかもしれない。頭と腕・脚は細部まで作り込まれているが、股と足は様式化されている。像の左側は丁寧に作られているが、右側は荒削りである。私には、これは想像力から生まれた作品であり、創造の力が満ち満ちているように思える。私たちは、牙という"マンモスの武器"の先端を作り変えたものから像が誕生する途中を覗き見ている。細部まで形作られている部分もあれば、まだ粗い、作業途上の部分もある。混然とした状態で、リラックスもしているが、捕食者ならではの警戒本能も示

復元により蘇ったホーレンシュタイン - シュターデルの「ライオンマン」。1930年代の発掘の際、洞窟の奥の壁のそばで、割れた多数の破片として発見された。何百個もの破片はその後丹念に復元されて、全体像が判明した。少なくとも3万6000年以上前に、マンモスの牙の先端部31cmを彫り削って作られた品である〔この像のレプリカが、東京・上野の国立科学博物館に「ライオン人間」として常設展示されている〕。

している。このあと、この生き物が人間になるのか、ライオンになるのか、それとも両者が融合したままなのかはわからない。左耳、左腕、左足には不自然な平行線が刻まれている。これは何か文化的なもの、もっと人間的なもの——たとえば刺青、顔料によるマーキング、あるいは儀礼によってついた傷跡など——をあらわしているのだろうか？　また、この像が安置されていた場所のことも忘れてはならない。像は、ホラアナグマが冬眠する部屋に、（キツネとオオカミとアカシカの歯で作ったペンダントとともに）立てられていたのだろうか？　クラウス・ヨアヒム・キントは、その場所がライオンマンを中心とする小さな聖域として機能していた可能性を示唆している。あるいは、この像は、この世界に恐ろしい産声をあげる過程を全うできるよう、暗闇の中にそっと置き去りにされたのだろうか？

　ライオンのような頭の形と、ライオンの尺骨の出っ張りに似た「肘」によって、これがクマのような他の動物と人間の融合でないことは明らかである（クマは鼻口部がもっと細い）。しかし、直立した姿勢とまっすぐに伸びた脚、人間のような足は、四足歩行ではなく二足歩行を示唆している。この組み合わせから、これは人間とライオンのハイブリッド（合体）を表現したものだと考えられており、初期のホモ・サピエンスの思考体系の中に、人間と動物の間での変容・変身があったという説の裏付けとされている。それとも、ライオンの毛皮をかぶった人間をかたどった像なのだろうか？　その考え方だと、直立した姿勢やライオンのような「腕」の形の説明がつく。そして、左腕に付けられた平行線の縞模様は、おそらく毛皮か皮膚のひだをあらわしているという見方もできる。ただ、後期旧石器時代にライオンの毛皮が使われていた証拠はあるが、数は少ない。それに、これではライオンマンの"変身"の側面は説明できない。

　その後、マンモスを中心としたこの小規模ないとなみは消えてしまった。シュヴァーベンの洞窟群の外で行われた最先端の地質考古学的調査で、コアリング〔土壌を円筒形にくりぬいての調査〕、堆積物の微形態学、フーリエ変換赤外分光法（FTIR）[4]などを用いて分析した結果、次のようなことが明らかになった。約3万2000年前から気候の悪化がこの渓谷に深刻な浸食を引き起こし、谷の斜面の堆積層を脆弱化させた

ことで一部の斜面が崩落し、川がせき止められたのだ。流れが寸断されて、地域の生態系に変化が起こった。古くからいたホラアナグマ（*Ursus spelaeus*）の数はすでに減りつつあったが、それが新参の洞窟居住性クマであるイングレススホラアナグマ（*Ursus ingressus*）に取って代わられた。マンモスのいた豊かな草原は、トナカイとアカシカしか生息しない貧しい草原に変わった。3万1000年前から2万7000年前にかけては、この地域にまったく人類がいなかった時期もあったかもしれない。もっとも、時折人類が存在した形跡はある。しかしこの地域では、マンモスの牙に象徴されるオーリニャック文化の"象牙時代"と比べると、その後のグラヴェット文化に属する遺跡はあまり豊富ではない。おそらく、クラヴェット文化の時代には、この地にいた人類の数が少なかったことを反映しているのだろう。マンモスは完全に姿を消したわけではなかったが、死骸の数は著しく減少し、マンモスの牙の装身具の代わりに動物の歯のペンダントが用いられるようになった。とはいえ、この地域が廃(すた)れても、私たちはもっと東のグラヴェット文化圏に──まずチェコとポーランドに、そしてルーマニアとモルドヴァを経由してロシアに──向かう旅で、マンモスの群れの動きを追うことができる。

マンモスの骨を使った住居（レプリカ、画像提供：国立科学博物館）

第10章

寒冷化

　「飛べ！」と農夫が手綱を振りながら叫んだ（少なくとも通訳のアレックスは、訛りこそきついが非の打ちどころのない英語で私にそう伝えた）。谷沿いの荒れた道、緩やかな坂でウマが速度を上げ、私たちの乗った小さな荷馬車は跳ねながら走る。たしかに空を飛んでいるような気分で、荷馬車が泥まみれの砂利を飛び越えるたびに私たち3人はもみくちゃにされる。はるか下方を流れる大河の川面は静かで、まったく流れていないようにすら見えるのに、道の左右のなだらかな丘陵は猛スピードで後ろへ飛び去ってゆく。緑の合間にラピスラズリのような青色がちらほらとのぞき、森の中の開けた場所には光をあびた農家や井戸が見え、小さな集落からは薪の煙が空へ立ちのぼっている。私はここに来たばかりで、わざわざ快適とは程遠い荷馬車に乗っている。もし荷馬車を駆る男が「村へ引き返そうか」と言えば、私は喜んで応じただろう。私と彼の出会いは、少し前に野原を散歩していた時だった。互いの言葉は全然理解できなかったが、ここモルドヴァの田舎の人々の伝統的な歓迎を受けて、たちまち友情が芽生えた。そして、私がこのあたりを調査しに来た考古学者だと知った彼は、温かく歓迎しなければと思ったのだ。

　クリマウツィ村は、モルドヴァの北部、ウクライナとの国境をなすドニエストル川からほど近い場所にある。ここは、後期旧石器時代中期の文化において、マンモスの骨を使ったシェルター〔小屋のような構造物で、日本では国立科学博物館にレプリカ（左ページ）が常設展示されている〕が造られていた場所のひとつである。マンモスの骨のシェルター作りは、3万1000年前から1万5000年前まで中欧と東欧で行われていた。この村の学校の敷地を発掘したところ、2つの円形の構造物が見つかったのだ。私がモルドヴァの研究仲間たちとともに行った試掘調査か

らは、ドニエストル川の両岸に沿って豊かな考古遺物が残っていることがうかがわれる。このあたりではマンモスの牙を彫刻して装身具が作られ、当時の様式の石刃や小型石刃が完璧な技術で生産されていた。

　そこは理想的な狩り場で、低地にはマンモスの群れが、隣接する高地にはバイソン、ウマ、トナカイが生息していた。私は、トゥルゴヴィシュテ（ルーマニア）の宮殿博物館に所属するわが研究仲間のエレナ＝クリスティナ・ニツに、ルーマニアのビストリツァ川を遠くに臨むポイアナ・チレシュルイで彼女が携わっていた宿営地遺跡の発掘調査現場に連れて行ってもらった。3万1000年前から2万2000年前にかけて、この地域を移動性の高い集団が繰り返し訪れた。彼らは広い範囲にまたがるネットワークの一部をなしており、彼らが残した貝殻製装身具の中には、およそ900km離れた地中海で採れる貝殻を使ったものもあった。サウサンプトン大学のクライヴ・ギャンブルなどの考古学者は、こうしたネットワークをオープン・ネットワークと呼び、基本的には、共有の視覚文化を用いて一体感やつながりを強調する、包摂性のある社会だとしている。この社会は、長距離の移動と贈り物の交換によって維持され、当時のヨーロッパ全域に、"文化として認識可能なもの"が広まるのを促進した。しかし、気候条件が悪化するにつれて、各集団は移動を始めた。ヨーロッパ中央部にいた集団は東へ向かい、広大なロシア平原の狩猟場に引き寄せられた。そこは今の私たちが同じコースを旅するなら、亜寒帯の気候に備えて、パーカーや毛皮で身を固めることを忘れてはならない場所だ。

3万2000年前から2万1000年前までのヨーロッパ

　後期旧石器時代中期には、ホモ・サピエンスはユーラシア大陸ではフランスからシベリアまでの広い範囲に分布していた。ただし、これを均一な広がりと考えてはならない。あちらこちらに、はっきりと文化の盛んな土地と時代を認めることができる。これは、更新世の最終氷期の最も苛烈な時期が近づくにつれ、気候が徐々に悪化し、それによって生態系が変化する中で、集団が地域から地域へと移動していったことを反映している。どの一時期をとっても、大陸の大部分は人類のいない土地だっ

ただろうが、遠く離れた人類集団同士の接触は十分に保たれていたため、どこでも文化はおおむね類似していた。この時代を特徴づける石器技術と視覚文化は、3万2000年前にドナウ川流域の中ほどで誕生し、まずベルギー、フランス、オーストリアに広がったとみられている。そして、それとは別に、おそらくプルート川とドニエストル川の流域でも生まれたと思われる。どんどん厳しくなっていく環境の中で、狩猟採集民として生きるために、彼らの道具は技術的な対応を見せている。その環境において中核的な役割を果たしていたのが、肉や脂肪、そして居住用構造物の建築に使える骨をもたらしてくれるマンモスだった。しかし、社会のそれ以外の側面にも、顕著な変化が認められる。それは、時折死者の埋葬を行ったこと、洞窟壁画の登場、小さな彫像作りの伝統が広範囲に広がっていたことなどである。文化が栄えた中心地のひとつがフランスのドルドーニュで、洞窟が繰り返し宿営地にされ、深い洞窟は芸術の創作や死者の安置に使われた。第13章で論じるように、私は地下深くの暗闇の中で具象芸術を創作するといういとなみは、この時代に初めて生まれたと考えている。そして、動物や人間に似た像を彫る行為や洞窟絵

フランスはドルドーニュ地方、レゼイジー・ド・タヤック村のヴェゼール川沿いにあるアブリ・パトーは、後期旧石器時代を代表する遺跡のひとつである。厚さ9m以上の堆積層があり、オーリニャック、グラヴェット、ソリュートレという3つの文化の豊富な考古遺物が発見されている。

第10章　寒冷化

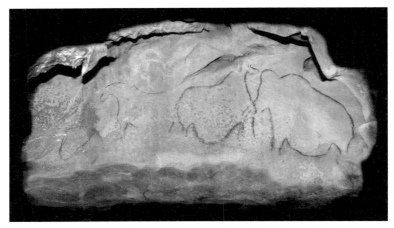

マイエンヌ – シアンス洞窟（フランス、ロワール県）の日光が入らない奥深い場所で、グラヴェット人は木炭を使ってこの2頭のウマと1頭のマンモス、そしてその他の絵を描いた。描かれた動物の体長は50cmほどである。当時の描き方の慣例でウマの頭が胴体に比して小さすぎるが、それぞれの絵は非常に自然主義的である。

画は、この頃までにある種の信仰が生まれて広まったことを示唆している。その信仰は、もしかしたら、遠く離れた場所で暮らす人々を共通の神話や行動規範のもとでひとつのまとまりにする役割を果たしていたかもしれない。彼らの鮮烈な芸術は、自然への賛美と見ることができる。一方、死者の扱い方からは、非常に奇妙なことが起こりつつあったことが読み取れる。マンモスの群れが多数生息していた場所、つまり中央ヨーロッパを舞台に、話をしていこう。

中央ヨーロッパ —— パヴロフ文化

　1853年12月31日にある珍妙な晩餐会が開かれたことが、『イラストレイテッド・ロンドン・ニュース』紙に記録されている。19人の科学者や文学者が、実物大のイグアノドンの模型の中で食事をしたのだ。その模型はあまりに大きかったので、ディナーを客に供するために周囲に足場を組まなければならなかった。

　イグアノドンの中でのディナーはたしかに物珍しいイベントだったに

違いない。だが、旧石器時代の人類にとってはさほど珍しいことでもない。それに似た生活様式はパヴロフ文化時代に始まり、東へ伝播して、およそ1万5000年続いた。そう、当時の人々は、マンモスの死骸が多数集まっている場所で、大きくて重いマンモスの骨を使い、居住用の構造物を作っていたのだ。私の研究仲間であるマルセル・オットが指摘するように、その住居自体が巨大な動物に近いもので、中に住む人間を野生の脅威から保護してくれると考えられていたのかもしれない。

　マンモスはパヴロフ文化の生活の中心であった。パヴロフ文化というのはグラヴェット文化の初期段階で、今のチェコおよび隣接するオーストリアとスロヴァキアの一部を中心として、3万1000年前〜2万6000年前にかけて栄えた。ただし、これはその地域にホモ・サピエンスが初めて出現したという意味ではない。オーリニャック文化の遺跡がわずかながら存在することから、第7章で述べたハインリッヒ・イベント4（HE4）による気候の悪化の後、オーストリア、チェコ、ポーランドに人類が短期間ながら拡散していたことが判明している。3万1000年前頃からこの一帯への人類の進出が進み、オーリニャック文化の後に続くグラヴェット文化に属する人類が、ヨーロッパ大陸の南北を結ぶモラヴィア回廊を流れる砂利の多いディィェ川、モラヴァ川、ベチヴァ川に沿った斜面にやってきた、そこにマンモスの骨が多くあったからである。それ以前のドイツ南西部におけるマンモスの利用例（前章で取り上げた）と同様、マンモスの骨は、自然死した個体と季節的な狩猟（特に、幼年や老齢の弱い個体を狙う）の両方が合わさって蓄積されたと考えられる。骨の集積地の多くは極めて大規模である。これは、何世紀にもわたって人類の集団が繰り返し訪れ、一年の大半をその場所で過ごしたことを反映しているのだろう。宿営地は川へと続く斜面に設けられた。そこなら、周囲の風景を見渡しながら群れを探して、獲物が通るところを待ち伏せて襲うことができた。

　特に豊かだったのが、パヴロフ文化である。パヴロフ文化はその地域ならではの独自性を持っていた。とはいえ、北に270km離れたクラクフ（ポーランド）周辺で産出する良質のフリント（燧石）があることからわかるように、長距離の接触による恩恵も享受していた。重要な材料

を確保するだけでなく、グラヴェット文化に属する他集団とのつながりを維持するためにも、高い移動性は不可欠だった。素材の加工方法、武器や道具の形、そしてこの後で取り上げる有名な「ヴィーナス像」のような神秘的な品物に広い範囲で類似性が見られるのは、それが理由だと考えられる。パヴロフ文化は、亜寒帯の環境の中で生き抜いた文化として、ひとつの見事な到達点を示している。

　パヴロフ人たちの宿営地では、マンモスの骨を使ってさまざまな大きさの住居（おそらくティピーのような夏用テントや、より堅牢なユルトのような冬用テント）が作られていた。ただ、マンモスやその他の動物の骨の選別の仕方や積み方はかなり風変わりで、単純には説明できない。地面に掘った穴がよく見られ、穴はたいていマンモスの骨で一杯であった。凍った土を掘って天然の冷蔵庫として肉の保存に使われた穴は、そのうち一部だけであった。通常、穴は大きく、肩甲骨や頭蓋骨のような肉の付いていない骨や、歯や牙が入っている。しかし、それらの穴にキツネの犬歯のペンダントなどの装身具とレッドオーカーが繰り返し入れられていたことは、どう考えればいいのだろう？　また、一番上にトナカイの頭蓋骨を注意深く載せてある穴や、人間の女性を埋葬した上をマンモスの肩甲骨で覆っている穴、マンモスの頭蓋骨4つを黄土とオオカミの骨格の一部で囲んである穴、さらには人間の両手と両足の骨が入れられた穴まであるのは、いったいどういうことだろう[1]？

　パヴロフ人は、ポーランド南部から運ばれた良質の石の利用に加えて、マンモスの牙やシカ類の角を彫り削って加工するのも得意であった。骨を入れていた穴や、住居の床部分を掘り下げた竪穴は、おそらく宿営地のあちこちに散らばって残っているトナカイの角製の手斧で掘ったのだろう。マンモスの牙に穴をあけて作られた頭飾りをはじめとする装身具は、帽子や頭巾の前部に縫い付けて、寒風にあおられないようにしていたのかもしれない。こうした品々には、非常に特徴的な幾何学模様や曲線を線刻した装飾が施され、どれもパヴロフ文化のアイデンティティをはっきりと主張している。ビーズだけでなく、人物や動物の像もマンモスの牙で作られた。黄土に彫刻した後で焼成されたものもあった。この粘土質の堆積物（黄土）の塊は、炉に投げ込まれて偶然焼成されること

もよくあった。そうして焼かれた土には、多くの指紋に加えて、驚くべきことに、実物は失われてしまったさまざまな織物や繊維素材の痕跡が残っている。おそらく、粘土の塊がマットの上に落ちたり、水漏れを防ぐために樹皮の容器の外側に粘土を貼り付けたものがマットの上に置かれたりしたのだろう。いずれにせよ、そこに残っている詳細な痕跡は、パヴロフ人たちがイラクサやトウワタ、ハンノキやイチイの樹皮から採った繊維を撚り合わせたり、編んだり、結んだり、織ったりと、多様で優れた技術を駆使して紐や籠、網、罠、衣服を作っていたことを教えてくれる。

　発見された品物の中にはマンモスの牙製のへら状のものや、マンモスの足の骨を加工したものなどもあるが、これらは織物を織る際の道具と織機の錘かもしれない。網は、ライチョウその他の鳥（パヴロフ文化の遺跡でよく骨が見つかっている）を捕獲するために使ったのだろう。

およそ3万1000年前の大規模遺跡であるパヴロフI（チェコ、モラヴィア地方）の、浅い穴の中には、マンモスの牙1本、トナカイ1頭の頭骨の断片と角、脊椎骨、肋骨、前肢と後肢、オオカミ1頭の足先の骨、キツネの顎骨1個、ウマの脚の一部があった。これらは、オオカミの皮とトナカイの頭と皮を使った儀式にでも関係していたのだろうか？

ワタリガラスの骨もしばしば発見されるが、食用として重宝されたというより、装飾用の羽根や道具作りの材料となる骨が、肉と同じくらい重要であったと思われる。驚いたのは、彼らの服の着心地の良さである。パヴロフ文化の織物について幅広く研究している考古学者のオルガ・ソファーがイラクサの繊維でできたショールを見せてくれたが、びっくりするほど柔らかくて暖かかった。パヴロフ人たちが焚き火を囲んで分厚いマットに座り、毛皮や羽毛のパーカーは脱ぎ捨ててイラクサの繊維の下着姿で暖をとり、熱いイラクサのスープ（美味しい）をすすっていた様子が目に浮かぶ。

炉には、もうひとつ別の用途があった。最近までその用途は、織物と同様にもっと後になってから発明され、農耕や定住村落とともに広まった革新技術だと考えられていた。しかし、私にとって嬉しいことに、その技術すなわち"土を焼いて固めること"を発明したのは、更新世のホモ・サピエンスだったのだ。やがてそこから、更新世後期に土器（容器）が登場することになるが、この最初の段階では、土の焼成は動物や人間の小さな像に限られていた。そうした像は、同時代のオーストリア

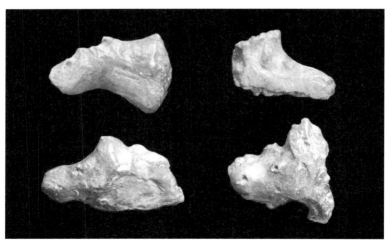

パヴロフ文化のケブカサイの小さな像の破片（パヴロフ遺跡出土）。手のひらサイズの動物像や人間の女性に似た姿の像は、粘土質の黄土で形作られ、湿ったまま炉の火にくべられて、破裂した。そのため、ほとんどすべての像が破片としてしか残っていない。これは偶然ではありえず、意図的な行為であった。

の遺跡や、少し後のクロアチアの遺跡でも発見されている。小像の焼成は明らかに、この地域で人気を博していた。ほとんどすべての像は、火に入れた時に砕けた破片である。手足などのパーツを作ってそれを胴体にくっつける方法で成形されていて、弱い部分から壊れがちなのだ。しかし、どの像も必ず割れているということは、意図的にそうしていたに違いない。像は、成形してすぐ、乾燥させることなく焼かれたようである。こうすると、中の水分が熱で膨張し、バーン！ 像は破裂する。芸術としてではなく、破壊するために作られたように見える。わかりやすい理由としては、狩りの成功を願って獲物を儀式的に"殺す"狩猟魔術の一種が考えられるが、それでは人間の（または人間に似た）女性の像も多数あることの説明がつかず、彼女たちも生贄に捧げられたと考える必要が出てくる。ではそろそろ、「ヴィーナス」に目を向けよう。

ヴィーナスの世界

　エリック・トリンカウスと私は、ウィーン自然史博物館の中、王侯の間さながらの館長室の壮麗なテーブルを前にして座っていた。館長が、高名な老婦人を私たちに紹介しようと申し出てくれたのだ。館長は金庫から小さな箱を取り出し、うやうやしく捧げ持って私たちの前に来ると、磨き上げられた木のテーブルの上に置いた。私たちは座ったまま畏敬の念をもって箱の中の小さな像に目を向けた。大きさは手のひらにすっぽり収まるほどで、石灰岩を精緻に彫って作られている。化学分析の結果、材料の石灰石は発見場所から150kmほど離れたブルノ（チェコ）近郊から運ばれてきたことが判明している。その豊満な女性は丹念に形作られ、磨かれ、レッドオーカーで彩色されていた。髪型（あるいは頭飾り）は精密に細工され、両手は胸の上に置かれて、指は深い切り込みで１本ずつに分かれている。2万9000年前〜2万8000年前に作られた当時は、彼女がやがて再び世に現れて「ヴィレンドルフのヴィーナス」と名付けられる日が来るとは、誰も想像できなかったことだろう〔このヴィーナスのレプリカが国立科学博物館に常設展示されている〕。

　3万1500年前から2万7000年前にかけて、西はピレネー山脈のふも

とから東はシベリアまでの地域で広く見られたひとつの現象がある。それが「ヴィーナス像」と呼ばれる小さな像で、人間の女性をかたどったように見え、マンモスの牙や軟質の石を彫って作られたり、黄土で成形して炉で焼成されたりしている。これらの像は、間違いなくグラヴェット人の生活にとって重要なものであった（120 ページの図版 XIV を参照）。「ヴィーナス」はいささか不本意な名前である。1864 年にフランスでこの種の小像の最初の一例を発見した発掘者が、性器が露出していることから "vénus impudique（ふしだらなヴィーナス）" と呼んだのがはじまりである。しかし、名前というものは定着する。考古学者は誰ひとりとして、像が旧石器時代の女神アフロディーテー／ヴィーナスだとは考えなかったが、「ヴィーナス」は、長年人気を誇るこの主題をひとことであらわせる便利な名称だったのである。

　像が実際の女性をあらわしているのか、女性に似た想像上の存在なのか、それとも抽象的な理想像なのかはわからないが、どの像も同じ特徴を持っている。彼女たちは肥満体型であることが多いが、これは移動する狩猟採集民にとって理想的な体型ではない。もしかしたら、エリック・トリンカウスが言うように、長い冬のあいだ集団は同じところでじっとしており、短期的に摂取カロリーが非常に高かったことが原因だったのかもしれない。妊婦のように見えるものも多い。像は一般に顔がなく（頭部すらないものも一部に見られる）、胴体は上腹部の幅が広く、そこから頭や足へ向かって細くなっていく。腕はないか、あっても胴体にくっついてめり込んでおり、足首から先もないか、よくて形ばかりである。胸、腰、尻はしばしば誇張され、現実のプロポーションとはかけ離れている。そして、一般に陰部が強調されている。彫刻家たちは、見る者の視線を誘導しようと意図しているようだ。私たちは、現代人を被験者として、それを確かめてみることにした。私の研究室の学生であるサム・ハーストが、人々がそれらの小像の写真を見る時の目の動きを追跡する実験を行った。その結果、被験者の視線は通常、まず胸と腹に "くぎ付け" にされ、他の部分よりも長くそこに留まることが判明した。小像はほぼ例外なく女性であり（確信をもって男性といえる像はわずか 1 体だけで、それもむしろマネキンに似た印象である）、女性であることを明確に示

ドルニー・ヴィェストニツェ（チェコ、モラヴィア地方）の「黒いヴィーナス」。高さは11cmで、炉の跡で発見され、そばにはフクロウ、トナカイ、クマの小像の破片があった。パヴロフ文化のこのような像は黄土を焼成して作られており、基本的には３万年以上前の土器技術と言える。この高度に様式化された作例は、ヨーロッパの「ヴィーナス」像に共通するいくつかの特徴を備えている。顔の細部がないこと（顔を隠す仮面をかぶっているのだろうか？）、腕が先端に向かって細くなり、胴体と一体化していること、胸、尻、腰が強調されていること、脚が先細りになっていることなどである。

第10章　寒冷化

す特徴をこれでもかと強調しているため、大部分の像はむしろ女性の体形のカリカチュアのように見える。

　ヨーロッパ西部での発見例は少なく、「ふしだらなヴィーナス」と呼ばれた像のように単独で出土しているが、ヨーロッパの中部と東部ではもっと一般的に見られ、単独でもペアでも、さらには3点が一緒に出土することもある。生物学的な見地から見ると、像は年齢や生殖能力、妊娠の有無や体のどの部分がどのように強調されているかなどの点でばらつきが大きい。像は裸であるが、もしかしたら服や装身具をあらわしているのかもしれないと思わせる装飾が着色や線刻でほどこされていることもある。これほど広い地域にわたって、誇張された女性の体に焦点が合わせられているのだから、無作為や偶然ではありえない。明らかに、女性という性の持つ何らかの側面を中核とする、広い範囲で共通に認識された意味があったのだ。また、形は多様で、主題のバリエーションによっていくつかの地理的なグループに分けることができる。細身で角ばっていて特に誇張された部分がないものもあれば、肥満型で性的な部分が強調されたものもある。また、素材となった軟質の石の形に合わせて作られた像もある。ヨーロッパ西部ではヒップが強調され、東部では胸と腹が強調されている。

　これらのヴィーナス像が具体的にどういう意味や機能を持っていたのかは、永遠に知ることができない。それを全部説明できると主張するような理論は、今の考古学では通らない。つまるところ、誰が「芸術」を単純な理論で説明できると思うだろうか？　私たちにできるのは、その形と発見場所を覚えておくことだけである。おそらく、子供のおもちゃや大人のポルノ趣味よりは複雑なものだったろう。繁殖力や出産に関する考え方をあらわしていたのかもしれない。もしかしたら、人間に似た姿の、守り育てる地母神を描写したのかもしれないし、家庭生活や安寧の概念を人間の形で表現したのかもしれない。そもそも、誰が作ったのかや、誰に見せるつもりで作ったのかすらわからない。おそらく、それらを明確な言葉で説明できるという発想そのものが、現代の思考法に染まりすぎているのだろう。私としては、像がどこで見つかったかを調べる方がずっと興味深いと思う。西ヨーロッパでは洞窟の奥深くや岩がひ

さしのようになった場所の奥の壁の近くに安置されていたように見えるが、中央ヨーロッパや東ヨーロッパでは、炉や穴の中から単独で、あるいは2つか3つが一緒に発見されている。私はこの点に興味をそそられる。というのも、同時代の死者の埋葬によく似ているからだ。フランスでは死者は洞窟に埋葬されているが、東方へ行くと宿営地に浅く掘った墓が作られている。一部のヴィーナスが、ただの"穴"に埋められたのではなく、像自身の"墓"に埋葬されたと考えると、話はさらに興味深くなる。というのも、人間の場合、実際に埋葬されているのはほとんどが男性だからである。死者となった人間の男性と"死んだ"女性像の間に、何らかのジェンダー的な関連があったのだろうか？

　ライデン大学のアレクサンデル・フェルポールテは、パヴロフ文化の"人間に似た像"をどう捉えるべきかについて詳細な研究を行った。それらの像は、粘土を火で焼き固めるという真の土器技術の例としては知られる限り最も古く、モラヴィア、スロヴァキア、オーストリアの大小の宿営地跡から出土している。モラヴィアの遺跡からは3ダース近くの"人間に似た像"が、それよりはるかに多数の動物の像（マンモス、クマ、ライオン、ウマ、サイ、マーモット、クズリなど）とともに出土している。これらは、マンモスの牙から彫り出された人間の頭部の像（数例が発見されている）とは対照的である。シルト質の黄土と水を混ぜたものを練り、手足や胴体を作って、それを継ぎ合わせて作られている。細部の描写は最小限に抑えられ、切り込まれた線で脂肪のひだを表現し、一部の像にはヘリンボーン（杉綾模様）が帯状に付けられている（ベルトをあらわしているのだろうか？）。しかし、重要なのは全体の形だったように思える。小像が、作り手と同様の服を着ていた可能性があることを忘れてはならない。獣皮や毛皮で作られたミニチュアの服が、はるか昔に朽ち果ててしまっただけなのかもしれない。ドルニー・ヴィェストニツェやパヴロフのような大きな遺跡では、灰、木炭、焼けた骨が大量に堆積した中やそのすぐそばで、肉食獣や草食獣の小像とともに、"人間に似た像"の破片が小さなかたまりの状態で発見されている。何点かは炉の跡の中で見つかったが、その炉は粘土でできたフードで上部を覆われ、黄土の焼成に必要な高い温度が得られるようになっていたのかも

しれない。だとすれば、事実上、小型の窯である。また、小さな穴の中や、時にはマンモスの骨が集まった場所のかたわらで発見されたものもあった。

　パヴロフ文化の土製の焼成像のほとんどは、灰黒色をしていることと硬度から、700〜800度前後の温度で（おそらく炉の中で）還元焼成（酸素の乏しい状態で焼くこと）された後に灰の中で冷まされたことがわかる。前述のように、すべての小像は壊れていた。多くの場合、水分を含んだまま焼かれたために熱衝撃で割れたのだ。像が、成形され焼成された場所から別の場所に移されることはなかった。なぜ、「成功」である「完璧な」像がただのひとつもないのだろうか？　また、時代によって、重点を置かれる像に変化がみられる。初期には人間や動物の像が最も多いが、その後に続くヴィレンドルフ − コスチョンキ相になると、"人間に似たもの"の像はずっと少なくなり、動物の像も見られなくなる。

　「ヴィーナス」が守護の女神をあらわしているのか、それとも単に産み育てる女性的なるものの象徴なのかにはかかわりなく、その主題を養育や創造とみなしたい誘惑にかられるのはたしかである。著名な考古学者イアン・ホッダーは、ヴィーナス像はパヴロフ人が野生の草原（ステップ）を"飼いならす"のを助けたのではないかと考えている。すなわち、幅広い環境を体現する像の創作をコントロールすることで、おそらく宿営地と草原を区別する何らかの線引きを行い、草原を手なずけたのではないか、というのである。一方、アレクサンデル・フェルポールテは、線引きの問題ではないと考えている。彼は、宿営地が野生の世界とは別物の"文化の島"として築かれたとは感じていない。宿営地は炉を中心としており、人々はそこに座り、物を作ったり繕ったりし、動物や人に似た姿の小像を創造した。私も似た考えで、危険に満ちた広大な世界の中で心地よさや安心感を得るための行動に、明確な境界線が必要だとは思わない。炉辺での親密な交流は、集団の内側に意識を向け、相互に深い関心を寄せ、安心感をもたらしてくれる創造の行為——まじない的なものであれ、それ以外であれ——に意識を集中することだったと考えると、説明がつくかもしれない。私には、パヴロフ人が一時的に野生に背を向けていたように思える。なじみの顔ぶれとともに暖かくて明るい

火を囲んでいる時には、小像が一様に両手を隠してどこから見ても秘密が見えないようにしているのと同様に、野生を──少なくとも一時的には──目の前から隠すことができる。しかし、その小像が破壊され、埋められていたことも忘れてはならない。創造する力も破壊する力も野生の世界の中で利用できるということを心にとめて、気持ちを落ちつけていたのかもしれない。

東方のマンモスの群れ

　気候は悪化の一途をたどり、およそ2万7000年前にパヴロフ文化は姿を消した。人々は徐々に、環境に対する寒冷化の影響がそれほど顕著でなかった大陸の奥へ移動していった。その頃に、ロシアとウクライナを流れるドン川とドニエプル川の流域に、コスチョンキ－アヴデーヴォ（アヴジェーヴォ）文化が現れた。東ヨーロッパにおける後期旧石器時代中期の文化にはいくつかのピークがあるが、コスチョンキ－アヴデーヴォはその最初の文化であり、特に寒冷な時期に文化の痕跡が何度か見当たらなくなった以外は、更新世の終わりまで続いた。おそらくマンモスの分布域が東の方へ移動し、人類もそれを追って移動したのだろう。以前と同様、人々の生活は、マンモスの死骸の集積場所やその死骸の利用方法と密接に関連していたように考えられる。マンモスの骨は宿営地でのテント作りに使われた。宿営地の遺跡には、地面を掘り下げた穴や、物干しあるいは収納棚のための小さな杭穴が多数残っている。マンモスを使う建築の伝統は、後述するように視覚的に非常に印象的な形へと変わっていった。パヴロフ文化と同様、骨や牙やシカ類の角を材料としたビーズ、ペンダント、へら、尖頭器、小像、牙製のヴィーナスが豊富に出土している。ヴィーナス像はしばしば穴の中で発見されている。パヴロフ文化の例によく似た人間や動物の小像は、黄土ではなく軟らかい泥灰土で形作られた。そして、土をこねて焼いて作られたそれらの像は、ほとんどすべて、バラバラの断片の形で残っている。やはり、壊れるように作られていたのだろうか？

　コスチョンキ－アヴデーヴォ文化の宿営地の多くには、マンモスの

骨や牙を使って造られた円形の構造物が多数あり、特にコスチョンキのいくつかの宿営地の例がよく知られている。そのうちのひとつ、コスチョンキ11/1aと呼ばれる宿営地跡には、直径が9m、少なくとも40頭のマンモスの骨573本から作られた驚くべき構造物があった（同じ数のゾウを想像してみれば、遺構の規模がわかるだろう）。床は地面から少し掘り下げて平らにされており、おそらく、そこで掘った黄土を骨と骨の隙間に漆喰のように塗ったと考えられる。コスチョンキ1宿営地では、中央に一列に並ぶ9つの露天炉を囲んで、複数の大きな半地下式住居が巨大な楕円を描くように配置されていた。

　この種の宿営地には1年のうち数ヵ月しか人が住まなかったが、そこは中心になる空間とそれを取り巻く構造物で構成された小さな村と考えることが可能である。そうした空間構成の特徴は、従来は近東の新石器文化で登場したと考えられていた。私が考えるに、もし狩猟採集民が、1年のうち数ヵ月を過ごしに繰り返し訪れる宿営地を作るために多大な労力を費やしたとすると、どこに何を作るかを決める社会的ルールが存在したはずである。それは、一時的なものとはいえ、村落生活と言えるだろう。

　この文化の集落では、多数の奇妙なものが目につく。カザフスタン南東部のガガーリノ遺跡では、小さな穴の周囲にマンモスの頭蓋骨や長骨の「垂直材」が立てられ、黄土や炉の灰が豊富に残っている場所が何ヵ所か認められる。ロシア西部のホティリョーヴォ2では、それと同じような構造物とともに、マンモスの牙製のヴィーナス像3点と、高さ6cmにも満たないチョーク（白亜）の塊に2人の女性を彫った遺物が発見された。同じ遺跡では、マンモスの骨の集積地の中央に円形の黄土の部分があり、周囲にはマンモスの骨を配置した小さな穴が多数並んでいる場所も見つかっている。それらの小さな穴のひとつには、牙を彫って作った2点の小像（肥満体の女性の座像と、性別の判然としない細身の人物の像）が、並べて埋められていた。近くには、かがんだ姿勢の妊婦像が、鮮やかなレッドオーカーを敷いた上にあおむけに横たわっていた。私の研究仲間であるロシア科学アカデミーのコンスタンチン・ガヴリーロフは、これらの場所は宿営地内の他の場所とは区別された祭祀区画であり、儀礼に関係のある品々が使用されていたのではないかとみている。

彼の主張には説得力がある。そこは「ゴミ捨て場」でもなければ、テントの支柱を立てる基礎でもなかった。なぜマンモスの骨を種類ごとに分け、実用的な用途のなさそうな穴の周りに、小さなグループにして集めたのだろう？　氷河期の神殿と呼んだら大げさだろうが、この遺跡はミステリアスな雰囲気を強く感じさせる。

　最終氷期最寒期の厳しい気候が過ぎ去ると、1万8500年前から1万7000年前までの間に、もうひとつの文化的ピークであるメジン文化が出現した。場所は、ドニエプル川とプリピャーチ川の流域である。草原はまだ寒く乾燥していたが、草食動物は豊富で、特にマンモスは人類集団にとって最も重要な動物であり続けた。マンモスの群れの周囲には見事な居住地が生まれ、東ヨーロッパの平原に散在する人類集団同士を結びつける豊かな芸術を特徴とする文化が発展した。マンモスの骨の分類と利用は、以前とほとんど同じ形で続いていた。メジンの人々は春と秋に南北に移動するトナカイを狩った。その時期にはウマも多数いた。しかし、食料として、燃料として、建築材料として、最も重点的に利用されたのはマンモスだった。まだ新しいマンモスの骨は、可燃性の骨髄が残っているため、燃料になった。最初に火をつけたときは油っぽくて煙が出ただろうが、すぐに落ち着いて、テントの外や中で燃えたことだろう。マンモスの大腿骨の骨端（関節端）は脂肪が多く、暗くて煙のこもる屋内を照らすランプとして特に重宝されただろう。

　ゴンツィ、ドブラニチェフカ、メジリチ、ユジノヴォ（ユディノヴォ）、メジンといった多数の露天宿営地では、マンモスの骨の建造物がこの時代に最も洗練されたレベルに達したことや、おおまかな青写真のようなものに従って造られていたことが明らかになっている。典型的な床面積は25m^{2}で、今日の英国の平均的な居間（17 m^2）と比べるとかなり広く感じられる。多数のマンモスの頭蓋骨が、円または楕円を描くように地面に押し込まれた。牙が付いたままの頭蓋骨では、牙はカーブしながら上向きに伸び、壁を支える構造部の役目を果たした。大きくて平たい骨や脊柱は壁の構築に使われ、長骨を直立させた柱で支えられた。多くの部材には穴が開けられ、ロープを通してつないで固定できるようになっていた。骨の構造物の高さはおそらく2mほどで、外側は獣皮で覆

ゴンツィ（ウクライナ）で発掘された小屋5。この遺跡にある大小6つのマンモスの骨の円形建造物のうち最大のもので、およそ1万9000年前に内側に向けて崩壊した。マンモスの頭蓋骨36個で直径8mの円形の土台が作られ、その上と周囲には、少なくとも5個のマンモスの下顎骨、125本の牙、60個の肩甲骨、20個の骨盤、そしてその他の骨が置かれ、近くの穴から掘り出した黄土で補強されていた。

われ、内側は獣皮とマットで内張りされていたと思われる。三角形をした下顎骨は、最大で5段も積み重ねてV字が並んだ杉綾模様のように配置するか、顎の上下を交互に変えながら立てて並べてジグザグの形を作るかのどちらかの方法で使われ、床に穴を掘って直立させた長骨の「柱」で補強された。メジンとメジリチでは、それらの骨に、赤と黄色の岩絵の具で描かれた杉綾模様の跡がかすかに残っている。リュドミラ・ヤコヴレヴァは、マンモスの骨を利用した構造物に見られる杉綾パターンやジグザグパターンが女性をかたどった小像にも線刻されていることを指摘している。そして、住居という文脈の中に女性とマンモスを結び付ける象徴的コードがあったのではないかと述べている。彼女はまた、マンモスがおそらく母系集団であったことも偶然ではないかもしれないとも指摘している。メジンの人々はこのことを認識したうえで、自分たちが動物の骨や皮で造った巨大な住居の中で、女性にマンモスと同様の産み育てて家を守る役割を付与したのだろうか？　なかなか魅力的な考え方

ではないだろうか。

　しかし、マンモスの骨の構造物は、私たちが考えるような意味での家だったのだろうか？　ロシア科学アカデミーのコンスタンチン・ガヴリーロフは、そうした構造物のいくつかはこれまで誤解されてきたと考えている。彼は、それらの構造物に、(崩壊したテントとはまったく違って) 放棄された後に乱された形跡がほとんどないことを指摘した。つ

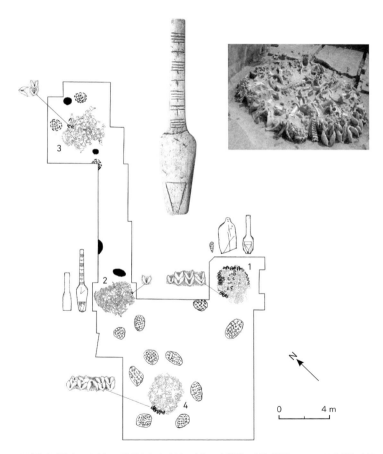

メジリチ（ウクライナ）で発見されたメジン文化の宿営地の見取り図。マンモスの骨による構造物が4つあり（そのうち1つは写真を掲示）、それぞれが穴に囲まれている。マンモスの下顎骨を重ねたり並べたりして作られた杉綾模様やジグザグの構造の詳細も示されている。穴のひとつからは、マンモスの牙で作られた、様式化された女性の小像が出土した。

第10章　寒冷化　　　203

まり私たちは、その構造物を当時のままの姿で見ることができている。時の流れとともに徐々に崩れた後の状態ではない、ということだ。1万5000年前から1万2000年前のユジノヴォ1という宿営地跡でコンスタンチンの同僚であるゲンナジー・フロパチェフが行った綿密な発掘調査によって、以下のことが明らかになった。すなわち、発掘された5つの

マンモスの牙のブレスレットは、1万8500年前〜1万7000年前のメジン文化の数多くの遺跡で発見されている。たいていは破片で、壊れた時に捨てられたものと思われる。幾何学的な装飾が線刻されていることが多い。先行するパヴロフ文化と同様、何も装飾がないものより装飾があるものの方が明らかに好まれた。メジン（ウクライナ）で出土したこの例は全体が残っており、連なった菱形文様が線刻されている。線刻技術の巧みさと、丁寧にあけられた穴（おそらく獣皮か筋で作った紐を通すためのもの）に注目してほしい。

構造物は、マンモスの骨を種類ごとに分類して積み上げたものであり、円または弧の形に注意深く配置して低い壁が作られ、時には穴や大きな窪みを伴っているのである。それらはたしかに構造物ではあるが、コンスタンチンの言うとおり、単に中で寝るためのシェルターと捉えることはできない。骨の積み方や穴の中の骨に通常とは違う注意が払われていることが見て取れ、穴はただの保管場所だとは考えにくい。この構造物は、具体的な用途が何であれ、特別な場所として目立つように作られたように思える。考古学者はしばしば、「モニュメンタリティ（記念碑的性格）」の台頭を、定住農耕社会と結びつける。モニュメンタリティとは、非常に目立つ建造物（たとえば新石器時代の近東にあった"神殿"など）に莫大な労力を投入することを指す。マンモスの骨の構造物は、トルコのギョベクリ・テペのような石造りの"神殿"ほどの労働力は必要としなかったが、その建造に費やされた労働の量は決して過小評価すべきではない。おそらく、最初は食料加工と貯蔵のためのものであったが、共同体のメンバーが建造作業を一緒に担い、この場所で行われる儀式を共有することで、誰もが共同体に属しているというメッセージを継続的に伝えて、次第に精神的な性格の強いものへと変化したのだろう。

マンモスの骨の構造物を持つ大きな集落に加えて、テントのないもっと小規模で一時的なメジン文化の遺跡も多数ある。そうした小規模遺跡からは、メジンの人々が見張りをして獲物を探したり、狩りをしたり、毛皮を目当てに罠で動物を捕えたり、価値あるフリントをはじめとして石器作りに使う良質な石を集めたり、着色や絵画に使う顔料の材料を採取したり、本書では初登場の魔法のような新素材である琥珀を手に入れたりしていた様子をうかがい知ることができる。琥珀という美しい素材はヨーロッパの他の地域ではめったに使われなかったが、ウクライナの何ヵ所かでは露天掘りで取ることができ、独自の特徴を持つビーズやペンダントに加工された。大規模な宿営地では、そうした品々が加工時の削りくずとともに発見されている。ドブラニチェフカ遺跡では、暗褐色の琥珀を彫刻して、「ヴィーナス像」様式で頭と腕がない9cmの女性像のペンダントが作られた。この素材の独特な色が、人間の肌の色（前にも触れたように当時はまだ黒かった）に似ていると考えられたのだろうか？

第11章

レフュジア

退避地

　いま私が住むイングランド北部のヨークは、2万5000年くらい昔、数千年にわたって氷河の下にあった。2万6000年前から1万9000年前にかけて、最終氷期最寒期（LGM）の氷床が現在の北海にあたる場所のなだらかにうねる乾燥した平原を南下し、英国の東側を進んでいった。氷床の下には漂礫土（氷河によって削られ運ばれた粘土や砂や礫）の層が形成され、氷が消えた後も残された。その漂礫土は今も、海岸の崖の部分に露出したジュラ紀の堆積物の上に見ることができる。

　西はアイルランドまでを覆った氷河は、いまのアイルランドの部分での厚さが少なくとも700mあり、さらにその先の大西洋にも伸びていた。スコットランドでは氷河の厚さは1〜2kmにも達し、想像を絶する重さで大地を押し下げた。スコットランドは今もその沈下から回復すべく上昇を続けている。ダラム大学考古学科のわがオフィスの場所は、おそらく1000mの氷床の下だったろう。そしてその南、氷床の途切れた先は、厳しい周氷河条件（氷河周辺に特有の環境条件）にさらされていた。海面は今よりずっと低く、水は凍結と融解を繰り返しては岩を砕いて砂礫にし、谷の斜面は崩れ、そうして形を変えた地形を、吹きつける寒風に運ばれた砂と黄土が覆った。この地に哺乳類の姿はなかった（クビワレミングすらいなかった）。世界を冬が支配しはじめていた。

最終氷期最寒期

　更新世最後の大きな試練は、地球規模の現象だった。第3章で見たように、260万年にわたる顕著な気候変動は、地球の公転軌道、地軸、歳差運動の複雑な変化の組み合わせで引き起こされた。それが氷と水と風

の分布を変動させ、環境に影響を及ぼしたので、人類はその環境変動に適応しなければならなかった。それ以前の氷期にも、人類が移動できる広大な領域が閉ざされ、初期の人類拡散に終止符が打たれたことはあった。しかし最終氷期最寒期は更新世最後の厳しい寒冷期であり、地球上の氷床が最大の面積に達した時代である（その後、完新世に移るまでにまだ何度か寒波が襲ったが、最寒期ほどの極寒ではなかった）。7000年以上もの間、地球の水は再び氷として極地に封じ込められた。こうした事象が起きた時期は、地球のどの地域かによって数世紀単位で異なっていたが、おおむね北半球と南半球の両方で同期して起こったようだ。極地の氷床が大幅に成長するにつれて海面は最大で135mも下がり、新たに広大な陸地が出現した。これにより、それまでは海で隔てられていたオーストラリアとパプアニューギニアとタスマニアなどの島々や、イギリス諸島とヨーロッパ大陸が陸続きになった。

　最終氷期最寒期は実は複雑で不安定な気候の時期でもあった。約2万4000年前には、ハインリッヒ・イベント2（HE2）による厳しい寒冷期があり、その後に最終氷期最寒期が続いた。最終氷期最寒期の気候はHE2よりはわずかにおだやかであった。当時の気候は寒冷で乾燥しており、特にHE2の後にはそれがあてはまった。寒さに適応した動物相はピレネー山脈の山道を東と西へ移動し、ケナガマンモスやトナカイはスペイン北部アストゥリアスまで、ケブカサイ、クズリ、ホッキョクギツネはスペインのバスク地方まで到達した。もっと北のブリテン島（英国）、フランス北部、ドイツ北部、ポーランドからは、草食動物やそれを捕食する肉食動物──ホモ・サピエンス（グラヴェット人）を含む──が姿を消した。これらの動物や人間がどうにか持ちこたえた場所でも、影響がなかったわけではない。ヨーロッパの山岳地帯は比較的近年まで障壁として立ちふさがってきたくらいであるから、更新世においてはたいていの場合、越えられない壁となった。山岳氷河は気候変動に特に敏感で、世界の多くの地域で、早ければ3万年前に成長のピークを迎えた。

　悪化する気候を背景にしても、グラヴェット人の共同体は存在し続けた。とはいえ、ヨーロッパのどこでも、後期グラヴェット文化の人類集

団は環境条件の悪化につれて互いに疎遠になり、どんどん孤立していった。移動を妨げる障壁は拡大し、それに従って人類が利用可能なツンドラ環境は分断され、縮小した。2万6000年前～2万4000年前の遺跡で攪乱されていない〔後の時代の耕作などによって乱されていない〕ものはわずかしかなく、最終氷期最寒期が進行するにつれてさらに減少している。動物がいなくなったり、いても移動しないで暮らすようになるにつれて、捕食者である人類の分布も同様にはっきりと地域的に分断された。ヨーロッパ南西部にはソリュートレ文化、バルカン半島とそれに隣接するイタリア、ハンガリー、ルーマニア、モルドヴァ、ウクライナにはエピグラヴェット文化という形でふたつに分かれた。彼らの石器技術は、大きな石刃の生産から、小さな石核を叩いて小型石刃を作る方向へと移行した。これはおそらく、良質の材料が採れる場所が減ったためだろう。

　人類は、環境ストレスが最大の時期でも狩猟採集民が生存できる「レフュジア＝退避地」〔広範囲にわたって生物種が絶滅する環境下で、局所的に種が生き残った場所〕で生き延びた。レフュジアがなければ、その地域の集団は絶滅に至る。レフュジアの中では集団の人口規模が制限されるため、遺伝的なボトルネック――バリエーションの減少――が起こりがちだった。そのため、環境条件が良くなった時に生き残った集団が分布域を拡大できれば、そこで生まれた新しいハプロタイプが広まることになる。言うまでもなく、遺伝子のバリエーションが減少しすぎると――つまり近親交配が重なると――悪影響が出る可能性があり、私は実際にホモ・サピエンスの一部の集団ではそれが起こったに違いないと考えている。極地に最も近い地域で気候の影響が顕著になるにつれて、それよりも南に位置して寒冷化がさほどひどくなく、草食動物が比較的豊富な地域にレフュジアが生まれた。たとえば、南ヨーロッパ、レヴァント、カスピ海南岸、ガンジス川の氾濫原、長江（揚子江）の流域、スンダ大陸棚（海面が低かった当時、大陸と東南アジアの島々が陸続きだった場所、第6章参照）などである。南ヨーロッパには人類集団のテリトリーが散在しており、地域内での移動と集団同士の接触によって、集団の存続、繁殖、文化的類似性の維持に十分な程度には人口が保たれ

ていた。腕の立つ"職人"たちにとって、それは技術面における「火の洗礼」（『新約聖書』ルカ 3:15-16, 21-22）ならぬ「氷の洗礼」であった。

ソリュートレ文化

　グラヴェット文化は2万5000年前までには消滅し、突如ソリュートレ文化がそれに取って代わったように見える。ソリュートレ文化は2万5000年前から2万2000年前まで3000年以上続いた。3000年という歳月は、エジプト新王国時代の大王ラムセス2世の死去から現代までとだいたい同じである。名前の由来はフランス中東部のソリュートレ岩山で、そのふもとではグラヴェット期からソリュートレ期のずっと後まで、狩人たちがウマを捕獲しては解体していた。しかし、ソリュートレ文化の最古の例はポルトガル南部とスペインで発見された2万6000年前の遺跡で、そこでは、武器の先端に付ける先の尖った新しいタイプの石器が生産されていた。その尖頭器は先端に向かって細くなっていき、根元部分は柄に取り付けやすいように薄く加工されている。この木の葉形の尖頭器の成形技術はソリュートレ文化時代を通じて進化し、初期から後期に向かうにつれて石の叩き方が緻密になり、根元を薄くするのも巧みになった。HE2の時期（2万4000年前前後）に作られた月桂樹の葉のような形の尖頭器は、武器職人の石叩きスキルの頂点を体現している。この中期ソリュートレ文化には地理的に広い範囲で類似性が認められるが、これはおそらく、集団の移動性が高く、レフュジア内の他の集団との長距離間の接触を維持しようという努力があったためであろう。

　ソリュートレ人の技術は、他の地域へと広がった。地域ごとの技術の類似の程度は、時代によっても変化した。当初は、イベリア半島北部からロワール川以南にかけてどこでも同質であったが、ソリュートレ人の分布が空間的・時間的に変わっていくにつれて、同じ目的で使う石器でも、その中でのバリエーションが増加した。イベリア半島の月桂樹葉形尖頭器は、フランス南西部のものと同じではなかった。微妙に異なる武器の先端の分布を考察すると、変化し続ける世界の中でホモ・サピエンスがどのように生き延びたかの核心に迫ることができる。

フランスのマコン（ソーヌ゠エ゠ロワール県）近郊にあるソリュートレ岩山は、後期旧石器時代の狩人にとって、季節に従って移動してくるウマを狩るチャンスを与えてくれる場所だった。グラヴェット文化の後期からソリュートレ文化、マドレーヌ文化時代を通して、この岩山の下の斜面であまたのウマが屠られた。旧石器時代考古学の黎明期に、この遺跡の名前からソリュートレ文化という名が付けられた。

　ボルドーを拠点とする私の研究仲間のウィリアム・バンクスは、気候と環境と旧石器時代の人類集団との具体的な関係を探るため、生態文化ニッチモデリング（Eco-Cultural Niche Modelling）という手法を開発した。彼と仲間たちは高度なバイオコンピューテーション・モデルを使って、人類集団が適応可能な生態系を再構築した。彼は、これを最終氷期最寒期のソリュートレ人の集団にあてはめることで、武器の先端が場所によって少し違うのは各集団の特定の生態系への適応のしかたに関係しているのか、また、そうした生態系の変化が、考古学調査から観察できるソリュートレ文化の初期から末期にかけての文化的変化の根底にあるのかを探った。彼はひとつの問いを立てた。人類は「ニッチ（生態学的地位）に関して保守的」で、自分たちが適応した特定の生態系の中で伝統的な生活様式に従って拡張や拡散や縮小をしていたのか、それとももっと流動的で順応性があったのか？　彼のチームは、ソリュートレ人が、自分たちの許容しうる生態学的地位に関して極めて保守的であった

ことや、好んで使う武器体系が大きく変化しつつある時でさえ、その保守性は保たれていたことを発見した。これは重要な発見である。なぜなら、「旧石器時代の集団が新しい環境に適応しようと奮闘した結果として技術面の"軍拡競争"が起き、それによって武器体系が変化した」という従来の説を否定するものだからだ。武器の変化は、時間によるものではなく、地理的な場所によるものだった。これは、尖頭器の地域的な差異は、環境が地域によって異なっていたことへの対応だったことを示している。中期・後期ソリュートレ文化の人類集団はフランス南西部の亜寒帯の環境でトナカイを狩ったが、ポルトガルの集団はトナカイが1頭もいない松の低木の疎林でアカシカを狩っていた。尖頭器の違いはそれによって生じたのである。

武器作りの達人たち

　致命傷を与えられる尖頭器付きの槍を作るという課題は、いくつかの点でソリュートレ人の技術発展を促した。石器の作り手たちは、骨製の押圧剥離器〔石を叩いて得た剥片の刃の部分をさらに細かく割り取って鋭利にするための、先の尖った道具〕を使い、正確で丁寧な加工を行って、尖頭器の形を非常に細かくコントロールした。そして、可能であれば最高品質のフリントを材料にして、卓越した腕を振るった。フリントの質が不十分な場合は、人工的な改良が行われた。フリントその他のシリカを多く含む岩石を200℃まで加熱すると、微細孔に閉じ込められていた水分が取り除かれ、構造が変化して、強度と均一さが改善される。すると、道具や武器が壊れにくくなるのである。

　スペインでは、炉の横に小さな穴がある場所が複数見つかっている。その穴にフリントの石刃を入れて蓋をし、上で火を燃やすことでじわじわと加熱して、石の強度を上げたのだ。古代の錬金術といえるだろう。しかしソリュートレの武器職人たちは、先端に付ける石器だけでなく、武器体系全体について考えをめぐらせていた。投擲武器を一段上のレベルに引き上げ、新しい狩猟技術の重要な構成要素にするのに、非常に高い価値を持っていたに違いないのが、トナカイの角である（ただ、その

レ・メイトロー(フランス、アンドル＝エ＝ロワール県)のソリュートレ人の宿営地遺跡の上層に散らばっていた、打製石器を作った際の破砕くず。250個以上の石くずは、槍先に付ける有肩尖頭器〔根元の片側がへこんだ、包丁のような形の尖頭器〕を作った際に出たものである。左右の石くずがない部分は、石器製作者の膝または足があった場所を示している。

角は入手が難しくなりつつあったかもしれない)。この時に登場したのが、投げ槍を進化させるアトラトル(手持ちの投槍器)の最古の例であった。飛び道具の威力は速度に左右され、高速なほど貫通力が高い。投げ槍(ジャベリン)を手で投げる場合、速度は主に腕の長さに依存し、腕が長いほど威力が上がる。アトラトルは、人の腕を補助具で延長して、てこの原理で遠くに飛ばす道具である〔214ページの図参照〕。木の棒の片方の端を握り、もう片方の端には槍の根元を差し込むソケットになる鉤状の突起が設けられている。片手にアトラトルを握り、装着した投げ槍の柄を同じ手の指で支えて、腕を振って槍を投げる。最後の瞬間に指を放せば、腕の長さがアトラトルのぶんだけ伸びた形になり、槍の初速が大幅に上がる。アトラトルの軸は木でもよかったが、槍の根元を

ソリュートレ文化の月桂樹葉形尖頭器が割れたもの(左の3例)と、1個の月桂樹葉形尖頭器を作る際に出た剥片くずを元通りに組み合わせて復元したもの。いずれもレ・メイトロー遺跡で出土。剥片くずの復元から、石を叩いて石器を作る作業を再現することができる。色の薄い石灰質の外皮と、その下にある黒っぽいフリントの対比に注目してほしい。

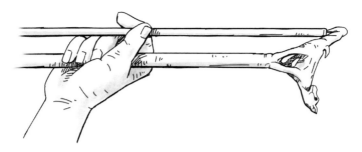

アトラトルの投げ方。てこの力で威力を増す。

差し込む切れ込み部分は丈夫なトナカイの角を彫り削って作られた。ソリュートレ文化時代には、アトラトルに付けるトナカイの角のパーツには装飾はなかったが、後述するようにやがて飾り彫りが施されはじめ、旧石器時代芸術の最も印象的な例になっていく。

　投げ槍には、軽くて威力の高い穂先が必要である。フランス中央高地の北に位置するレ・メイトローの露天宿営地遺跡では、ソリュートレ人がまさにそういう石器──精巧に作られた月桂樹葉形尖頭器──を作っていた跡を見ることができる。この遺跡は、中央高地を北に向かって流れるクルーズ川の渓谷に多数見られる後期ソリュートレ時代の宿営地跡のひとつである。クルーズ川は非常に良質なフリントが豊富に含まれる地層を削って流れており、そのフリントこそ熟練した石器職人が必要とするものだった。実際、石に加熱による赤変がないことから、加熱処理が不要だったことがわかる。改良する余地がないほど原石の質が高かったのだ。

芸術の世界

　ソリュートレ文化の特徴は、フリントから石器を作る優れた技術だけではなかった。彼らは素晴らしい美術遺産を残しており、絵や彫刻、彫像などで自分たちの住む世界を表現した。この時代の遺跡の多くでポータブル・アート〔持ち運べる美術工芸品〕が少なくとも1、2点は発見されており、豊富に出土している遺跡も少なくない。ソリュートレ人は、

洞窟にモチーフを描いたり、崖の表面を叩いたり彫ったりして形を浮き上がらせたりしていた。彼らは明らかに、そうした絵や像に彩られた景観の中での生活を好んでいた。ソリュートレ文化では露天の遺跡は比較的珍しく、洞窟が主要な宿営地だった。彼らが洞窟の多い地域に居住していたのは、偶然ではないのかもしれない。装飾が施された場所の存在は、メジン文化の杉綾模様と同様、その一帯の景観が自分たちのものだということを示すひとつの方法だった。そうした場所は、アキテーヌ北部やローヌ川下流域の渓谷からバスク地方を経てカンタブリア海のほとりまで、そして南はバレンシア、アンダルシア南部、ポルトガルのエストレマドゥーラまでの、主要な河川の周辺に集中している。

　スペインのガンディアにあるパルパリョ洞窟にたまった分厚い堆積層からは、線刻が施されたり絵が描かれたりした石板が6000枚近く発見されている。年代は2万8000年前から1万3000年前にかけてのおよそ1万5000年間にわたる。年代がわかる一連の芸術作品が出土したことで、パルパリョは西ヨーロッパにおける後期旧石器時代芸術の発展に関する長期的な参照軸となっている。ソリュートレ文化は豊かな文化であった。パルパリョは、月桂樹葉形尖頭器の製作のためにフリントを加熱処理した跡があるソリュートレ文化の遺跡のひとつであり、飾り付き石板のうち1000点ほどがソリュートレ文化時代のものである。そこでは、石板の表面にアカシカ、オーロックス（絶滅した野牛）、ウマ、アイベックス、そしてさまざまな形の「記号」（具象的ではない図形）が刻まれたり、赤や黄色で描かれたりしていた。

　パルパリョの飾り石板の驚くべき点は、様式的特徴——つまり、特定の動物の特定の部位の描き方——が長期間あまり変わらなかったことである。その様式は洞窟の最初期（グラヴェット文化）の堆積層で現れ、1万5000年の間ずっと続いた。それは古代の伝統となり、他の流行が現れては消える中でも守られ続けた。時期による違いがまったくないわけではなく、たとえばソリュートレ文化の最初期のように画家が耳や口や尻尾を簡略化して描いた時代もあれば、ソリュートレ中期のように細部まで詳細に描写された複数の動物で"画面"を構成し、それぞれの動物の動きをある程度表現するという、とびぬけて革新的な時代もあっ

ロック・ド・セール洞窟（フランス、シャラント県）にあるソリュートレ文化の13mの長さの浮彫りの一部分。この壁は最終氷期最寒期の厳しい環境にさらされて割れ砕け、浮彫りのパネルは破片となって下に落ち、ソリュートレ時代の堆積層に埋もれてしまった。発掘者はそれぞれの破片の位置を正確に図面におこし、パネル全体の復元を可能にした。

た。飾り石板には生命があふれているうえ、私たちには理解できないさまざまな記号が加わって、さらなる意味を与えられている。そのひとつひとつが生き生きとした物語を語っているのではないか、とつい考えたくなってしまう。

　ポルトガル北東部のコア渓谷では、パルパリョのような飾り石板だけでなく、景観そのものにも物語が描かれたことが明らかになっている。岩の下にある宿営地跡では、その岩自体に飾り石板と同じような"動物寓話"の場面が彫られているのが発見されている。1000点を超える絵や像があるコア渓谷は、知られている限り、野外の旧石器時代芸術が最も集中している場所である。谷底には人類が1年のうち数ヵ月間を過ごした宿営地の跡があり、その上の高台には、獲物を待つ間、狩人たちが炉端で道具を修理していた小規模な遺跡がある。一部の遺跡では谷の側

面に刻まれた彫刻を堆積物が覆っていることもあるが、これは芸術の年代を知ることを可能にしてくれるため、重要である。そうした遺跡のひとつであるファリゼウでは、彫刻が施された石板が、2万1000年前のソリュートレ人の居住跡を含む堆積物に覆われていた。つまり、その層の下にある飾り石板の年代は、少なくとも2万1000年前よりも古いことになる。しかし、主題と様式は、パルパリョと同じように、コア渓谷の芸術が時代とともに進化してきたことを示している。最初期（少なくとも2万1000年前）は、オーロックス、ウマ、アイベックスが最も一般的な主題で、大きな腹、丸い尻、大きな頭を特徴とし、細部はほとんど描かれていない。それに続く時期になると、より詳細な描写が見られるようになり、稀に人間（または人間に似た存在）が登場する。3番目の時代（ソリュートレ文化より1万年ほど若い）になると、主題はアカシカが中心になり、動物の体はより幾何学的な形を取り、毛は点線で描かれるようになる。このような変化を追うのは、旧石器時代芸術の専門家が本領を発揮する分野である。何がどのように描かれたかということに基づいた年代測定法は、概して極めて信頼できることが証明されている（とはいえ、予想外のことは常にあるが）。

　景観の中に立つ岩とポータブル・アートとの結びつきは、ソリュートレ人にとっての岩絵や壁面の浮彫りを単なる背景の飾りのたぐいとして捉えるべきではなく、彼らの日常と精神世界が常に混じり合っていたと考えるべきであることを示唆している。

　2万3000年前頃、ソリュートレ人の世界はバラバラになりはじめ、ソリュートレ時代後期に西ヨーロッパで始まっていた「集団が地域ごとに分かれる」というプロセスが進んだ。そしてソリュートレ文化は、2万1000年前までには、最南端にあたるスペインの地中海沿岸地域からも姿を消した。それより北では、もっと早くに見られなくなっていた。どうも、突然バドゥグール人という謎めいた集団に取って代わられたように見える。バドゥグール人はおそらく、ハンガリーあたりで勃興し、西に向かって拡散してきたのだろう。彼らの石器はひどいものだったが、後述する理由により、彼らは洞窟芸術に関しては非常に優れていた——少なくとも、彼らがラスコーを宿営地としていた間は。

第12章
炉ばたと家庭

　この章は、ドイツのコブレンツの少し北にあるモンレポス城の短期滞在用アパートメントで執筆している。館はかつてこの地をおさめたヴィート公の別邸だったが、現在は考古学研究センターと人類行動進化博物館になっている。私は学生時代からこの魅力あふれる場所に通っていた。新型コロナウイルスによる2年間の行動制限が明けた今、私はここに戻り、小規模な研究チームの一員として1万6000年ほど前のウマやマンモスなどの氷河期の動物の姿が線刻された石板の豊富なコレクションに取り組んでいる。これらの石板は、ゲンナースドルフとアンダーナッハの宿営地遺跡で、敷石や小屋の礎石、腰掛け、作業台、炉として使われていたものだ。両遺跡はライン川をはさんで互いに見える位置にある。ただし、当時のラインは今のような深くて力強い川ではなく、何本もの細く浅い川が砂礫の土手を縫うように流れていた。

　最終氷期最寒期の厳しい寒さが続く間、人類は周氷河〔氷河の端の部分で周期的な凍結・融解作用によって形成される地形〕の荒地が広がる北ヨーロッパから姿を消し、それより南に位置するレフュジア〔退避地〕——イベリア半島北部、フランス南部、イタリア、バルカン半島に隣接する地域、チェコ周辺、ロシア平原など——でしのいでいた。それらの場所は、人類の生存に不可欠なトナカイやウマなどの草食動物が生息するツンドラだったからである。1万9000年前頃から再び温暖化が始まり、ツンドラは北へ広がった。ツンドラの豊かな生態系の一部であったホモ・サピエンスも、獲物である草食動物とともに、レフュジアから北へ拡散していった。彼らは、レフュジアでの数千年間に洗練度を高めた新しい文化を携えていた。それは、西ヨーロッパと中央ヨーロッパではマドレーヌ文化、それよりもっと東ではメジン文化と呼ばれている。

ありがたいことに、後期旧石器時代後期の社会が残したこれらの考古遺跡は、深刻な浸食の影響を受けていない（最終氷期最寒期より前の遺跡は、氷河によって浸食された）。ヨーロッパ各地に、1万9000年前から1万3000年前までの時期の非常に保存状態の良い遺跡が残っている。それらの遺跡は広範囲に広がっており、集団の移動性が高く、多彩な技術を持ち、豊かな美術を楽しんだ社会について、多くのことを教えてくれる。道具、武器、美術品といった携帯可能な品は、何百キロメートルもの範囲で流通し、人が暮らすには厳しいツンドラという環境の中、長い距離をものともせずに、どこでも類似の文化的なメッセージを持ち続けていた。

　私たちをゲンナースドルフへと導いたのは絵画や彫刻などの芸術である。とはいえ今はまず、ゲンナースドルフおよび他のいくつかの遺跡における居住空間に関する事実について述べることにしよう。出発点として最適なのは、レフュジアのひとつだったフランス南西部である。マドレーヌ文化はそこから、ウマやトナカイや、おそらく（わが研究仲間のオラフ・イェリスの説によれば）サイガアンテロープを追って新しい土地へ広がり、最終的にはポーランドのヴィスワ川流域まで到達した。私たちも彼らを追いかけて、北ヨーロッパにおけるこの大規模な生物地理学的"再入植"を見ていこう。

硬い岩 ── ドルドーニュの洞窟

　1980年代後半の学生時代のある夏休み、考古学のフィールドワークのアルバイトを終えて帰宅した私は、ジャンクショップのウィンドーの中、埃をかぶった古道具の間に置かれた数冊の古書に目をとめた。その中にジョン・ラボックの『*Prehistoric Times*（先史時代）』（1865）があった。ラボック（後のエイヴベリー卿）はダーウィンの友人で、英国では主にバンク・ホリデー〔公休日、当初は銀行の休業日〕を始めたことで知られている人物だ。しかし、彼が先史学の世界においても重要な存在であり、後に後期旧石器時代と呼ばれることになる時代について最初の総合的な研究を発表したことは、私でも知っていた。彼が生きたのは驚くべ

き考古学上の発見が世に現れつつあった時代だった。彼はその豊かな鉱脈を利用し、旧石器時代と新石器時代を指すPalaeolithicとNeolithicという言葉を作った。ジャンクショップにあった本は初版で、今や、私が払った8ポンドよりもはるかに価値がある。私は、あれは自分の未来を予言する出来事だったのではないかと思う。泥まみれのちっぽけな発掘作業者だったその時の私には想像もできなかった――ラボックの没後100周年にあたる2013年に自分が王立協会に招かれ、彼の考古学への貢献について講演することになろうとは。これを書いている今も、自分がロンドンのウェリントン・アーチの中で、ダーウィンが弟子のラボックに与えた顕微鏡の横に立ってワインを味わった日のことを思い出すと胸が熱くなる。

氷河期考古学を理解するための枠組みがまとまったのは、1860年代のことである。それ以前から自然科学者たちは、アマチュアか専門家かを問わず、フランス南西部のヴェゼール渓谷をはじめヨーロッパの各地にある大きな洞窟の中の、堆積物に埋もれた遺跡の価値に気付いていた。堆積物の分厚い層には、驚くほど長い時代にわたって人類がそこにいた証拠が保存されている。また、フランス南西部に見られる豊富な美術工芸品は、氷河期の北半球の高緯度地方における人類の生存にとってこの地域がいかに重要であったかを物語るだけでなく、氷河期の最も寒冷な時代にもこの一帯にトナカイ、ウマ、バイソンの個体群が常に生息していたことも証明している。石灰岩の崖には洞窟があり、野外でテントを張るよりも手っとり早く風雨を避けたい時のシェルター（避難所）として好都合だった。洞窟の近くには川があり、産卵期に遡上してくるサケやマスなどの魚が獲れたし、トナカイが川を渡る時を狙って狩ることもできた。狩猟採集民にとって、ヴェゼール渓谷はエデンの園のような楽園だった。

キャップ・ブランやロージュリー・オートのようなこの地域のいくつかのシェルターには、2万2000年前から1万5000年前までの間（すなわちソリュートレ文化とマドレーヌ文化初期）に人類が暮らした証拠が残されている。リムイユやラ・マドレーヌ（マドレーヌ文化という名はこの遺跡に由来する）のような他のシェルターには、1万5000年前か

ら1万3000年前まで（マドレーヌ文化後期）の証拠がある（314ページの図版XIXを参照）。リムイユとラ・マドレーヌは、その時代に関する最も豊かな考古遺物を提供してきた。この2ヵ所で得られた遺物からは、人類が繰り返しその地に滞在して過ごした膨大な時間の流れと、そこで行われた多くの活動をのぞき見ることができる。

　ラ・マドレーヌとリムイユは、集合場所となる宿営地として——つまり1年のうちの数ヵ月間、遠く離れた各地からいくつかの小さな集団が集まってくる場所として——機能していたと考えてほぼ間違いない。これらの遺跡とおおむね同時期のゲンナースドルフ遺跡（後述）の豊かな遺物も、同じ理由で説明できる。この2ヵ所のシェルターの岩壁にはキャップ・ブランのような壮大なレリーフは彫られていなかったが、視覚芸術に対するマドレーヌ人のほとばしる情熱を証明するポータブル・アートが数多く出土している（314ページの図版XVIIIを参照）。ラ・マドレーヌ遺跡におけるマドレーヌ文化の遺物は、少なくとも15の考古学層にまたがっている。それぞれの層は、捨てられた道具類や獲物を解体した際の廃棄物が圧縮された厚さ数十センチの塊になっており、期間は1万7000年前から1万4000年前までの年代にわたっている。その間に、比較的多数の人々が1年のうちの数ヵ月間をここで過ごして活動することが何度も繰り返されて、層はその跡をとどめていると見られている。この長い歳月をわかりやすく言うと、ここのシェルターを使った最初のマドレーヌ人と最後のマドレーヌ人を隔てる時間は、ツタンカーメンと私たちの間に横たわる時間とそんなに違わない。しかもそれは、マドレーヌ文化の中の後期にすぎないのだ。このシェルターでは、時が経つにつれて、ある部分は作業や調理や休憩のための空間として比較的整然と保たれ、ある部分はゴミ捨て場のようになった。ある場所では、小さな穴の中に幼児が埋葬され、上に石が敷かれていた。ラ・マドレーヌを定住村落と表現するのは間違いだが、大きく張り出した岩の下に多数のテントが張られ、おそらく数十人が住んでいたと想像できる。当時としては、正真正銘の大都市だった。

　ヴェゼール渓谷はトナカイにとって非常に重要な棲み処だったようだ。冬も夏も比較的狭い範囲内で餌を得ることができたため、長距離を

移動する必要がなく、おそらく一年中この地域周辺に生息していた。その間、頻繁に渓谷を通っていたと考えて間違いない。ラ・マドレーヌとリムイユから出土したトナカイの骨に残された石器によってつけられたカットマーク（刃物傷）は、トナカイがいかに手際よく解体されたかを示している。殺されてすぐに解体されたことがわかる骨もあれば、カットマークの多さから判断して、明らかに硬直した状態で解体されたことを示す骨もある。トナカイは1頭まるごと宿営地に運ばれた。重量から考えて、おそらく近くで仕留めて運んだのだろう。丁寧に皮を剥いだ後に四肢と頭部を切り離し、四肢からは大きな筋肉が、頭部からは舌が切り取られた。トナカイの肉は脂肪が少ないが、舌はウマの骨髄と同様に脂肪を多く含むごちそうである。時には、現代の私たちから見て無駄が多い解体をしている場合もあるが、それは集団にとって必要な数よりも多くのトナカイを狩った時だったのかもしれない。

　軟組織を取り除いた後に硬組織の一部は道具に加工された。トナカイの角は打製石器を作る際のハンマーにしたり、棒状に切断して投げ槍や銛（もり）の先端部にした。また精巧な縫い針にされたりもした。動物の歯や貝殻は、遠く離れたところから見てもマドレーヌ人と認識できるような装身具になった。

寒冷な荒れ地への拡散

　ジュラ山脈とアルプス山脈の氷河が融けはじめたことで、両山脈にはさまれたスイス高原は、1万7500年前までには人が住める場所になっていた。大地が植物に覆われるにつれて、ウマとトナカイが戻ってきた。1万6000年前になると、ジュラ山脈の麓の湖や沼の間にある小さな洞窟や開けた場所に、50以上の宿営地が作られた。そこではマドレーヌ人が年間を通して生き抜ける規模の人口集団を成立させて、寒冷で低木だけの（樹木のない）環境を、マンモス、ケブカサイ、トナカイ、ウマ、クマ、ライオンなどと共有していた。

　ラインラント、ドナウ川上流域、パリ盆地、ドイツ北部など非常に広い範囲からマドレーヌ文化の遺物が出土していることは、各地の集団が

距離を越えて密接に接触する機会を持っていたことを示唆している。アイディアや習慣も伝播した。具体的な例のひとつが非常に小さな縫い針を作る技術で、1万6000年前を中心として100年ほどの間に人口集団の拡散とともに北方へと広がっていった。この針はウマの中足骨(ちゅうそくこつ)や中手骨(ちゅうしゅこつ)（後肢・前肢の指の骨）から作られ、寒冷な気候を生き抜くうえで肉や脂肪と同じくらい必要不可欠な道具だった。ウマを解体する際には、足指の骨を傷つけないように、まず四肢を関節で切り離した。次に指の骨の長い方向に沿って2本の平行線で切開し、縫い針に加工するために細くて薄い骨片だけを分けて取り出した。それが済むと、指の骨を砕いて、脂肪が豊富な骨髄を得た。こうした作業はマドレーヌ人にとっては日常の多くの仕事のひとつであったが、おそらくたいして深く考えることなく、ちょうど私たちがスマートフォンを取り出してソーシャルメディアの画面をスワイプするのと同じように、こなしていたことだろう。単なるその文化特有の行動様式のひとつである。こうしたマドレーヌ人の社会は、地域を越えて拡大を続けていった。

移動する家庭——パリ盆地のトナカイの狩人たち

　私は、オックスフォード大学の放射性炭素年代測定研究所で考古学者として働いていた時に、サウサンプトン大学のクライヴ・ギャンブルとウィリアム・デイヴィス、そして遺伝学者のマーティン・リチャーズらと共同で、北ヨーロッパの人類が再び北方に進出した時期を特定するとともにその遺伝的特徴を明らかにすることを目的とした大がかりなプロジェクトに取り組んだことがある。私たちがその時に放射性炭素年代測定で得た豊富なデータと、以後多くの研究者によってさらに蓄積された年代データは、人類が比較的速い速度で北と東へ拡散したことを示している。1万6000年前には野生のウマとトナカイが再びラインラント、ベルギーのアルデンヌ、パリ盆地に定着し、1万4800年前にはイングランドとウェールズにまで到達していた。そのすべての地域に、彼らを狩る主要な捕食者、つまりマドレーヌ人もいた。1万6000年前頃にはすでに小さな集団がポーランドまで進出していたが、遺跡の規模からみ

て限られた人数で、マドレーヌ文化の北や東の端にいたスイスの集団と同じような動物を獲物としていたと考えられる。北方のマドレーヌ人が生き残るためには南方の集団とのつながりを維持することが重要だったはずで、これだけ広い範囲内で多様な素材が流通していた理由も、おそらくそれで説明できるだろう。その少し後、さらに北寄りのルートを通って、マドレーヌ人はパリ盆地にたどり着いた。

　2010年、私は研究仲間がパリの周辺地域で行っているフィールドワークの現場を訪ねた。そのうちの1日を旧石器時代の装身具の専門家であるマリアン・ファンハーレンと採砂場で過ごした話や、彼女の研究については第4章で紹介した。マリアンは、セーヌ川とヨンヌ川の周辺に数多く残っているマドレーヌ時代の宿営地のひとつ、パンスヴァンでの発掘に携わっていた。そこでは考古学者のピエール・ボドゥとそのチームがトナカイを解体した証拠を発掘しており、私は彼とともに時を過ごした。この地域では、1万5000年前〜1万4000年前のマドレーヌ文化後期の遺跡が数多く見つかっている。それらの遺跡は、河川シルト〔砂より小さく粘土より粒が大きい堆積物〕によって優しく覆われたために非常に保存状態が良いことと、発掘の技術水準が高いことが相まって、マドレーヌ文化圏北部の生活について豊かな情報を提供してくれる。

　パンスヴァンでは、深さ2m以上にわたって時代を区別できる考古学層が存在しているが、これは人類が100年ほどの間に繰り返しこの場所を訪れていたことを示している。遺跡内のある場所では、秋にトナカイを大量に殺して解体する作業が行われていた。散乱したごみから、その時期は冷え込みがそこまで厳しくなく、軽いテントをこの解体場に設置してその中で眠っていたことがわかる。しかし厳しい冬がやってくると、彼らは大きなシェルターと炉の周辺に活動を集中させ、保存しておいたトナカイの肉をウマの肉で補いながら過ごした。この地域の他の遺跡でも、状況は似たり寄ったりだった。トナカイが圧倒的に多く食べられていた場所もあれば、トナカイとウマの数が拮抗している場所もあるが、これは狩猟戦略を反映している。動物の数が最も少ない夏と冬には両方を狩り、春と秋にトナカイが移動する時にはそれを集中的に狩って干し肉にし、厳しい冬に備えたのである。

宿営地では、トナカイの角を道具や投げ槍の穂先に加工したり、その土地で採取した良質のフリントを叩いてナイフや武器の先に使う石刃に加工したりした痕跡が数多く見つかっている。もうひとつ行われていたのが、若者の教育である。これらの遺跡で石核を叩いて石刃を作った際に出た破片を回収して再び組み上げたところ、真に熟練した技術で叩かれたものもあれば、稚拙なものや修行中とおぼしきものもあった。生死を分けるこの技術を若者たちが練習していたとみて、ほぼ間違いないだろう。炉ばたでのとりわけ重要な作業として、武器の製作と修理がある。武器は日常的に修理され、刃は鋭利さを保つために叩き直された。マドレーヌ文化時代の5000年以上にわたって、トナカイの角を加工した武器の先端部が進化していった様子を観察できる。トナカイの角の武器への利用は増え、タイプも多様化していった。
　どこの炉跡でも、居住者の廃棄物はいくつかのはっきりしたかたまりに分かれてまとまっている。それはさながら、野外やテント内の炉ばたで、個人や少人数の作業グループがいろいろな仕事に従事していたことを示すスナップショットである。
　皮肉なことだが、一部の宿営地では、遺物がないことから得られる情報もある。野外であれば、廃棄物を片付けて何もない場所を作る必要はない。そんなことをしなくても、座って休憩できる場所は他にあるからだ。しかし、テントやシェルターの中で座ったり寝たりするためには、ごみのない比較的きれいなスペースが必要である。炉ばたはきれいに片付けられていて何もない。そこから離れた位置には、少量のごみが弧を描くように散らばっている。おそらくこれは、円形のテントの内周に沿って人々が休んだことを反映しているのだろう。炉が片側に寄った位置にあるのは、入り口の近くに炉の火があり、中の人々は明かりと熱を享受しつつ、テントに煙がこもりにくくしていたことを示唆している。炉のさらに向こう側（入口の外側）に灰とごみがたまっているのは、テントの中から炉越しにごみを外へ投げ捨てたことを示しているのだろう。
　さて、話を東方へ移す前に立ち寄っておかねばならないテントがひとつある。パリの南東30kmほどに位置するエティオール遺跡のW11という構造物である。テントの支柱を固定するために使われた大きな石の

分布から、このテントの床は台形に近い五角形で広さは約16m^2、中央に炉があり、内部は比較的清潔で、テント外のゴミが投げ捨てられていた位置からみて、5辺のうち最も短い辺に入り口があったことがわかる。これまでに知られているテントのなかでは大型の部類に入るが、それ以外はパリ盆地に点在する遺跡のテントとして特別な点はない。注目すべきは、400km以上東のゲンナースドルフにまったく同じテントの設営跡があることだ。これはいったいどういうことだろう?

ゲンナースドルフとアンダーナッハ
──ライン河畔に位置する1万6000年前の宿営地

　樹木のほとんどないツンドラでは、点在する数少ないカバノキやマツの木材は貴重な資源だったに違いない。木材が考古遺物として残ることは滅多にないが、槍やその他の遺物がいくつか残っており、それを見れば、槍や投げ槍(そしてやがては矢)が、石や骨で作った穂先や矢じりを優美な柄に取り付けたものだったことが十分にうかがわれる。丈の低い木は多数生えているものの、その枝は武器の柄には適していないし、テントの支柱にもなりえない。テントの支柱には、谷間の立地の良い場所に根を下ろして生き延びた数少ない大きな木から採った長い枝が必要だった。投げ槍の柄やテントの支柱は丁寧に手入れされ、集団が移動する際には一緒に持ち運ばれていたと考えられる。パリ盆地からベルリン郊外までの間でまったく同じテント構造がいくつか見つかっていることは、おそらくこれで説明できるだろう。集団が移動する際にテントを解体し、テントを覆う獣皮は巻いて支柱に吊るして、次の宿営地まで運んだのだ。私たちは、マドレーヌ人が極めて長い距離を歩いたり、カヌーで移動したりしたことを知っている。また、同じ集団の同一のテントかどうかまでは断言できないものの、同じ構造のテントがエティオールとゲンナースドルフで使われていたことも分かっている。前述のウマの指の骨で作った道具と同様に、このテントも北ヨーロッパのマドレーヌ文化圏に特有の設計を持ち、文化圏の全域で使われたことは確かである。もしかしたら、テントの支柱を橇のようにして荷物を載せ、自分たちで

引っ張るか、あるいはイヌに引かせていたのかもしれない[1]。

　ゲンナースドルフ遺跡には、数千の骨、石、装身具、片岩の石板だけでなく、周辺から集められた珪岩、石英、玄武岩の大きなブロックが散らばっている。片岩の石板には彼らが獲物にした動物の姿が何百点も線刻されており、美術品だけをとっても、マドレーヌ文化の遺跡でこれほど遺物が残っているところは他にない。この宿営地は、短期間だけ滞在する場ではなかった。獲物の骨や歯は、それらが捕殺された季節を明らかにしてくれる。ゲンナースドルフで狩られたウマやトナカイやその他の動物（特にホッキョクギツネとホッキョクウサギ）は、1年の半分かそれ以上の期間、この宿営地が使われていたことを物語っている。考古遺物や美術品が豊富に出土するのは、おそらくそれが理由なのだろう。現代社会で、短期間だけ借りた家の装飾に多くの労力を費やす人はそうはいない。狩猟採集民の宿営地にも同じことがあてはまる。長期滞在する場所では、無秩序に散らかった状態は望ましくないだろう。ゲンナースドルフは、現代でいえば、音楽フェスティバル会場よりもキャンプ場に似ている。資材や遺物は4ヵ所の主な"集積場"に集まっており、4ヵ所それぞれが多くの小さな活動ゾーンで構成されている。それを見ると、空間が特定の活動エリアに分けられていたことがわかる。獲物の解体や皮の加工のような汚れる作業をする場所もあれば、物を作ったり修理したりするための場所（熱や明かりが必要で、火のそばにしゃがんだり座ったりして作業ができる）や、比較的きれいに保たれて暖かい、寝るための場所もある。

　遺跡全体には複数の解体場があり、そこから出土した骨と歯は、少なくとも57頭のウマ、少なくとも30匹のホッキョクギツネ、数頭のトナカイとノウサギ、2頭のオオカミ、そしてバイソン1頭、複数のカモシカのものだった。また、ワタリガラス、ライチョウ、ハクチョウ、ガチョウの骨も見つかった。ノイヴィート盆地とその周囲の低地は狩りや罠による猟に適した場所で、人類の小集団が四方八方から150km以上も旅をして集まってきていたのも不思議ではない。そうした長距離移動の裏付けを与えてくれるのが、道具作りに使われた良質の石——通常はフリント、玉髄（カルセドニー）、珪岩——である。見た目に特徴のある石

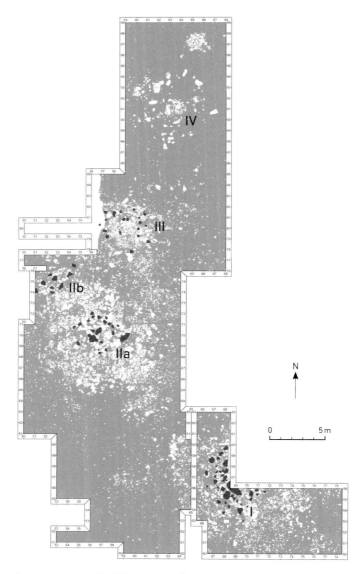

ゲンナースドルフの発掘現場の平面図。後期旧石器時代の狩猟採集民が宿営地をどのように使用していたかを理解するうえで、こうした詳細な図は極めて重要である。発掘エリアの枠に記された数字は1m刻みで、画面には、すべての石板、道具、動物の骨、炉、穴、その他の遺物や遺構が1万6000年前にどこに残されていたかがプロットされている。I、IIa/IIb、III、IVという4つのクラスターがあることがわかる。

は、どこで採れたものかを特定できる。宿営地でそうした石を使った道具や石を加工した際の破片が発見されれば、その石がどこから、どれくらいの距離を運ばれてきたかがわかる。ゲンナースドルフで見つかった石は、すぐ近くで入手できるものもあったが、大半は長距離を運ばれてきており、良質の石ほどその傾向が強かった。バルト海沿岸産のフリントは少なくとも120km北から、ムーズ川産のフリントと珪岩は同じ距離だけ離れた西から運ばれ、東と南東からはそれよりもきめの粗い石が、それらと大差ない距離を旅してやってきた。オーカーの顔料や装身具その他の"地元では得られない品物"も、この遠距離ネットワークの存在を証明している。アンダーナッハではクジラの骨で作られた投げ槍の柄が発見されたが、これはピレネー山脈の遺跡から出土したものとよく似ており、地中海産の貝殻で作られた装身具とともに、ネットワークが西と南の海岸にまで達していたことを物語っている。貝殻の装身具がひとまとめにされて小さな穴に埋められていたことは、重要な意味を持っている可能性がある。それは人目につかないように埋めなければならないほど、神秘的で強い力を持っていたのだろうか？

　物資がこれほど広い範囲から集まっていたことから、わが研究仲間のオラフ・イェリスは、この場所には1年のうちの数ヵ月間、遠い各地から集団が集まっていたと考えている。厳しい環境の中で暮らす小規模な狩猟採集民集団にとって、ツンドラで生き延びるには他の集団との同盟関係を固め、情報を交換し、パートナーを得る（近親交配を避ける）ことが不可欠であり、そのためには、集う必要があるのだ。

　多様な石板や骨の断片の多くは、立体パズルのように組み立て直すことが可能だ。骨の破片からもとの骨を復元したり、石器を作る際に出たフリントの剥片から石核を復元したりすることができる。私の研究仲間である動物考古学者のエレイン・ターナーとマーティン・ストリートは、大量の破片を丹念につなぎ合わせて研究してきた。遺跡内のクラスター（活動場所）同士の間にはしばしばつながりがあり、数メートル離れた場所で別々の作業に従事している人々の間で、材料がどのように受け渡されたかを知ることもできる。トナカイの肢はある方向に運ばれ、一方ウマの頭は逆向きに運ばれるというように。道具は必要に応じて共有さ

れていた。そこからは、パーカーを着た作業者がおそらく十数人、小さなグループに分かれて、白い息を吐きながら協力しあっている様子が想像できる。

　ゲンナースドルフの4つの主なクラスターの解釈は、分析方法の進歩とともに変化してきた。当初はテントのような構造物4つの跡だと見られていたが、現在では、高度に組織化されたいくつかの屋外活動スペースと1つのテントであったことがわかっている。旧石器時代を研究する考古学者はその時代の石や骨をよく知っており、科学的な分析技術のおかげで、その石や骨がどういった活動に関連していたかを詳しく再構築できる。ゲンナースドルフでは、1年のうち何ヵ月か人類が居住する宿営地につきものの、さまざまな作業が繰り返し行われていた。石器には、使用中に付いた微細な摩耗の痕跡が残っていることが多い。同じような石器を使って実験した際に付いた微細な痕跡と比較することで、出土した石器が骨やトナカイの角製の道具と一緒に使用されたことや、彫りや穴あけ、切断、皮剥ぎ、叩き、削り、穿刺、縫い合わせなどに使われていたことがわかっている。人類はそれらの道具で、動物の死骸や岩石、周囲に生えていたわずかな植物に手を加え、食料や衣服やテントや備品に変えていた。

　片岩のブロックは、腰掛け、作業台、オーブンとして使われたり、構造物（たとえば肉や魚を干したり保管したりする棚）を安定させる役目を果たしたりした。クラスターⅣでは、この宿営地に運び込まれた最大の石のいくつかが、四角形の軽量テントの構造フレームになっていた。テントの床面積は16m^{2}で、内部は定期的に掃除されていた（フリントの鋭利な破片の上で寝たいとは誰も思わないだろう）。この配置が、エティオールのW11とほとんど同じなのだ。同じ寸法、台形に似た形、中央に円形の炉と活動エリア。ゲンナースドルフに集まった集団のつながりがどこまでの範囲に及んでいたかについていくらか理解した今では、テントの設計が似ていても、そこまで驚くほどのことではないだろう。西からムーズ川のフリントを運んできた集団もあれば、アンダーナッハでは別の誰かがクジラの骨で補強した投げ槍を持っていた。パリの最新スタイルのテントを持ち込んだ者たちがいてもおかしくない。

ライン河畔のゲンナースドルフの1万6000年前の宿営地で見つかった片岩の石板。片岩は、敷石、腰掛け、作業台、炉の囲いなどに使われていた。石は近くで採集されてこの宿営地に運ばれた。石が小規模に集まった場所の分析で、炉や作業場の位置を知ることができる。この写真の場所は、屋外の作業エリアだった。あちこちに骨が散らばっているのがわかるだろう。左手前にはトナカイの角が見える。

ゲンナースドルフでは、小さな炉で繰り返し火が焚かれ、寝泊まりする者たちを取り囲む石板には線刻画が描かれていた。それによって、この宿営地やその他の類似の宿営地は、少なくとも家庭のように感じることができる小さな空間になっていた。片岩の塊の多くは熱で赤く変色し、焚き火の中に落ちた道具や骨にも、熱によるひび割れが残っている。人々は、石造りのかまどと、片岩を叩き削って凹みを作ったうえで動物の脂肪の中にネズやマツの枝を入れて火をともす照明によって、生存に不可欠な暖かさと明かりを得ていた。ゲンナースドルフの炉は、どこにでもある片岩を使って繰り返し何度も組み立てられ、火を入れられ、解体され、後でまた使うためにひとまとめにしておかれていた。

炉に使われた石板にもその他の石板にも、ウマ、マンモス、ケブカサイ、鳥、アザラシその他の動物の絵が薄く線刻されている。数百もの絵が確認されていることから、絵を線で描く行為は日常的に頻繁に行われ

ていたことがうかがわれる。おそらくマドレーヌ人にとって、火のそばに座って身近な獲物の動物を石に彫ることは、一昔前の人々がテレビの前で編み物をするのと同じようなことだったのだろう。マンモスやケブカサイの描写が数多く見られるにもかかわらず、この遺跡ではどちらの骨もほぼ皆無である。放射性炭素年代測定でも、ゲンナースドルフに人類が集っていた時、この地域ではマンモスもケブカサイもすでに絶滅していたことが示されている。しかし、もっと北の方にはまだ生息していた証拠がある。とすると、バルト海のフリントを携えて北方から旅してきた人々が、これらの恐ろしい獣に関する知識を（そしておそらく大げさなホラ話も）持ち込んだ可能性が考えられる。

　まったく異なる場所からゲンナースドルフにやってきた各集団にとって、そうした絵は情報の共有に役立ったことだろう。「特に凶暴なオスのウマはこんな見た目だ」（もっと弱い獲物を狙う方がいい）とか、「あんたたちは見たことがないだろうが、これがマンモスというやつだ」（俺たちが逃がした獲物はこんなに大きかったんだぞ！）という具合である。この意味で、絵が描かれた石の板は氷河期の黒板のようなものとも言える。しかし、私たち西洋人の美術の見方、すなわち、主に装飾や見て楽しむためのものという考え方は、産業社会以外では通用しない。非産業社会では、美術は日常的な役割と同じくらい精神的（スピリチュアル）な機能を持っているのが普通である。ゲンナースドルフの絵入り石板には、単なる図やスケッチ以上の何かがあったことを示す手がかりがいくつかある。ひとつは、動物以外の図像（動物と同じようによく見られる主題）に関連している。もうひとつは、石板の形とそこに線刻された絵の形との関係である。これらの手がかりは、石に絵を刻むという行為の過程でもっと多くのことが行われていたことを示唆している。ゲンナースドルフの石板の絵については、第15章であらためて取り上げる。

第13章

日の光が射さない世界
旧石器時代の洞窟絵画

　広大な岩室の中を懐中電灯の細い光が行き来する。白い鍾乳石が私たちの侵入に驚いたように刹那輝き、すぐにまた影に飲み込まれる。そして、彼らが私たちの目の前に飛び出してきた——そう、バイソンとウマが。黒く描かれた彼らは、影の中より姿を現し、走り、跳ね、岩室の壁の小さなくぼみで交尾をしている。私たちは足を上げ、次いで踏み下ろす。足音はこの神秘的な場所によって増幅され、一瞬の後、雷鳴のように私たちに返ってくる。まるで、群れが頭上のどこかからこの世界に突進してきたかのように。耳をつんざく、この世のものとは思えない音だ。私たちの足が蹄に、私たち自身が獣の群れに変わったようにすら思える。時が止まったがごときこの瞬間には、他のすべてが頭から消え去る。ここは創造の源であり、獲物が今にも動き出さんとしている場所であり、自然のものごとの摂理が作られる場所である。光から遠く離れたここでは私たちの世界は内にこもり、私たちはどんどん縮んで、実体もなく定義もできないちっぽけな存在になった気分になる。そう、ここ、ニオー洞窟（フランス、アリエージュ県）の「サロン・ノワール（黒の広間）」では。

いっさいの光が黙するところに私はやってきた

　2万年前の世界に生きていたすべての人が同時に獣脂のランプに火をつけ、その光を全部集めたとしても、ラスヴェガスのルクソール・カジノのてっぺんから空に向かって放たれる一筋の光にすら遠く及ばない、貧弱な明かりでしかないだろう。カジノの最大出力時の光は、ロウソク400億本分に相当する。旧石器時代のランプではとても太刀打ちできな

い。推定では、ラスコーの洞窟壁画が描かれた頃の人類の総人口は100万人か200万人以下だったとされている。電灯が普及する前の前近代の世界は、とても暗かった。パリやロンドンのような大都市でさえ、夜は闇に包まれ、ちらちら揺れるガス灯やランプの光だけで照らされていた。ホモ・サピエンスが描いた最古の壁画を、それを描いた人々が見ていたのに近い形で鑑賞するためには、電灯のなかった時代に戻る必要がある。炉ばたと松明とランプの世界に思いをは馳せ、それ以外の人工的な光のない環境にいる自分を思い浮かべなければならないのだ。

　深い闇と、光害のない広大で壮麗な夜空を想像してほしい。夜が近づくにつれて寒冷なステップ・ツンドラの遠くの景色が薄れていき、すべてを闇が包み込み、揺れる炎が円を描いて並ぶごく狭い範囲へと世界が縮んでいく。風が吹きすさび、オオカミの遠吠えが聞こえ、外の荒野に何がうろついているかわからない中で、人々がそんな世界に背を向け、炎の明かりに照らされる仲間たちの見慣れた顔を見て気持ちを落ち着かせたいと思っても不思議ではない。ダンテの『神曲 地獄篇』（この項の小見出しはそこから取った）は、暗闇の中で人間が経験する感情を見事に描写している。地上の世界では、夜は少なくとも訪れたら去っていく。それは季節の移ろいや獲物の移動と同じ規則的な事象のひとつであり、私たちの祖先はそのことに安心感を覚えたに違いない。しかし、永遠に夜が続き、自然の光が差し込まない場所もある。そこは、不安と危険以外ほとんど何も与えない。いったいなぜ、旧石器時代の集団はそんな場所に引き寄せられたのだろう？

　現代人は、ネアンデルタール人や初期のホモ・サピエンスと聞くと「穴居人（洞窟に住む人間）」を連想しがちだが、洞窟の奥の真っ暗な場所を宿営地として使っていた証拠はほとんどない。実際、洞窟の入り口付近の光が差し込む場所が屋根のある便利なシェルターとして使われることはよくあったが、その先の暗闇に踏み込む実際的な理由は、寝ている人間に襲いかかろうとするライオンやハイエナやクマが潜んでいないか調べる以外には存在しなかった。暗闇の中に食べ物はなく、逆に、恐ろしい深淵の中で怪我をしたり死んだりすることはいくらでもありうる。洞窟は人間にとってなじみのない、説明のつかない場所だ。死のような

静寂を破って、出所のわからない奇妙な音が響いてくる。洞窟を探検する時に自分自身が立てる音でさえ、ある場所では小さく聞こえ、ある場所では増幅されて大きく響き渡る。時には獲物に近づくハンターのようにしゃがんだり這ったりして進まなければならないし、ロープを使って昇り降りしなければならないこともある。果てしなく続くように思える洞窟の広大な部屋に立って自分をちっぽけで無力に感じる時もあれば、腹ばいでくぐり抜けるしかない狭い空間に押し込められ潰されそうな気分になる時もある。私たちの祖先が洞窟に出会った時、そこが人間の想像力を鍛える重要な場所になったとしても不思議ではない。

　旧石器時代のホモ・サピエンスが使っていた炉、獣脂と小枝のランプ、そして松明は、せいぜい2〜3m先までしか届かない弱い光を発するだけで、絶えずちらちらと揺れながら周囲に影を投げかけていた。私たちが見知っている洞窟壁画のイメージとは違って、旧石器時代の鑑賞者は、洞窟に描かれた芸術を完全に静止した絵として見ることはなかっただろう。絵は絶えず何らかの形で動いていた。私たちの祖先も私たちと同じ頭脳を持っていたのだから、そこに何かしら深い意味を読み取らなかったとは考えにくい（今の私たちにはそれがどんな意味だったのかを知るすべがない）。危険が潜み、方向感覚が失われるにもかかわらず、洞窟は驚くほど奥深くまで探索されていた。ヨーロッパ全域で、少なくとも500ヵ所の洞窟の壁に、線刻や、浮彫り、あるいは口を使っての吹き付けによって、絵やしるしが描かれたことがわかっている。そのほとんどはフランスとスペインで発見されており、そこが当時の芸術の中心地であったことははっきりしている。しかし、チェコ、ドイツ、イタリア、英国、ロシアなどの他の場所でも発見例があり、これは洞窟絵画が、ポータブル・アート（携帯用美術品、14章を参照）と同様に広範囲に広がっていたことを示唆している。

　洞窟絵画や、屋外でそれに相当する芸術（たとえばポルトガルのコア渓谷で見られるような岩壁の彫刻）は、単なる落書きではなかった。しばしば芸術家たちは（彼らが何人くらいいたのか、あるいは男性だったのか女性だったのかはわからないが）、洞窟からいくらか離れた場所で画材を調達し、かなりの労力をかけて地下に持ち込んだ。なかには時間

をかけず素早く作られたとおぼしき絵もある（完成した絵よりも、それを描く行為の方が重要だったのかもしれない）。しかし、しばしば長い時間と非常に高い技能を必要とする作品も制作され、しかもそうした作品が、居心地の悪い場所や作業のしにくい場所に描かれることもあった。すぐ近くにもっと楽に描ける壁面があるにもかかわらずである。私たち現代人にはもはや感じ取ることのできない何かによって、どこに何を作るか決められていたのだ。たとえそれが困難な作業でも、どんな苦労をもいとわずに成し遂げられた。また、壁画はただのいたずら書きや装飾ではなかった。光の差し込む岩陰の壁に彫られている場合は装飾的な意味合いがあったかもしれないが、たどり着くだけでも大変な洞窟の奥、楽しみのためにぶらぶら絵を見に行く場所では決してない壁面に、なぜ装飾をほどこす理由があったのだろうか？

　遠い過去の異質な創造物をいくらかでも理解するためには、今の時代の美術の見方から離れる必要がある。現代の美術鑑賞は、レジャー、美意識、娯楽といった意味が含まれていることが多い。洞窟芸術にもそうした要素が皆無だったわけではないだろうが、今から数世紀前のまだ工業化されていない社会を参考にして考えると、かつて絵画や彫刻はそれを生み出す者に重要な意味と恩恵をもたらしてくれる、ダイナミックなものだったと言えるだろう。同様に、洞窟絵画は静的な絵と考えるべきではない。洞窟芸術は、探検家兼芸術家と洞窟の間で交わされる活発な対話なのだ。この対話に、他にどんな要素があったのかはほとんどわからない。時にはプライベートな内容だったのではと感じられる絵もある。また、音楽や踊りを伴う集団的な儀式であった場合もあるかもしれない。私たちが手掛かりにしなければならないのは、洞窟の壁に見事な姿で残っている"作品"だけである。絵を描いたり彫ったりした芸術家が特別な存在であったかどうかはわからないが（私自身は、彼らの多くが示した技巧を見ると、特別視されていたのではないかと思う）、彼らはしばしばその作品と一体で不可分な存在だった。現代の概念を使っていいなら、洞窟絵画はインスタレーション・アートのようなもので、探検家兼芸術家である作者の位置や視界や動き自体が、洞窟の地形や影や壁の表面や、彼らが生み出す図像と同じくらい重要だった。それは、作っ

ラスコー洞窟の「井戸状の空間」で発見された驚くほど保存状態の良いランプ。70km以上離れたシャラント県で採れた赤色砂岩を彫り削って作られている。洞窟絵画が描かれた壁の下からは、石ころを穿ってくぼませた、もっと単純なランプが数十個見つかっている。2万1000年ほど前には、このようなランプの材料としてシャラント産の軟質砂岩の人気が高かった。

たあとで一歩下がって鑑賞するための作品ではなかった。参加することが意味を持つものだった。場合によっては、このような創造の小劇場は、小規模で親密な性格をもつものだったようだ。他の絵と離れてひとつだけ孤立した作品が隠されている場合もある。それはまるで、極めて個人的な作品であるがゆえに、創作中にしか目にできないよう秘匿されたかのようだ。一方で、別のケース――たとえばラスコーやショーヴェ、アルタミラやニオーの大きな部屋――では、多くの人に見られることを前提として壁画が描かれていたような印象を受ける。おそらく、暗闇の中で他の儀式と並行して、多くの人が参加する創造の祝祭が行われていたのだろう。

赤の段階(フェーズ)―― 身体と洞窟の出会い

　人間は主に視覚を使う生物として進化した。脳が周囲の環境から受け取る情報の90％は目を通して入ってくるので、視覚文化が私たちの生き方の中心になったのも不思議ではない。しかし、視覚文化の発展はゆっくりで、"私たちが知っているような美術"が現れたのは比較的後になってからになる。私は3万1000年前よりも古い時代に洞窟の壁に具象的な絵が描かれていたという説得力のある証拠を知らない。証拠かもしれないという候補はあるが、どれも賛否両論がある。きびしい見方をすれば、具象芸術は――洞窟であれそれ以外の場所であれ――3万7000年

前まで、あるいはそれよりもう少し前までは、現れなかった。しかし、人類が洞窟の奥深くを訪れ、時にはその訪問のしるしを視覚的な形で残すことはあった。4万年前よりも古い洞窟壁画はほとんどなく、あったとしても、体に赤い顔料を塗って押し付けるタイプに限られているようだ。私たちがスペインの3ヵ所の洞窟に残された赤い非具象的芸術について年代測定を行った結果、これを最初にしるしたのはネアンデルタール人で、ホモ・サピエンスが洞窟壁画というアートシーンに登場するずっと前のことだったことが明らかになった（プロローグを参照）。しかし、西ヨーロッパのネアンデルタール人がホモ・サピエンスに取って代わられた4万3000年前よりも新しい時代にも、非具象的な芸術の例はある。これは数千年の時を隔てて同じような芸術が現れたという偶然の一致なのか、あるいはネアンデルタール人とホモ・サピエンスの間で伝統が共有され継続したためなのかは、まだわかっていない。なお、これに似た芸術で少なくとも4万年以上前のものが、ユーラシア大陸の反対側にあるインドネシアで発見されているという事実から考えると、非具象的な芸術は、おそらくそれ以前から人類の間に広まっていた可能性がある。とはいえ、私たちはまだまだもっと多くの作品の年代測定をしなければならない。

　この「赤の段階(フェーズ)」とでも呼ぶべき時期にはレッドオーカーを液状にした塗料が使われたが、残された図像を「絵画（painting）」や「描画（drawing）」と呼ぶべきではない。彼らは指先に塗料をつけて岩に押しつけた。蛇行した線を描く際は、それを何度も繰り返した。洞窟の壁に向かって、口から直接、あるいは骨製の管を通して、塗料を吹き付けることも多かった。これは、一度で済ませる場合と、何度も繰り返す場合の両方があった。「赤の段階」で最も興味深い要素は、ハンドステンシルである（120ページの図版XIIIを参照）。手に絵の具を塗って紙などに押し付ける手形は現代でもおなじみだが、洞窟壁画ではそのタイプの手形は非常に珍しく、ほとんどの例はネガの手形、つまり手を岩にあてて上から顔料を吹き付けている。もしかすると、柔らかい泥に手や足を押し付けた時に偶然できた手形・足形がヒントになったのかもしれないが、それにしても奇妙な行為ではある。特に、他の場所で容易にできる

はずの作業を、わざわざ洞窟の奥のたどり着きにくい場所や、ステンシルをつくるために姿勢を保つのが大変な場所でやっているのは不思議である。注目が集まっているのは、何ヵ所かの洞窟で、そのようにして永久保存された手の輪郭のなかに、指が1本かそれ以上欠けているように見えるものがあるという事実だ。これについては、凍傷による欠損や儀式で切断された可能性を指摘するなどさまざまな議論がある。そういう憶測は物語としては面白いが、悲しいかな、それ以上のものではない。指が欠けているように見えるハンドステンシルは比較的数が少なく、ほんの一握りの者の手であるように思える。無傷の手の指を曲げて何かの効果を狙ったのかもしれないが、本当のことは誰にもわからない。

ハクチョウの首とアヒルのくちばし、負傷した男とバイソン女

　時は流れる。最初、人類は洞窟の奥に入って暗闇に自分たちの身体の跡を残すことに熱心だった。だが、「赤の段階(フェーズ)」の伝統がまだあちこちに残っていたであろう3万1000年前頃までに、新しい潮流がフランスの大部分、そしておそらくスペインの北部に広がった。彼らは自分の身体の跡だけでなく、草原（ステップ）で見たものやそこでの物語をも地下に持ち帰り、獲物の動物を祝うようになったのである。洞窟は原始の闇からゆっくりと目覚め、最初は地上世界から来た人間を受け入れ、後にはこれらの人々が生きる糧としていた動物の似姿を受け入れた。洞窟に生命が吹き込まれ、洞窟の壁で生命の息吹が渦巻いた。すでに見てきたように、具象芸術はその数千年前に、ドルドーニュ地方の岩陰に線刻された動物の姿や、ドイツ南西部のマンモスの牙の彫刻という形で登場していたが、そこから広範囲に広まることはなかったように見える。しかし、3万1000年前頃は様子が違っていた。「ヴィーナス像」はフランスからシベリアまでの地域で作られ、フランスのグラヴェット文化には、具象的洞窟絵画伝統の最古の例と見なしうるものが現れたのである。
　私の研究仲間であるボルドー大学のジャック・ジョベールとトゥールーズ大学のヴァレリー・フェルリオは、この時代の具象芸術を調査し、フランス南東部のアルデーシュ県から南西部のピレネー山脈、そして北

はパリ地域圏までの範囲にいくつかの地域的なグループがあるとした。それらについてはかなりしっかりした年代測定が行われている。動物を描く際に使われた木炭や、"芸術家"たちが洞窟に残した考古遺物を放射性炭素年代測定にかけて年代を割り出したケースもあれば、主題や様式の類似性から、同じ時代の作品であると認定されたケースもある。直接的な（絶対的な）年代測定が不可能な場合には、長い歳月の流れの中で主題や様式や手法の変化を追跡し、他の段階（フェーズ）と比較することで大まかな年代を知ることができる。これは、古生物学者が形態学的特徴に基づいて化石の年代を推定する生層序学（せいそうじょがく）と同じである。旧石器時代の芸術に関する包括的な相対的年代比較スキームを開発したのは、20世紀のふたりの巨人、アンリ・ブルイユとアンドレ・ルロワ＝グーランで、そのスキームは時の試練に見事に耐えて今でも通用している。それぞれが20世紀の初めと中頃に活躍したこのふたりは、ものごとの全体構想に関しては見解が異なっていたが、彼らが構築した体系は、ともに比較的単純な作風から次第に洗練された作風へ向かう一般的な進化を反映している。その進化とは、徐々に自然主義的になり、遠近感、構図、複数の色の使用、動きの描写を獲得していく、というものである[1]。私見だが、その制作に費やされる労力も、時代とともに増えていったように思える。

　ジャックとヴァレリーは、フランスにおけるグラヴェット文化期の芸術で年代のわかるもの同士を照合して、初期段階（フェーズ）はハンドステンシルとマンモスをあらわした絵が中心だったと考えた。中期段階（フェーズ）に入ると典型的なグラヴェット文化の主題と様式が支配的になり、後期になると、後に続くソリュートレ文化と融け合って、ラスコーに見られる様式的要素が出現する。私の読みでは、年代測定の誤差を考慮すると、各段階（フェーズ）はそれぞれ3万年前〜2万8000年前、2万7000年前〜2万6000年前、2万4000年前〜2万2000年前となる。私たちが見逃しているデータもあるかもしれないが、私は人類が洞窟壁画を描いたり彫り刻んだりしなかった時期がかなり長期間あった可能性は高いと考えている。他の地域で洞窟壁画が珍しいのは、そのためかもしれない。洞窟壁画はあまり一般的ではなかったのだろう。時折そのアイディアが浮上して広まり、それ以外の時期には失われたということだ。洞窟の壁に残されていた芸術

を新しい訪問者が見て、謎めいた図像に自分たちなりの意味を付与し、自らも独自の壁画を描いたのかもしれない。芸術以外の物質文化と同様に、ものごとは変化し、現れては消えていった。

　ジャックとヴァレリーはまた、この時代のすべての洞窟壁画を結びつける特徴をいくつか挙げている。動物は、洞窟の壁に単色で描かれるのと同じくらいの頻度で、硬い壁や柔らかい泥に線刻されている。動物たちは優れた技巧で描かれており、必ず横から見た姿である（この特徴は、洞窟絵画の末期までずっと続いた）。描写は、より前の時代のドルドーニュ地方の岩陰の壁画よりも実物に近づいている。ただし、頭が不自然に小さく、背中が歪んでおり、腹部がふくれている傾向がある。これは画家に力量がないためではない。壁画の生き物の描線は流れるようになめらかで、まるで壁面で飛び跳ねているかのようだ。どうやら彼らは、16世紀のマニエリスムのように、自然主義よりもむしろ芸術的慣習に厳格に従うことに関心があったようだ。ウマはたてがみが1本の線で描かれ、首はハクチョウの首のように不自然に曲がり、アヒルのくちばしのように突き出た口と、垂れ下がった鼻づらを持つ姿に描写された。肢が2本だけだったり、蹄がなかったりすることも多い。現代社会では完全な描写が大事だという意識が強いが、洞窟壁画の多くは不完全であり、まるでその動物の全体的な印象を伝え、頭部周辺のいくつかの特徴を強調するだけで十分だったかのようだ。

　思い出してほしいのは、「ヴィーナス像」もグラヴェット文化の初期、つまりドルドーニュのクサック洞窟、アルデーシュのショーヴェ洞窟、プロヴァンスのコスケール洞窟の壁画と同じ段階(フェーズ)に属することだ。主題こそ異なれど、ヴィーナスの頭が小さくて足が未完成である点が壁面の動物たちと共通していることには重要な意味があるのかもしれない。洞窟壁画がある意味での「実際に見たものの似姿」であったとすれば、下肢がないのは草原の草に隠れているからだという解釈も可能だが、ヴィーナスの頭の変形は普通の考え方では理解できない。水面に映しでもしない限り、芸術家たちが自分の頭を「見る」ことができなかったからだろうか？　理由は私たちには知る由もないが、これは人類の最初期の美術と現代世界とを区別するいくつもの特徴のひとつなのだ。

中期段階(フェーズ)には、「負傷した男」と「バイソン女」という、注目すべき2つの主題が現れる。特に、ケルシー地方の洞窟群とフランス北部のマイエンヌ－シアンス洞窟のものがわかりやすい。この2つは、草原の動物の観察ではなく、想像の世界に源がありそうに思える主題だ。どちらも人間（あるいは人間に似た存在）の形をしており、洞窟の利用に神話的な要素が加わったことを示しているとも考えられる。「負傷した男」（クーニャック洞窟の例が印象的）は、人のように見える形をしているが、ヤマアラシのトゲのように何本もの線が身体から突き出ており、まるで投げ槍で傷を負っているかのようである。負傷しているのではなく、絵の中で"破壊"されたのかもしれない。「バイソン女」は彫像のヴィーナスと驚くほどよく似ており、ヴィーナス像が時代を経て絵として描かれるようになった可能性も考えられるが、形や前かがみで動物のような姿勢はバイソンに似ている。人間から動物への（あるいはその逆の）変身という主題が出現しはじめたのかもしれない。

　ペシュ・メルル洞窟（フランス、ケルシー県）の斑点模様のウマの絵は、それより前のグラヴェット文化に属するが、珠玉の洞窟壁画のひとつである。ペシュ・メルルは自然が作った美しい洞窟で、絵の数は多くないものの、当時の様式、主題、技術の見本になっている。旧石器時代芸術の専門家であるミシェル・ロルブランシェが言うように、ここの壁画は手と口の芸術である。黒と赤の顔料を口で吹きつけたり指で塗ったりして描かれた絵は、複数の小さなグループにまとまっている。おそらく、鑑賞者が暗闇の奥深くへ入っていくにつれて、明かりを受けて別々の場面として浮かび上がったのだろう。「バイソン女」は口で吹きつけた赤い点々のパターンの中に描かれている。2頭がペアになったウマは大広間の主のようで、遠くからでも見える。近くのクーニャック洞窟と同様、これらを見ていると、そこが意図的に計画された儀式の場であり、参加者が洞窟の中を進んでいくことで現実の生き物や想像上の存在の絵と出会うという体験は、何らかの儀式行為の一部を成していた、と結論づけたくなる。しかし、ここで私たちはペシュ・メルルを暗闇に帰し、北へおよそ50kmの場所にある、6000年ほど後の時代の偉大な「創造のカレンダー（狩猟の暦）」を訪れることにしよう。

ラスコー

　1940年に「ロボ」という名のイヌがラスコーの壮大な壁画を発見した話は、カーターとカーナヴォン卿がツタンカーメンの墓を見つけた時の話と同様に、考古学の世界ではよく知られている。美しいドルドーニュの風景の中を飼い主やその友人たちと散歩していたいたずら好きの小さなイヌが、地面の割れ目に飛び込んで、姿が見えなくなってしまう。飼い主のマルセル・ラヴィダがロボを助けに穴を這い降りると、彼の目に、周囲の洞窟の壁と天井を渦巻くように駆け回る「動物のパレード」が飛び込んできた（315ページの図版XXを参照）。今も考古学の至宝のひとつとして燦然と輝くラスコーは、こうして再び日の目を見た。発見のニュースはなかなか広まらなかったが（当時、世界は第2次世界大戦で手いっぱいだった）、アンリ・ブルイユが呼ばれて研究が開始された。その研究は今も続いている。そして最近になって、ボルドーを拠点とするわが研究仲間のシルヴァン・デュカスとマチュー・ラングレーが、ラスコーの芸術と考古学に対する従来の見方を完全に覆す説を発表した。

　ラスコー洞窟の壁画はコラーゲンを含まない鉱物顔料で描かれたため、放射性炭素年代測定法で直接調べることができない。シルヴァンとマチューはその代わりとして、洞窟内の多くの部屋に散在している解体されたトナカイの骨や角を放射性炭素法で分析した。それまで、洞窟壁画の年代はかなり薄弱な根拠に基づいて推定されていた。皮肉なことにラスコーは、物理化学者ウィラード・リビーが、自身が開発したばかりの放射性炭素法を用いて1950年代初頭に年代測定を行った最初の遺跡のひとつである。そのため、シルヴァンとマチューのみごとな改訂がなされるまでは、現在よりもはるかに信頼性の低い時代に測定された一握りの結果に頼って年代が語られていた。具体的な言い方をするなら、それまでのデータは不正確で精度が低かった、ということだ。例として、英国の「ドゥームズデイ・ブック」〔世界初の土地台帳〕がどれくらい古いかを考えてみよう。ウィリアム征服王が1086年に作らせたのだから、約935年前である〔本書の原書出版年は2022年、執筆はその前年と思われる〕。もし私が「約935年前」と言えばその答えは非常に正確であり、「約

500年前」であれば不正確である。しかし、実験室での年代測定技術は、1年単位で年代を推定することはできない。測定には誤差と仮定が内在するため、年代は幅がある形での推定値となる。私が「ドゥームズデイ・ブックの成立年代は1000年前から500年前までの間のどこか」と答えたら、技術的には正しい（正確である）が、それはあくまで私が推定年代の幅を広くとったからその中に実際の年代が入っているという話でしかない（精度は低い）。既存のラスコーの年代測定結果は、不正確（間違っている）かつ低精度（幅が広すぎる）であり、遺跡の年代やどの文化に属するかについて互いに食い違うさまざまな仮説が入り乱れて、解決不可能だった。はっきり言って、状況はぐちゃぐちゃだった。

　そこに現れたのが、先史時代考古学の専門家であるシルヴァン・デュカスとマシュー・ラングレーである。彼らは放射性炭素年代測定の大きな進歩を利用し、わが古巣であるオックスフォード放射性炭素加速器研究所で数多くのサンプルを分析した。すると、すべてのサンプルの年代が2万1500年前から2万1000年前までの間に収まっているという結果が出た。サンプルの古さを考えれば、かなり精度の高い結果である。マシューとシルヴァンが推測したラスコーの使用年代は、洞窟内に捨てられていた石器や骨角器のタイプとも一致した。彼らは、この洞窟での活動は非常に短い期間に行われたのであり、数世紀かそれ以上にわたって繰り返し人類が訪れていたわけではないようだと考えた。興味深いことに、これらの証拠が示した年代は、2000年以上にわたってこの地域に住んでいたバドゥグール文化の集団が、マドレーヌ文化を持つ新しい集団に取って代わられた時期と一致する。ではラスコーの芸術は、バドゥグール人の最後のあがきなのか、新参のマドレーヌ人の刻印なのか、あるいはその2つが複雑に混じり合ったものなのか？

　壁画が描かれた理由が何であれ、ラスコーが最も鮮烈で人の目を奪う装飾が施された洞窟のひとつであることは間違いない。比較的小さなこの洞窟内では、7つのギャラリーにひしめく2000点以上の絵画や線刻が確認されている。「牡牛の広間」やそこから横に伸びる「通路」に描かれた130頭の動物のように、大きくてどうやら共同で描かれたように見えるものもあれば、狭いところを這って進まなければたどり着けない

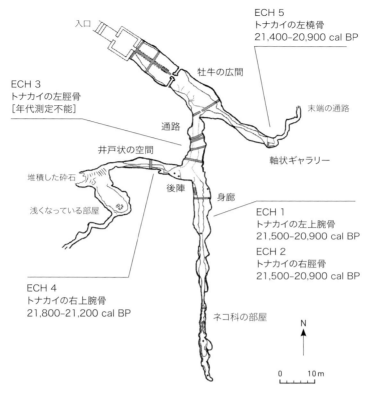

ラスコー洞窟での人類の活動と測定された壁画の年代。旧石器時代の芸術家が残したトナカイの骨の断片が、AMS放射性炭素法によって年代測定された。その結果、この洞窟での活動が2万1500年前から2万1000年前までの比較的短い期間に行われたことが明らかになった（図内の説明にある「cal BP」は較正年代のことで、1950年を基準として何年前かをあらわす）。サンプルのひとつ（ECH 4）は、「井戸状の空間」の内部で、237ページの写真にある見事な砂岩のランプのすぐ隣で採取された。他のサンプルは絵の描かれた壁の下にあったものである。

場所にあるものもある。後述するニオー洞窟にも通じることだが、動物の群れが押し寄せる騒々しいシーンは、音が反響して自然に増幅される大きな部屋に描かれている。一方、這って進むような狭い場所は音が抑えられ、そこには見えにくい形で壁に線刻された静かな捕食者——ライオン——がひそんでいる。ある意味で、ここでは絵画が生活を映し出す鏡となっている。洞窟の中央部の「後陣」には、ウマやシカを中心に、1000点以上の、まるで生きているような線刻が集まっている。それら

第13章　日の光が射さない世界　　245

の絵を刻む労力から考えれば、ここが洞窟の中で最も重要な部分だったのかもしれない。しかし線刻は繊細で見えにくい。おそらく、意図的にそうされたのだろう。これは教示を受けた者だけが目にすることのできる秘密だったのかもしれないし、あるいは、図像を永久に残すことよりも、それを創造する行為こそが重要だったのかもしれない。

　2色や多色で描かれ、数も多く質も高いラスコーの絵は、壮大でダイナミックな情景にまとめられており、見る者の頭上で渦を巻いていることから、すぐに目に飛び込んでくる。描かれている情景は、巨大なオーロックスのオスやメスが主役であることが多いが、数の点ではウマの方が多い。そこにシカが加わると、ラスコーにとどまらず旧石器時代美術で一番多く描かれた「三大動物」になる。シカの場面は非常にダイナミックで、シカの社会の相互関係や発情期特有の攻撃性が描かれている。ラスコーの芸術を長年研究した故ノルベール・オージュラは、最も重要な3種類の動物が発情期の立派な毛の姿で描かれていることを明らかにした。オーロックスのオスは頭部の毛が太く、がっしりした体つきで、メスは赤い毛をまとっている。一方、ウマは体色が赤と茶色でたくましく、ふさふさした尾が地面まで届いている。アカシカは巨大な角を誇示している。今の動物から類推するなら、発情期は晩冬から春（ウマ）、夏（オーロックス）、秋（シカ）になる。オージュラは鋭い洞察で、洞窟壁画の主要なパネル（場面を描いたひとまとまりの壁面）は発情カレンダーを構成していると指摘した。冬の場面がないのは興味深いが、草食動物は冬に発情しないことを考えれば、それもうなずける[2]。

　洞窟の入り口から出土した食物廃棄物はトナカイが中心で、この洞窟が冬に使われていたことを示している。ラスコーの洞窟壁画にトナカイ（あるいは人間）を描こうという欲求がなかったように見えるのは、おそらくそのためだろう。トナカイも人間も生きてそこにいたので、描く必要がなかったのだ。冬をやりすごす方法のひとつが、来るべき新しい生命の季節を祝う儀式を行うことだったのではないか。そして、他の多くの洞窟と同様、"創造"はその主題の一部だったのだろう。軸状ギャラリーの割れ目からは、1頭のウマが後ろ向きに落ちてきている。これはおよそ6000年後にアルタミラの天井からバイソンが"滴り落ちる"ように描写さ

れたのと同じやり方である。それは創造をことほぐ大いなる祝典だった。これらの洞窟のいくつかは、動物の精霊がこの世界にやってくる神秘的な場所であり、彼らを祝うにふさわしい場所と考えられていたのだろう。

マドレーヌ文化の洞窟絵画 ── アルタミラからニオーへ

　ラスコーは、技術、主題、様式の多くの面で、旧石器時代芸術の華やかな最盛期──すなわち、後期旧石器時代後期にあたるおよそ2万2000年前から1万3000年前までの芸術（316ページの図版XXIVを参照）──の先触れである。洞窟壁画やポータブル・アートのなかでも象徴的な作品の多くは、この期間、特にマドレーヌ文化中期（およそ1万5500年前～1万4000年前）に属している。スペイン北西部のアストゥリアスからカンタブリア、バスク、ピレネーを経て、フランスのアリエージュ、ケルシー、ドルドーニュ、そしてその先までの地域で、マドレーヌ文化中期に旧石器時代芸術の表現が見事に花開いた。最も鮮烈な洞窟壁画のひとつであるアルタミラも、この時期のものだ。私は筋金入りの無神論者だが、正直に白状すれば、アルタミラでの仕事は宗教体験に極めて近いものだった。カンタブリアの海岸平野を"高いところから見る（アルタ・ミラ）"位置にあるこの洞窟は、明らかにソリュートレ人とマドレーヌ人にとって重要な場所だった。彼らは洞窟の光が入る部分で宿営し、壁に絵を描いた。140頭以上の動物が赤、黄、紫、黒で描かれたり線刻されたりしている。有名な「多色の部屋」では、バイソンとアカシカが、数色を使って驚くほど自然主義的に描かれている。この洞窟を使っていたマドレーヌ人たちはアカシカを主食とし、補助食として、草原で狩ったバイソンやオーロックス、山岳地のアイベックスとシャモア、そして山と海岸平野が接するこの生態系豊かな土地で獲れる鳥、魚、アザラシ、傘形貝類など、さまざまな生物を食べていた。アカシカの肩甲骨の「窩(か)」と呼ばれるくぼんだ部分（天然の鉢のような形をしている）は、顔料を混ぜるのに使われた。その反対側の平らな面は全体の形がシカの頭部に似ていることから、洞窟の壁に線刻されたシカの頭と同じ様式で装飾がほどこされ、細部まで詳しく描写されていることが多い。

第13章　日の光が射さない世界

アルタミラに描かれているすべての動物を合わせて考えると、ここにいたソリュートレ人やマドレーヌ人はアカシカを好んで描き、食べていたということになる。おそらく彼らは、自分たちを鹿の民とみなしていたのだろう。動物のほかにも、非具象的な「しるし（sign）」が数多く点在している。壁画の多くはまだ鮮やかで明るく、実際、1879年に発見された時に多くの批評家がこの洞窟壁画を偽物だと考えた理由のひとつは、その驚くべき保存状態の良さだった。アルタミラが芸術の至宝として評価されるようになったのは、20世紀初頭に、鍾乳石で覆われた（つまり非常に古い）他の場所の洞窟壁画について、数多くの発表がなされて以降のことになる。壁面や天井には、鮮やかな壁画の他にもっと色褪せた図像も残っている。私たちが、その上をわずかに覆う鍾乳石をウラン・トリウム法で年代測定したところ、赤い色で描かれたウマの輪郭は2万2000年以上前の作、奇妙な形の「しるし」は3万5000年以上前のもので、有名な多色の部屋のバイソンやシカと比べて2万年も古いことが判明した。ヨーロッパ各地の洞窟で発見された壁画の年代測定が進むにつれて、多くの洞窟は数千年の間隔をあけて何度も人が訪れては利用し、図像で装飾したことが明らかになってきた。

　アルタミラやその他の洞窟の壁画は、多くの場合、かなりの注意を払って準備をしたうえで描かれている。たとえば、描く場所の選定（決してでたらめな場所に描かれたのではない）、光と影の相互作用（ボリューム感と動きを与える）、壁の表面を削っての下準備（おそらく、明るく光沢のある面を得るため）、構図の計画、立体感を出すための壁の凸凹の利用、頭部や蹄や毛並みといった細部の描写、遠近感と動きを感じさせることのできる技法の巧みな使用などが見て取れる。アリエージュ県（フランス）のヴォルプ川沿いにある洞窟群（トロワ・フレール、アンレーヌ、チュック・ドードゥベール）のようによく研究されている場所では、壁画は明らかに洞窟の用途の一部をなしており、そこでは空間の創造やポータブル・アートを安置することも重要視されていた。マドレーヌ文化の前期には、さまざまなタイプの非具象的な「しるし」が現れた。それらは単独で描かれることもあれば、明らかに具象芸術と関連していることもある。後者の場合は、具象的に描かれた動物についての情報を

ニオー洞窟の「サロン・ノワール（黒の広間）」のパネル4は、この洞窟で最も複雑な図像のひとつである。バイソン8頭、ウマ6頭、アイベックス4頭を含む19頭以上の動物が、このアルコーブの幅4mのスペースに収まっている。左のバイソンの角がS字形とC字形にねじれている点に注目。これはマドレーヌ文化の古典的なねじれ遠近法である。右のバイソンは頭が2つあり、1つは正面を向き、もう1つは後ろを向いている。これは、短時間の動きが描かれる場合の典型的な手法である。

伝えていたのかもしれない。人間に似た像は稀で、そうした数少ない例では、トロワ・フレール洞窟やガビュー洞窟に見られるように、ほとんどの場合、部分的に動物の特徴を持っている（たとえば、角が生えていて体を曲げた姿勢の「魔術師」と呼ばれる図像）。洞窟壁画の動物、人間、しるしの描写には、それらの中間に位置するきわめて多様なバリエーションが存在し、ミシェル・ロルブランシェが指摘したように、時間の経過に従ってすべてがより抽象的になっていく傾向がある。この人間と動物の表現のうつりかわりについては、第15章であらためて触れることにする。

　本章の冒頭で、私は研究助手と一緒にニオー（316ページの図版XXIIを参照）を訪れた時のことを書き、有名なサロン・ノワールで受

けた印象をつづった。私の語りは確かに空想に満ちているが、時間を超越した感覚、その広大さ、驚くべき音響効果は、間違いなく現実だ。この洞窟は奥深くまで延び、あちこちに壁画がちりばめられている。そのなかには、指で描かれた点と線の集まりもたくさんある。それらは、洞窟を奥へ進んでいく"探検者"たちにナビゲーション情報を伝えていたのかもしれない。広大なサロン・ノワールに描かれた1万6000年前〜1万5000年前の絵は、バイソンとウマが大部分を占めており、ほぼ同時代にアルタミラの多色の部屋に描かれた絵や、アルタミラと同じくスペイン北部にあるエカインのウマの絵（315ページの図版XXIを参照）と似た傾向が見てとれる。ウマとバイソンの入り混じった群れやアイベックスが描かれた壁画は、部屋の側面にある自然の窪みにある。それらは、漆黒の海の中で揺らめく光に照らされて、生き生きと浮かび上がるように作られている。

　マドレーヌ人たちが描いた洞窟の壁を舞台に跳ねまわる動物たちは、当時その地域でたくさん見られた動物に違いない——私はそう思わずにいられない。ウマの王国のようだった場所もあれば、バイソンやアイベックスが支配的だった場所もあったろう。おそらく、洞窟はある意味でトーテム〔ある集団が自分たちと強い結びつきがあると考えて崇拝している動物〕の霊と結びついた場所であり、それゆえ、そうした動物たちの生命の創造を祝うとともに、その動物たちが昔から暮らしてきた場所で狩りをしたことをつぐなうのにふさわしい場所だったのだろう。マドレーヌ文化の時代にこの洞窟に誰でも自由に入れたのか、それとも立ち入りが制限されていたのか、あるいは平均的なマドレーヌ人がどの程度の頻度で洞窟の見事な壁画を創作したり鑑賞したりしていたのかは、わからない。しかし、彼らが日常的に目にする芸術は他にもたくさんあった。それは彼らと一緒に移動するポータブル・アートだった。彼らは草原を移動する時に小さな景観も一緒に持ち運んでいたのだろう。動物で装飾された品物が、生きた動物と同じように行き来し、他の人々に贈り物として渡されたりしていたのだろう。次章では、小さくて軽く、しばしば機能的なそうしたポータブル・アートに目を向けよう。そこには、旧石器時代のホモ・サピエンスの世界が詳細に描かれている。

第14章
ポータブル・アート
景観を持ち運ぶ

　川底の砂利が見える浅い川には、生命があふれている。雪がちらちらと降りはじめ、寒さがやってきた。夜明けとともに、岩棚の下の浅瀬をトナカイの群れが渡る。炉にくべられた薪に暁の光が加わって暖かさが広がる中、あなたの視界にトナカイが入る。オスは巨体ぞろいで、ビロードのような角袋が剥がれ落ちた後の角は硬く鋭い。薄い空気を通して、トナカイが鼻を鳴らす声が届く。ここではトナカイの移動距離はそれほど長くない。谷沿いを1日か2日歩く程度だろう。あなたがいるのは、動物たちにとって最も逃げ場が少なく、人間から見れば襲いやすい場所だ。トナカイたちは重く扱いにくい角のせいで気が散っている。角は人の役に立ついろいろな品物になるだろう。オスは交尾のために競わねばならないので、気が立っている。オス同士が戦い、角を突き合わせる。すでに怪我をしているものもいて、投げ槍の狙いを定めて狩るにはうってつけの標的だ。手にした重い道具をもてあそびながら、あなたはそんなことを想像する。いずれまた時は来る。精緻な装飾が施されたアトラトル（投槍器、214ページを参照）をバックパックに戻し、ブーツを新雪にめりこませて、あなたは高台を白い空へ向かって登っていく。

美術と想像力

　上の文章では、現代の風景の中でポータブル・アート〔携帯可能な美術工芸品、この場合はアトラトルを指す〕を手にすることで、はるか昔の出来事に思いを馳せ、情景を思い描く感覚を伝えようと試みた。一般的に工業化されていない社会では（もちろん工業化社会でもそうだが）、美術は単なる娯楽ではなく、人々が暮らす世界や属する社会集団につい

トナカイの円筒状の角の部分に線刻された、川を渡るトナカイの情景。1万6000年前のもので、フランス・ピレネー山脈のロルテ洞窟から出土した。この画像では、円筒の側面に描かれた場面を平面に直してある。ディテールが非常に細かく、自然主義的であるが、実物では全景を見るためにゆっくり回転させる必要がある。

ての意味や情報を記号として内包している。図像や情景は、心の中にある世界を探検し、記憶を呼び起こすために使うことができる。それを口承文化の真髄である歌や物語と組み合わせると、文化という世界が紡ぎ出され、生存に必須の知識を保ち伝えることに役立つ。現代と同じように旧石器時代にも、強烈な印象を与える洞窟壁画や岩肌の浮彫りから、持ち運んで交換できる装飾付きの品物、衣服や身体を飾るこまごまとした装身具まで、あらゆるスケールの美術工芸品が生み出された。視覚芸術の世界は、動かせない大きな作品から、持ち運び可能な小物まで、多様なものの連続体として成り立っていた。

第11章では、ポルトガルのコア渓谷で、岩壁に彫られた図像と、その下の宿営地に残されたごみの中から発見された携帯用の飾り石板とがどのように結びついているかを見た。コア渓谷でもその他の地域でも、

モンタストリュック（フランス、ドルドーニュ県）で出土した、角にトナカイを彫ったマドレーヌ文化期の高浮彫り。しばしば「泳ぐトナカイ」の描写とされるが、おそらく、交尾の際にオスのトナカイがメスの尻の匂いを嗅ぐという、当時の美術でよく描かれた主題を表現していると思われる。トナカイの姿勢が、素材である角の自然な輪郭に従っていることに注目してほしい。マドレーヌ美術では、素材が持つ形をデザインに取り入れることがよくあった。

フランスのピレネー山脈にあるマス・ダジル洞窟で出土した骨。ウマの頭部が並んで線刻されている。ウマのひげが何本もの繊細な平行線で表現され、右のウマのたてがみも同様である。目が菱形のような形に彫られているのは、マドレーヌ文化の特徴である。口は唇が垂れ下がったように描かれ、顔の毛の生えた部分と口・鼻の周りとの境目を示す線もある。

岩絵とポータブル・アートの主題と様式は驚くほどよく似ている。まるで岩肌に描かれた動物がそこから落ちてきて小ぶりな品になり、生きた動物と同様に風景の中を移動できるかたちを得たかのようだ。しかし、壁よりは小さいが、持ち運ぶのには大きすぎるものもある。それらは宿営地の家具と見なすのが最も適当だろう。ドルドーニュ県のローセルのシェルターでは、大きな岩にグラヴェット文化期のヴィーナス像が彫られたものが何点か見つかっており、それらは現在では、ボルドーの素晴らしいアキテーヌ博物館に展示されている。この遺跡は100年以上前に

発掘され、詳細な記録は残っていないが、大きくて扱いにくいブロックのうち2つはシェルターの奥の壁の近くに2m間隔で置かれており、どちらも壁に面した部分がヴィーナスで飾られていたことがわかっている。おそらくそこはプライベートな空間で、このシェルターの奥まで入ってから振り向かなければヴィーナスを見ることのできない。ここは小さな聖域だったのだろう。ローセルのブロックの浅浮彫りは、ペシュ・メルルなどの洞窟の壁の「バイソン女」と、洞窟の奥にしまわれたり穴に埋められたりした携帯可能なヴィーナス像を結びつけるものだ。獲物の動物たちと同様に、ヴィーナスの像も、洞窟やシェルターに隠しておくこともできれば、集団の移動にともなって持ち運ぶこともできた。

　ポータブル・アートが最盛期を迎えたのは、動物などの像を描写する美術形式が広く普及していた1万6000年前から1万3000年前までである。これまで見てきたように、炉作りや作業台に使われた石の板には、動物の輪郭線が非常に細かく線刻されたり絵として描かれたりしていた。動物の彫刻が施されたロンデルと呼ばれる円形の骨や石の輪は、おそらく衣服その他の皮・毛皮製品に取り付けられていたのだろう。バゲットと呼ばれる衝撃吸収性のある槍の軸は、トナカイの角を縦半分に切断して2本にし、その2本をマスティックの樹脂で貼り合わせて作られており、曲線の装飾模様が深く刻まれている。スペインでは、骨や洞窟の壁にメスのシカの頭部を描いた絵が刻まれた。また、アトラトル（投槍器）にはシカの角を彫り削った部品が付けられて、重りと装飾の両方の役目を果たしていた。薄く平らな骨から、ウマ、シカ、カモシカ、アイベックスの頭部の輪郭が切り出されたりもした。複数の線がいくつかのグループに分けて刻まれている骨もあるが、これは複雑な情報を記録していたのだろう。なかには、衣服に縫い付けられていたことがはっきりわかる品もある。何らかの機能を持つ品物に装飾を施したものとしては、トナカイの角に穴をあけた謎めいたバトンもある。その他に、純粋に美術品として作られた品もあったようである（313ページの図版XVIIを参照）。いずれにせよ、それらは常に、狩りの獲物となる動物たちの世界を讃えるものだった。

生と死を表現する

　1万6000年前から1万4000年前までの間に作られた遺物からは、機能と観察がどのように組み合わされて物に刻まれたのかを見て取ることができる。ピレネー山脈では、トナカイの角を彫り削って、アトラトルの端に取り付ける三角形の重しが作られていた。角製の三角形のパーツは、動物が足を揃え、脇腹を舐めたり仲間を呼んだりするために首を後ろに向けている姿をかたどるのに適していた（252ページの写真にあるロルテ洞窟のトナカイの絵と同様である）。よく描かれた主題はバイソン、ウマ、マンモスだったが、一番人気があったのは *faon à l'oiseau*（子鹿と鳥）と呼ばれるもので、多数の例がある（256ページの写真参照）。それはメスのアカシカが、お尻のあたりから出てきた大きなものを見ようと振り向き、その大きなものの上に鳥がとまっているという構図である。これらはしばしば間違って「鳥と糞」の主題とみなされ、現存する最古の下品なジョークとして世で語られている。この解釈では鳥が糞に止まっているとされるが、よほどの病気でもない限り、シカの糞は小さなコロコロした粒状なので、それはありえない。むしろ、今でも目撃できる光景を描いているように見える。というのは、シカの出産では、生まれる子はまだ袋（羊膜）をかぶっているのが普通で、脱ぎ捨てられる袋を食べようとカラスたちが降りてくるのだ（場合によってはまだ羊膜をかぶったままの子の上にも舞い降りる）。「子鹿と鳥」のモチーフは、旧石器時代の美術によく見られる「観察された場面」、つまり新たな生命の誕生を反映している可能性の方がはるかに高いと思われる。メスのシカは子が生まれるところを見ようと振り向き、同時にカラスが降り立つ。カラスは袋を食べるのか、あるいは無力な子を餌食にしようとしているのだろうか？

　「子鹿と鳥」という主題は、おそらくマドレーヌ人たちの間で長く語り継がれた物語で、生と死の気まぐれに関係しているのだろう。こうした投槍器を作るために長い時間が費やされ、技巧が凝らされたのも不思議ではない。フランス・ピレネー山脈にあるベデイヤック洞窟で発見された「子鹿と鳥」は、眼に嵌め込まれた小さな琥珀片がまだ残っている。琥珀は旧石器時代には非常に珍しい素材だったが、前に触れたように、

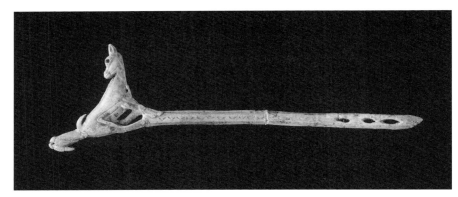

トナカイの角を彫って作られた「子鹿と鳥」が付いたアトラトル（投槍器）の全体像。フランス・ピレネー山脈のマス・ダジル洞窟出土。持ち手の基部近くにあけられた３つの穴に皮紐を通せば、手首に固定することができる。シカの尻から出てきているものにとまっている鳥の尾（左下の鉤状になっている部分）に、槍の根元を装着し、てこの原理で遠くまで飛ばす。

この頃になるとはるか東のメジン文化でも琥珀が使われるようになっていた。これは注目すべき点かもしれない。想像してみてほしい――白く輝く角を彫って作られた新品のアトラトルを。シカの毛並みの細部は明るいレッドオーカーで彩色され、目にはきらめく琥珀がはめ込まれている。どれほどすばらしく見えたことだろう。

「子鹿と鳥」という組み合わせがアトラトルにしか見られないのは偶然ではないと私は思う。このモチーフは、殺傷を目的とした武器体系の一部なのだ。近代までの狩猟採集民から類推できるとすれば、マドレーヌ人も、自らが行った殺戮を埋め合わせる方法を模索したことだろう。その方法が、自分たちの手で景観から取り除いた動物――景観から借り受けた動物――のかわりに、生命の創造という行為を行うことだったのだろう。ここでは、創造と破壊が持ち運べる形で共存していたのだ。

身体への回帰

　第15章で旧石器時代の人々の心理を覗き見るので、マドレーヌ人が人間の女性の描写を高度に様式化したことについては、それまで待っていただきたい。ここでは、女性に限らない「身体そのもの」に話題を絞っ

て語ることにする。旧石器時代の芸術では、人間が描かれることは驚くほど稀である。もしかしたら、人間の像の創造がタブーだったのかもしれない。あるいは、人間はすでに風景の中に存在しているのだから、洞窟の中で大きく描く必要も、ミニチュアサイズで品物に刻む必要もないとみなされていたのかもしれない。この先見ていくように、現存する人物像のほとんどは一風変わっている。最初にグラヴェット人の女性を、次に2人のマドレーヌ人を見ていくことにしよう。彼らは、私たちの関心を再び人間に、つまりホモ・サピエンスの祖先に向けることになる。

　高さわずか3.6cmの「ブラッサンプイの婦人」は、人間（または人型の生き物）をかたどった彫刻という希少な例のひとつである。マンモスの牙を彫って作られており、フランスのランド県ブラッサンプイにあるパプ洞窟の、2万8000年前から2万7000年前までの層から出土した。頭部から首の後ろにかけて深い切れ込みで彫られた模様があり、これは巻き毛か編んだ髪、あるいは頭巾など頭にかぶるものを表現しているのかもしれない。首の下で折れて失われているので、彼女が完全な「ヴィーナス像」の一部だったのか、あるいは道具などの"機能を持つ遺物"に取り付けられていたのかはわからない。旧石器時代に描写された数少ない人間の顔のひとつであり、ここでその言葉を使うのが時代錯誤でなければ、肖像だった可能性すらある。私たちはひとりのグラヴェット人の顔を見つめているのだろうか？

　もうひとつの人物描写は、「愛の追跡（*La Poursuite Amoureuse*）」と呼ばれている。フランス・ピレネー山脈にあるイスチュリッツ洞窟では、1万6000年前から1万5000年前までの層から線刻が施された骨が豊富に出土しており、「愛の追跡」はそのうちの1点である。この洞窟は明らかに重要な場所で、繰り返し人類が訪れていた。洞窟の壁は絵や線刻、彫刻で飾られ、洞窟を利用していた人々が移動する際に置いていったポータブル・アートも数多く残されていた。「愛の追跡」に描かれているのは明らかに人間だが、この時代の動物描写に典型的な、1頭の動物が別の動物を追いかけるという主題を踏襲している。動物の場合は交尾行動が描かれているので（たとえばモンタストリュックのトナカイ）、それがこの遺物の名称の由来になっている。このふたりの人物が動物に

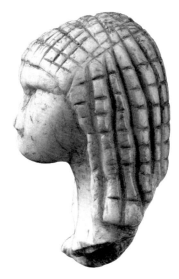

「ブラッサンプイの婦人」。2万8000年前〜2万7000年前にマンモスの牙を彫って作られた。旧石器時代に人間の顔を描写した数少ない例のひとつであり、もしかしたら肖像だったのかもしれない。私たちは実在した人物と対面しているのだろうか？

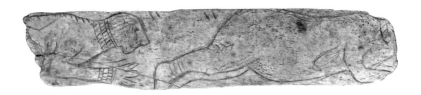

フランス・ピレネー山脈のイスチュリッツ洞窟から出土した「愛の追跡」と呼ばれる線刻画。1万6000年前〜1万5000年前のもの。ネックレス、腕輪、足輪と思われるものが描かれ、右の人間の太ももには、矢印の先を並べたような"非具象的なしるし"がある。ふたりの間の上方（骨の縁）には2組の平行線が刻まれており、おそらく何かの情報を記録したものだろうが、今ではその意味を知ることはできない。

似ている点は、見た目の行動だけではない。左の人物の頭の輪郭や、右の人物の太もも、腹、背中の体毛を表すミシン目のような点線は、同じ洞窟から出土した別の骨に線刻されたライオンの像とよく似た描き方をされている。一方、人間に近い特徴もある。たとえば、「ブラッサンプイの婦人」の頭の線刻のように、頭髪の部分では点線が毛並みのように

並んでいる。これもおそらく、長い髪か、ある種の頭飾りをあらわしているのだろう。しかしこのふたりは、ネックレス、腕輪、足輪によって、まぎれもなく何らかの人間社会に属していることを示している。なお、右の人物の太ももには、矢印の先を並べたような"非具象的なしるし"がある（私はこの人物は男性だろうと思う）。似たようなモチーフは洞窟壁画の動物にも見られるが、これは通常、投げ槍が動物を「殺している」ところだと解釈される。では「愛の追跡」でも同じことが言えるのだろうか、それともこれは脚に描かれた模様か、傷跡か、あるいは入れ墨なのだろうか？　いずれにせよ、私たちの祖先が生存のために決定的に依存していた殺傷用の武器は、当時の最も強力な文化的シンボルのひとつだった可能性がある。

貝殻や歯の装身具

　現在では、どんなに海から離れたところに住んでいる人の家にも、ほぼ間違いなく貝殻があるだろう。ネックレスであったり、瓶に入れて飾られていたり、バスルームで石鹸置きになっていたりする。人はそれを見て、コーンウォールの雨模様の休暇や、ギリシャのコルフ島でのバカンスを思い出すのだろう。砂浜を歩いている時に、小さくて美しい貝殻を拾わずにやりすごすのは難しい。私たちはそれが、かつて貝が住んでいた家の跡だと知ってはいるが、だからといって収集癖がおさまるわけではない。記念やお土産として貝殻を拾う時、実は私たちは、記録や証拠がある限りで最古の「美しさを理由にして自然の素材を人間が利用する行為」のひとつを実践している。海岸近くに住んでいた初期の人類は貝に栄養があることをよく理解していた。貝を採るのは、たいていは簡単だった。50万年の昔、ホモ・エレクトスはジャワ島のトリニールで貝を食べていた。その時、誰かが貝殻に不規則なジグザグのひっかき傷をつけた。これは最古の意図的なマーキングの例のひとつになる。それから40万年後、初期のホモ・サピエンスの集団は、貝殻を厳選して色をつけたり、穴をあけたり、紐を通したりして装身具にしていた。最古の貝殻装身具の証拠はアフリカ大陸と西アジアの広い範囲に見られる。

そしてそれは、5万年前以降にアジアやヨーロッパに拡散した人類のパイオニア集団とともに、新天地へも広まっていった。

　貝殻装身具に関する民族誌は豊かな情報であふれている。世界各地で丁寧に作られたネックレス、腕輪、足輪、衣服に飾りとして付けられた貝殻が、大切にされ、やりとりされていた。近代人類学の父であるブロニスワフ・マリノフスキは、1920年代に、パプアニューギニアのトロブリアンド諸島における貝殻装身具の複雑な交換システムを記録した。クラ・リングと呼ばれるこの交易システムでは、人々は何百マイルもカヌーで移動し、片方が赤い貝殻で作った装身具を渡し、もう片方は白い貝殻の装身具を差し出して交換していた。マリノフスキの代表作『西太平洋の遠洋航海者』（1922）のタイトルともなった彼らは、複雑な交換ネットワークを通じて何千人もの人間を結びつけていた。そのネットワークの中で権力が確立され維持され、義務が生じ、果たされるのである。互いに遠く離れた地で暮らし移動性が高いホモ・サピエンスの集団同士が、社会の結びつきを保つために使う最も古い方法のひとつが、魅力的な貝殻を利用することだった。

　装身具は力を表現することもできるが、その場合には、特に肉食動物の犬歯が使われることが多かった。加工したり身に着けたり交換したりできる動物の歯はたくさんある。しかしヨーロッパの後期旧石器時代を通じて、特定の数種類の歯だけが繰り返し選ばれた。狡猾なキツネ（アカギツネやホッキョクギツネ）の犬歯は、注意深く穴をあけて紐で数珠つなぎにし、帽子や衣服の飾りやネックレスにされた。クマやライオンの犬歯はそれと比べれば数が少なく、最も大きくて危険な肉食獣のことを持ち主に思い出させる力を持つ。シカの歯はよく使われたが、好まれたのは咀嚼に使う奥歯ではなく、犬歯だった。歯の装身具は強さとパワーを象徴し、なるべく体に接するように身に着けられた。

　個人用の装身具は、ヨーロッパと近東ではオーリニャック文化の時代からあたりまえのように使われていた。私の研究仲間で旧石器時代の装身具と美術の研究を牽引するふたりの専門家、フランチェスコ・デリコとマリアン・ファンハーレンは、ヨーロッパ各地の歯と貝殻の装身具を念入りに調査して、オーリニャック時代のヨーロッパでは、地域によって好

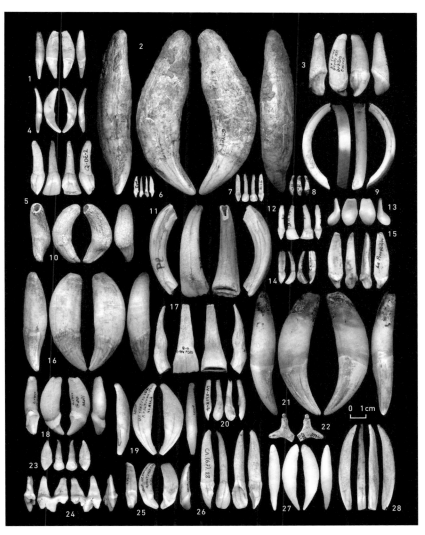

動物の身体の一部は装身具に使われた。この写真はオーリニャック人の「歯を使った飾り」で、通常は肉食動物の犬歯である。1）アナグマの犬歯。2）クマの犬歯。3）クマの門歯。4）キツネの犬歯。5）ウシ科動物の門歯。6）キツネの門歯。7）トナカイの門歯。8）トナカイの犬歯。9）ビーバーの門歯。10）ウマの犬歯。11）ウマの門歯。12）ダマジカの門歯。13）アカシカの犬歯。14）アカシカの門歯。15）ハイエナの門歯。16）ハイエナの犬歯。17）ウマの乳門歯。18）ライオンの門歯。19）オオカミの犬歯。20）アイベックスの門歯。21）ライオンの犬歯。22）サメの歯。23）人間の歯。24）オオカミの大臼歯。25）オオカミの門歯。26）ヘラジカの門歯。27）オオヤマネコの犬歯。28）イノシシの門歯。

第14章　ポータブル・アート　　261

まれる貝殻や歯のタイプが異なっていたことを明らかにした。それらは基本的に、類似した（しかし同一ではない）テーマの地域的なバリエーションだった。フランチェスコとマリアンはこうした様式の違いについて、彼らがヨーロッパにおける"民族言語的"バリエーションと呼ぶものの萌芽に関係しているのではないかと述べている。彼らが指摘するのは、集団が話す言語と着る服のタイプの間に強い相関関係があるこということだ。民族言語と服装の結びつきは、たとえば英国人は山高帽でフランス人はベレー帽をかぶった姿に戯画化されるのと同じようなものだと考えるとわかりやすいかもしれない。これが、オーリニャック文化期にヨーロッパ各地で人類が異なる言語を話していたことを示唆するのかどうかは別として、ホモ・サピエンスの集団は3万7000年前あるいはそれ以前からすでに、「自分たち人類はお互いによく似ているが、自分の集団と近隣の集団は社会的には異なっている」と考える力を持っていたことを示している。この時代に社会的アイデンティティが形成されつつあり、そのアイデンティティに役立つ表現として視覚文化が使われていたということだ。

洞窟内の微気候〔局所的な気候条件〕に保護され、偶然現在にまで残った美術や、北国の気候による破壊の手が届かない場所で、硬い岩に彫り刻まれて生き延びた作品を見渡して考えると、現代と同様に後期旧石器時代のホモ・サピエンスも、シンボリズムと情報に満ちた精巧な視覚芸術の世界に生きていたという結論が得られるだろう。人類の生活はますます「社会」を核としたものになり、各集団の人々の経歴や、彼らが互いに交換する品々が重要な意味を持つようになった。たしかに彼らの美術の主題は、常に自然の世界、なかでも特に彼らが生きるために不可欠な獲物だったかもしれない。しかしそれらの絵や彫刻は、ただ見たものを描いただけの品ではなく、情報の保存場所として、そして記憶や語りを呼びさますきっかけとして機能していた。また、芸術は贈り物の交換で同盟関係を結ぶ機会を提供し、ものごとがあるべき姿にあるという安心感を繰り返し与えてくれた。さて、それでは、今から私たちはアトラトルを下に置き、目を閉じて、私たちの祖先であるホモ・サピエンスの身体の中で最も捉えにくい部分に入ってみることにしよう——つまり彼らの心の中に入るのだ。

第15章

心の内側

　カナダに住む狩猟採集民チペワイアン族は、すべての動物と人間の起源は、ひとりの人間の女と1匹のイヌの性的な交わりにあると信じていた。地上でひとりきりだった女は、ベリー〔漿果〕ばかり食べるのに飽きて他の食物を探しに出かけたが、食べ物ではなくイヌを見つけた。彼女はイヌを自分の洞窟に連れ帰り、ふたりは次第に親密になった。イヌはハンサムな若い男に変身することができた。夜(不安と変化の時間帯)に頻繁に変身し、明るくなる前に必ず動物の姿に戻るので、女は夜のあいだの出来事を夢だと思っていた。しかし夢ではなく、ほどなくしてこの"世界の母"は身ごもった。この時、頭が雲に届くほど背の高いひとりの男が、その土地で川や湖を創造していたのだが、男はイヌをつかみ上げ、バラバラに引き裂いて大地や水の中にばらまき、それぞれの破片が魚や鳥や陸上の動物に変わるようにと命じた。そして女には、これらの動物をたくさん殺して食べる力を与えた。その後、彼はもといた場所に帰り、二度と姿を現さなかった。

　ヒトという種は驚くほど想像力が豊かである。チペワイアン族が特に独創的なのだと思うなら、年老いた髭面の戦の神が全宇宙を創造したという神話を考えてみるといい。ほんの200年前まで、ほとんどの人は悪魔、魔術、原罪、地獄、その他もろもろの"目に見えず触れることもできない現象"を信じ、それらが自分たちの生活に直接影響を及ぼしていると思っていた。今でも洗練された都会人すら幽霊、神々、たたり、カルマ、生まれ変わり、宇宙人を信じている。ああ、なんという想像力の不思議!　こうした"何かを信じること"は外から理解するのが難しい。だとすれば、どうやったら氷河期の狩猟採集民の心の中に入っていけるだろうか?

263

答えは、考古学者がデータに対してどのような問いを立てるかにかかっている。具体的すぎる質問（たとえば、「彼らは死後の世界を信じていたか？」）をしても、答えは得られない。しかし、それをより一般的な質問にすれば、更新世の祖先たちの思考プロセスがどのようなものであったのか、あるいはなぜ埋葬前に死者から肉や内臓を取り去ったり、洞窟の奥深くの壁に絵を描いたりといった奇妙な行動をしたのかの理解に、ある程度近づくことができるだろう。本章の目的は、初期のホモ・サピエンスの心と私たちの心とでは、世界を認識し、そこで観察されるものごとを理解しようとする方法が大きく異なっていたという点を、読者に伝えることにある。なぜ私たちは脳のために莫大な代謝コストを払っているのか、なぜ動物が私たちの文化生活の中心にあるのか、私たちは自分自身や他者をどのように認識しているのか、なぜ私たちは、何度も繰り返して行う儀礼が好きなのか——そういう問題について考えてみる必要がある。これらの行動には（決してこれらに限った話ではないが）、人間であるとはどういうことか、という問題の核心が隠されている。

大きな脳の理由

　第1章で、ホモ・サピエンスの脳の代謝コストがいかに高いかを見た。私たちと、霊長類の中でヒトに最も近い近縁種との間に、なぜこれほどの違いがあるのか？　その秘密は、ニューロンの配線と接続の中に隠されている。ホモ属の進化の過程で、人類にはワーキングメモリーや論理的思考能力の向上、協調性、手先の器用さ、道具の操作などに関連したニューロンの接続が生じた。しかしそれで終わりではない。ネアンデルタール人とホモ・サピエンスの脳が、その体の大きさから予測されるよりはるかに大きなサイズへと進化したのは、社会的思考をする必要があったためであり、しかもその思考がどんどん複雑になっていったからである。脳が大きければ大きいほど、社会集団は大きくなる。脳の中に世界（特に他の人々）に関する知識が増え、それに基づいて仮説を立てて実行する能力が上がれば上がるほど、より複雑な社会を作ることが可

能になる。おそらくホモ・サピエンスの認知力の進化には、このような道筋での脳内の対話能力の発達が含まれていたのだろう。これは行動を起こす前にその行動の結果として起こりうる結果を何通りか考え、それを頭の中の"舞台"で演じてみることができる力である。私たちは、かなり高度な心の理論を進化させてきた。その理論によれば、ヒトは経験やコミュニケーションに基づく記憶を頼りに、身内の者たちの動機、意見、感情を想像し、そして最も重要な点として、相手をどれくらい操ることができるかを読み取っているのである。

　やがてある時点で人類は、世界についてより高度な情報をやりとりできる象徴体系を生み出した。それが言語——すなわち、文法と時制を持つ形で構築されていて、過去を参照したり未来を推測できる発語能力である。言語があれば、たとえ専門的な知識であっても共有でき、さらには世代を超えて受け継ぐことができる。新しい技術は素早く広まり、生き延びるために不可欠な決断に伴うリスクは減り、時間をかけて観察して学ぶ必要がある内容は、焚き火を囲んで道具や衣服を修理しながらのおしゃべりや歌で伝えられるようになった。器用な手先と旺盛な想像力の組み合わせからは、それ自体で意味と情報を持つ美術品が創り出され、文化を保存し伝えるための"脳の外にある記憶手段"となった。

　私の博士論文の審査員だったサウサンプトン大学のクライヴ・ギャンブルとリヴァプール大学のジョン・ガウレットは、進化心理学者のロビン・ダンバーとチームを組んで、ホモ・サピエンス特有の社会的脳がどのように進化したかについての知見をまとめた。彼らの見立てでは、古代のホモ属が技術や火の使用、調理、音楽やダンスによる感情の活用を発展させる中で築いていった基礎を、大きな脳を持つわれらの祖先が大幅に増幅させたという。本書でこれまでに見てきた人類の行動——すなわち、長距離の交易、美術や装飾、埋葬、そしてこれから取り上げる儀礼——は、霊長類の遺産だけから予測されるよりもはるかに大規模な社会、古代のホモ属が到達した域よりもはるかに複雑な社会で生活する方向へ進むために不可欠な要素だった。社会的認知は代謝コストが高かったが、過去10万年の間に社会的ネットワークの規模は徐々に大きくなり、クライヴ、ジョン、ロビンが言うところの「脳への負荷」は増加して、

私たちは他に類例のないヒトになっていった。脳の大型化は、社会の複雑化と手に手を取って進行した。しかし、だからといって私たちが動物であった過去を捨てたわけではない。決してそんなことはなかったのだ。

われらが内なる動物

　私たちは今もなお、更新世の狩猟採集民としての進化に囚われている。そのため私たちの文化世界の中心は動物である。私たちの想像力豊かな創造物、娯楽、美学には、動物や"人間のようにふるまう動物"がたくさん見られる。人間は自分こそ商品を売り込む力を持つと思っているが、実際は、人間のようにしゃべる動物キャラクター（たとえば朝食用シリアルを宣伝するトラ）の方がはるかにうまく物を売る[1]。過去の進化における必要性によって、私たちの身体のつくりが今のようになったのと同様に、私たちの脳の配線は、ホモ・サピエンスの歴史の大半が狩猟採集民として獲物の動物を手に入れることに依存する生活だったという事実を反映した接続になっているのである。

　私たちの心理そのものが、食べ物である野生動物たちによって形作られてきた。脳の進化と歩調を合わせて、私たちは生存に不可欠な資源を動物と奪い合い、時には動物に食べられた。更新世の祖先たちは、自分たちが自然の恵みに頼って生きていると自覚していたことだろう。たとえば動物の群れの個体数が毎年補充されて一定であり、景観の中のどこに群れがいるかも予測できるおかげで、ヒトは生きていける。獲物の動物たちは、思考のきっかけを与えてくれる。更新世のホモ・サピエンスは、洞窟の壁を跳ね回るウマやバイソンや、アトラトル（投槍器）の先に彫られた出産中のシカの像を見ることで、世界について、また自分たちがこの世界でどのような立場にいるのかについて、絶えず検討を続けたことだろう。そして、自分たちも自然の摂理に従って繰り返しこの世界に生を受けているのだと安心することができただろう（316ページの図版XXIIIを参照）。

　人類と一部の草食動物との関係が、単に獲物として仕留めることを超えた近しいものだったのかどうかはまだわかっていない。マドレーヌ人

はトナカイやウマを飼いならしていたのだろうか？　更新世の終わり近くになると狩猟採集民の定住化が進み、彼らは野生動物（および植物）との距離を次第に縮めていって、やがてさまざまな程度で動物を家畜化したり、植物を栽培化したりした（そして人類自身もまた自己家畜化した）。これについては最終章で触れることにしよう。進化という道筋が私たちをどこまで導いたにせよ、私たちは自身の起源が動物であったことから逃れられない（人類のイヌやネコに対する愛情を取り上げて論じるまでもないだろう）。人類の芸術がそもそもの最初から野生動物中心だったことも、何ら不思議ではない。これまで見てきたように、旧石器時代の芸術に人間が描かれることは極めて稀だった。動物たちの場面の中に人間を描く必要はなかったのだろう。なぜなら、現代のインスタレーション・アートのように、生きた人間が絵と同じ空間にいて、ちらちら揺れる光を受けて動く絵からなる小さなショーの中自体に存在していたからだ。しかし、旧石器時代の芸術で、人間あるいは人間のように見える何か（私たちは人間に似た像は人間を描いたものだと思いがちだが、本当にそうかどうかは誰にもわからない）が描かれた数少ない例を見ると、どれも奇妙で動物的な要素を持っている。それらは、人間の文化的な世界を強調するどころか、人間と動物の間にはっきりした境界線などないことを見る者に思い出させるかのようだ。私たちはシェイプシフター（姿を自在に変える者）、魔術師、「負傷した男」たちの世界に入り込み、自分たちと獲物の動物との区別は曖昧になる。

　現代の社会でも、私たちは動物に対してやや矛盾した見方をしている。私は、それは私たちがまだ人間と動物を完全に区別できていないという事実に由来すると考えている。動物とのあいだで"想像上の関係"を維持することは、たしかに私たちにちって都合が良い。たとえば、私は自宅の庭で、賢くて敬意に値する敵と絶えず戦っている。私にとって、野鳥のための餌台で傍若無人に餌を食べるリスたちは、それぞれ個性が違い、戦略を持ち、感情のある生き物だ。リスは童話の愛すべきキャラクターになることもあれば、パーカーの尻尾状の飾りの材料や食料になったり、単なる害獣であったりもする。私たちは野原を楽しそうに駆ける子羊を見てかわいいと愛で、家に帰れば子羊の肉を食べる。趣味で魚を

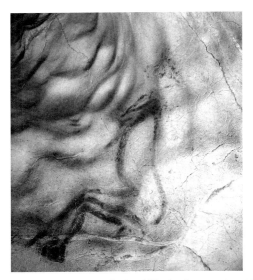

フランス・ピレネー山脈にあるトロワ・フレール洞窟の壁に描かれた、1万5000年前の半人半獣像(左図)。右はそのスケッチ。手足は明らかに人間のもので、顔は旧石器時代の芸術としては例外的に正面に向いている。腰を曲げた姿勢で、両腕は動物が爪を振りかざすところそっくりに曲げられている。

飼い、それとは別の魚を食べる。私たちと動物との関係は、実は私たちが進化させてきたいろいろな関係の中で最もこみいったもののひとつであり、私たちの文化と非常に複雑に絡み合っている。多くの人は——少なくともベジタリアン以外の多くは——、食べるために草食動物を殺すことは許されるが、不必要に苦しめるのは間違っていると信じている。また、「オーガニック」な食肉は、殺される日までは可能な限り自然で苦痛のない生活を送っているから、許容できると考える人々もいる。

　そうした見方は、世界各地の狩猟採集民の考え方とよく似ている。狩猟採集民は、人間と動物の間に厳然たる区別はないと考えている。どちらも自然界の一部であり、霊的につながっている。狩猟採集民は動物を「殺す」のではなく、精霊から動物を「借りる」と言う。そして贈り物を交換する精神に基づき、世界が自分たちに与えてくれた動物について、自然に対して返礼する義務があると考える。獲物の動物を美術の形で祝う行為は、再生を助ける場所〔洞窟〕で、自然に対する負債を返済する

儀礼の一部として生み出されたのかもしれない。動物と、処刑者であり霊的な助産師でもある人間の間のこのような関係は、トーテミズムへとつながりうる〔トーテミズムは、ある集団が自分たちと強い結びつきがあると考える動物（トーテム）を崇拝し祀ること〕。最も広い意味で捉えれば、トーテミズムは、人間社会と自然の相互依存性をほとんど普遍的な儀礼として表現したものとみなすことが可能である。それは世界における存在の基本的なありかたなのだ。

視覚の世界

　人間は主に視覚を使う動物である。私たちの大脳皮質の半分以上は"世界を見ること"に特化しており、周囲に関する情報の90％は目から入る。同じ種として更新世の祖先たちも、少なくとも脳の視覚系のより基本的な側面──つまり特定の刺激を検知したり、物事のタイプの違いを識別したり、視認パターンや方向などを規定したりするのに使われる側面──は、私たちと同じだったと考えて問題ないだろう。だとすれば、現代の心理学の手法を用いて、旧石器時代の視覚文化の心理を調べることは可能だ。私たちは世界を、豊富な色で（実際には物体が反射または放射する光の波長によって）体験する。これは人類が、熟した果実と未熟な果実、食べられる葉と枯れた葉、獲物となる動物とその背後の景色とを識別する必要がある昼行性動物として進化する過程で重要なことだった。

　心理学者たちは、人が世界を見る時のやり方は脳の進化の様式に由来することを、さまざまな方法で実証してきた。脳は、ある瞬間に世界がどのような状態かを素早く判断するために、一種の"計算的速記法"──すなわち経験則──を発達させてきた。ありふれた場面（たとえば、いま私がしているように書斎の窓から外を眺めるなど）でも、膨大な量の情報の処理を必要とする。視覚系によって処理される両目からの情報は、たとえグレースケール〔白黒画像〕であっても、120ギガバイトのハードディスクを15秒で一杯にするのに十分な量になる。そのため、脳は情報を正確かつ詳細に再現するのではなく、現実に対して代表的なサン

プルを作るというショートカットを進化させてきた。このショートカットの形成は、かなり解釈と評価を要するプロセスであるため、視覚系が世界についていったい何が重要かを判断する際には、進化の影響が強くあらわれることになる。旧石器時代の狩猟採集民は、離れた場所にいる獲物を発見し、それがどういう動物かを見分けられなければならなかった。私たちの脳は更新世の狩猟採集民として進化してきたのであり、彼らは明らかにその面での能力に秀でていた（でなければ今の私たちは存在しない）が、完全無欠ではなかった。場合によっては、脳による想定が間違っていることもある。特に、切迫した状態で脳が瞬時に判断すると、後になって実は間違いだったことが判明する場合がある。それでも即断即決が進化のうえで有用であった理由は、容易に理解できる。目に映ったものが、岩のようにも腹ぺこの熊のようにも見えたら、あるいは棒のようにも毒ヘビのようにも見えたら、即座に行動を起こし、過剰なほど警戒して視覚系に「危険！」と叫ばせるのが最善である。「ただの岩か小枝だろう」とたかをくくって間違っていたら、取り返しがつかな

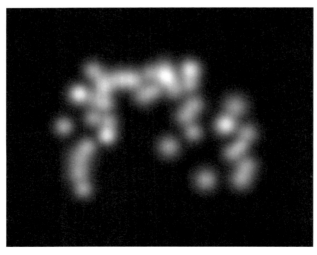

視覚心理学実験プログラム「バブルス」で、被験者に見せるために用いたウマの識別画像のひとつ。画像のモウコノウマは右を向き、顔を地面に近づけて草を食べている。この実験は、識別の際に動物のどの部分が最も重要であるかを確認する目的で設計されている。

い。逆に言えば、視覚に頼る脳は時に騙される。人類は特にパレイドリア〔視覚や聴覚からの刺激を受け取った時、普段からよく知ったパターンを実際にはそこに存在しないにもかかわらず思い浮かべてしまう現象〕を起こしやすく、自然の形に意味を持たせてしまう。雲の形がペットのイヌに見えたり、スライスしたトマトの中に聖母マリアの顔が見えたりするのはその典型的な例である。また、脳の"速記"のゆえに私たちは提喩（シネクドキー）が得意である〔提喩とは上位概念を下位概念であらわす、また逆に下位概念を上位概念によってあらわす修辞技法。たとえば「花見」の「花」で桜を指したり、「人はパンのみに生くるにあらず」の「パン」で食べ物全般を指すなど〕。そのため、洞窟壁画の動物の絵のように不完全なものを見ても、脳が隙間を埋めて、主題を容易に理解することができるのである。

　数年前、私はダラム大学の視覚心理学教授のボブ・ケントリッジと組んで、ホモ・サピエンスの芸術の起源を支えた視覚心理を研究する方法を開発した。人間の脳がどのような社会的・文化的な連想をするように進化してきたかを見るための一方法である。旺盛な意欲を持って研究している私たちのグループ（仲間の何人かはすでに紹介した）は、バーチャルリアリティ、視線追跡、身体の動きの追跡を利用して、旧石器時代の図像がなぜそのような形をしているのか、あるいは脳のフィルターを通

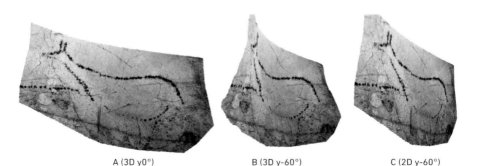

A (3D y0°)　　　　　B (3D y-60°)　　　　　C (2D y-60°)

およそ2万1000年前に、コバラナス洞窟（スペイン、カンタブリア州）の壁に赤い顔料で描かれたアカシカ。3枚の画像は、真正面（左）、左60度（中央）、右60度（右）から見たところである。洞窟内にはいくらでも平らな面があったが、この像は、シカの動きを感じられるように、意図的にへこんだ部分に描かれている。

第15章　心の内側

ダラム大学の古代視覚心理学研究グループのひとりである博士課程研究員のイジー・ウィッシャーが、スペインのエル・カスティーヨ洞窟の壁画の3次元画像を仮想空間の洞窟に取り込み、私たちはそれを使って視覚心理学実験を行った。参加者に仮想の松明(たいまつ)を渡して洞窟内を移動してもらい、その際に視線がどこに向けられるかを追跡した。

して自然界をどのようにそれらの図像として作り出していたのかを正確に調査しようとしている。人が画像や物体を見る時、どの部分に最初に目がいき、どの部分に最も長く視線が留まるかは、測定することができる。旧石器時代の芸術では、この「選択的に注意を向ける部分」が誇張された例が多数ある。たとえばグラヴェット文化のヴィーナス像や、体に比して頭が小さすぎる動物の描写を思い浮かべてほしい。私たちが最も興味を持ったのは、風景の中で脳が実際の動物を識別するために必要とする最小限の情報が、動物の描かれ方に反映されているかどうかということだった。

それを調べるため、私たちはリサ=エレン・メイヤーリングとともにスコットランドのハイランド地方に行き、バイソンとモウコノウマを側面から見た写真を撮影した。次に、それを「バブルス(Bubbles)」という視覚心理学プログラムに取り込み、実験参加者に、その2種類の動物の輪郭の断片をランダムな順番で提示した。それらの「バブル」(実際

には「ガウス窓」と呼ばれる）は、動物の画像のランダムな部分をサンプリングしたもので、左右反転させることが可能で、実験中に参加者の成績に応じて修正することもできる。それぞれの小さな「窓」を見て、参加者は画像がウマとバイソンのどちらだと思うかを答える。彼らの回答から得られた色分け分布図により、正解率が最も高いのは動物の体のどの部分なのか、つまり、獲物となる動物の種類を識別するのに最も有用なのはどの部分だったのかがわかる仕組みである。その結果、頭、首、胸の部分が圧倒的に重要であることが明らかになった。この３つは常に（時にはそこだけが）描かれ、細部まで最も注意を払われる部位であり、これまで見てきたように、同じ体の他の部分と明らかに異なるスケールで表現されることさえある。おそらく、具象美術が登場した時に描かれた対象のほとんどが動物だったことや、その絵が頭部と胸部を除けば不完全だったことは、必然だったのだろう。

　私たちはまた、自然が作った形（たとえば洞窟の壁の凹凸）が芸術に刺激を与えたことだけでなく、どのように積極的に取り込まれたかも知ることができる。図像はしばしば、洞窟の壁の特定の部分に描かれたり、壁の一部を囲むように配置されたりしている。アルタミラの天井の突起から滴り落ちるかのように描かれたバイソンはその好例である。私の研究仲間であるデレク・ホジソンは、これまでにパレイドリアとそれに関連する心理プロセスによって、ホモ・サピエンスの最初期の芸術の大半を説明するため、説得力のあるシナリオをいくつも考え出してきた。そこで、私たちはそれらを科学的なテストにかけてみようと考えた。ダラム大学博士課程の坂本崇が、自身がすでに作成していたスペインの洞窟壁画の３次元写真測量図を操作して、「見る者の視点と照明が、描かれた動物にどのような影響を与えるか」をシミュレートした。すると、多くの例で、絵に向かって進んだり絵から離れるように後ずさったりすると目に映る絵の形が変化すること、その変化はちょうど動物が動いた時の見え方の変化と同様であることが示された。これをさらに誇張すると、ルネサンス美術で使われたアナモルフォーシス（歪像）と呼ばれる技法になる。これは、正面からでは正しい形を認識できない図像（歪んだり異常に引き伸ばされたりして描かれている）が、斜めや横から見ると歪

みが解消されて何が描かれているかわかるというトリックである[2]。

　もうひとりの独創的な博士課程の院生であるイジー・ウィッシャーは、私たちの実験をさらに発展させて、スペインのエル・カスティーヨ洞窟で撮影した洞窟壁画の3次元画像をバーチャル環境に取り込んだ。彼女は旧石器時代に使われていたであろう照明のシミュレートもやってのけ、特定の場所に特定の動物が描かれたことが必然だったかどうかを検証するために設計された一連の巧妙なテクニックを用いた。得られた結果は、動物たちが洞窟のどこにどのように描かれるかは、効果を計算して決められていたことを示していた。これらを総合すると、これらの作品が、そもそもの最初から獲物の動物に題材を絞り、さらにその動物の特定の部位に焦点を合わせていたことが、必然であったように思われる。そうなるように決定づけたのは、捕食者と獲物という観点から脳が読み取った、対象の動物の形だった。おそらく彼らの作品は、革新的なクリエータータイプの者が自分自身を表現するために作ったものではなく、人間と自然界との不可避で制約の多い対話の結果だったのだろう。

象徴としての人間の描写

　現代の世界では、何が現実で何が想像なのかの間には明確な境界線が引かれている。幽霊（私に言わせれば間違いなくパレイドリアの産物）などについては意見が分かれるが、私たちは通常、ものごとを「自然なもの」と「不自然で不可解なもの」に分類することに長けている。しかし、これまで見てきたように、この分類は曖昧になることがある。ペットは驚くほど人間に似た性格を持ち、影は凝固して死んだ親戚の姿になり、ホラー映画や小説は、人間から動物への、またはその逆の変容（狼男やエイリアン）や、歩く死者（吸血鬼やゾンビ）や、人の手で生命を創造しようとする禁断の行為（フランケンシュタイン博士）といった境界領域を好んで取り上げる。私たちの日常生活は「自然なものごと」に支配されているかもしれないが、想像の世界には「不自然で不可解なものごと」も包含されている。アボリジニ〔オーストラリアの先住民族〕に、岩屋の壁に描かれた人間のような像について尋ねてみるとよいだ

ろう。彼らはそれが「人間の像」だとは言わず、「何かの拍子に岩に飛び込んで、そこに住み着いた人間」だと答えるだろう。

　曖昧さは、余計な情報で脳をまどわせることなくメッセージを伝えるのに有効な方法である。初期の芸術では、描かれるものが様式化される（それが持つ特徴が認識可能な最小限までそぎ落とされる）ことが一般的だった。たとえば、1万6000年前のゲンナースドルフの宿営地にある石板を見ると、そこに刻まれたマンモスやウマやその他の動物に混じって、高度に様式化された人間の女性の像がある。この女性像はマドレーヌ人の世界では広範囲で見られ、洞窟の壁に描画や線刻されたり（たとえばフランスとスペインの洞窟や、第1章で紹介したクレスウェル・クラッグスにある英国唯一の旧石器時代の洞窟絵画）、マンモスの牙や骨、ジェット（黒玉）や琥珀を彫った像になったり（ドイツ、ロシア）、フリントに打刻されたり（ポーランド）している。ゲンナースドルフ・

ゲンナースドルフの石板に刻まれた典型的な2体の女性像。2人の人物（が踊っているところ？）を描いているのかもしれないし、1人がくるりと回転したところ（やはり踊っているのだろう）を描いたものなのかもしれない。背中側と胸側を描く線は首の上で止まり、膝から下も同様に途中で途切れていることに注意。頭と足の省略は意図的なものである。

第15章　心の内側

片岩の石板に線刻されたゲンナースドルフの女性像は400点以上にのぼる。女性像はヨーロッパ全土に広く見られるが、ゲンナースドルフ遺跡では、非常に様式化された女性像が最も数多く出土している(そのため、このような像は「ゲンナースドルフ・タイプ」と言われる)。写真の図像は、人間(または人間に似た存在)の女性が4人、右を向いて並んでおり、ひとりは幼児をおんぶひもか背負子のようなもので背負っているように見える。

タイプの女性像は、必要最低限の特徴のみを残したタイトなデザインである。頭がなく、足首から先もなく、腕もないことがほとんどで(あったとしても枝切れのようで)、胸もないことが多い。その代わりに、胴体から太ももにかけてが三角形の山型にカーブした大きな臀部が目を引く。その大部分は単独の像で、いくつかは2体がペアで描かれているが、4体の女性像(胸がある)のグループが1組あり、そこには衣服や、背負われた赤ん坊も描写されている(上の図版参照)。全体として、発掘者のゲアハルト・ボシンスキが見て取ったように、両腕を高く上げ(それゆえ描かれていない)、お尻を後ろに突き出し、膝を曲げた女性の像になっている。これは踊っているところなのかもしれない。

　わが友人であるザビーネ・ガウジンスキ＝ヴィントホイザーとオラフ・イェリスは、3次元的な彫刻であるグラヴェット文化のヴィーナス

276

像が、たとえ顔がなくとも個性を強調している（すべての像が互いに異なっている）のに対して、2次元的なゲンナースドルフの女性像（すべての像がよく似ている）は個性を否定し、代わりに高度に様式化された女性の姿を強調していることを指摘している。「ゲンナースドルフは互いに遠く離れた場所を拠点とする集団が1年の特定の時期に集まる場所だった」（第12章参照）というオラフの見解が正しいとすれば、この女性像はまさに、"顔や足の形に関係なく、誰もが同じ文化に属している"ことを全員が思い出し、互いを認識する目印であるということになる。すべては踊りの中にあったのだ。

儀礼、魔術、信仰

　およそ1万5000年前、マドレーヌ人たちがスペインのカンタブリアにあるラ・ガルマ洞窟の奥深くの壁に絵を描いた。彼らはまた、小ぶりな石塊や鍾乳石を集めて小さな輪を描くように並べた場所を複数作った。うち何ヵ所かには、まるで小さな祠のように、輪の中に彫刻した骨が置かれていた。1ヵ所には、まるで生きているような見事なオーロックスが彫られたクマの足骨があった。低い天井の下、一寸先も見えない暗闇の中で、松明の火は鍾乳石を並べたいくつかの輪囲いのあたりだけを照らしたことだろう。クマの足骨とは別の輪囲いの中には、ライオンの毛皮が敷かれていたことがわかっている。発掘者のパブロ・アリアスとロベルト・オンタニョンが、この囲いの中でかたまって発見されたライオンの趾骨（足の指の骨）9本を調べて、毛皮の存在を推測したのである。骨の切り傷の位置から、ライオンの爪が毛皮に付いたままになるよう慎重に皮を剝いだことがわかっている（現在でも行われている方法と同じである）。この輪囲いの中心がライオンの毛皮そのものであったのかもしれないし、ライオンの毛皮は何か大事な物を飾るための荘厳な敷物で、飾られていた品はとうの昔に朽ちてなくなってしまったのかもしれない。ここは、身体を丸めて眠るための一風変わった場所だったのかもしれないが（それができるだけの十分な広さがある）、なぜこんな洞窟の奥深くで眠ろうとするのだろう？

すでに本書では、ありきたりのこととして片付けることのできない行動の例をいくつも見てきた。地下深くに描かれた絵画は言うに及ばず、他にも東ヨーロッパのマンモスの骨で作られた構造物や竪穴（たてあな）、パヴロフ遺跡の埋葬されていた両手と両足、男性の遺体と女性像を選んで埋葬している墓などである。ショーヴェ洞窟（フランス、アルデーシュ県）では、見事な壁画に加えて、ホラアナグマの骨が運ばれてきて垂直に積み上げられていたり、ホラアナグマの頭蓋骨が岩の「テーブル」の上に置かれて、その横で火が焚（た）かれたりしていた。フランス・ピレネー山脈のドゥルティでは、ひざをついたウマをかたどった小さな彫刻1点がウマの頭蓋骨2個に寄りかかっており、それぞれの頭蓋骨が小さな囲いを形作っていて、その中にオオカミの歯のペンダントが置かれていた。他の多くの洞窟（たとえばフランス・ピレネー山脈にあるイスチュリッツやアンレーヌなど）では、鍾乳石や石筍（せきじゅん）を意図的に折ったり割ったりして、その破片を使って小さな構造物を作ったり、叩いたときに鈍い音が鳴るようにしていた。ニオーのように、音が増幅されて反響する部屋に絵が描かれている洞窟もあった。洞窟内の粘土質の泥や、方解石を多く含む泥は、指で筋を引いて絵を描いたり、こねて像を作ったりすることができた。洞窟の壁の割れ目に動物の骨が注意深く差し込まれていることもあるが、これは芸術の創造を内包する何かの行為の一部分だったのかもしれない。では、ゲンナースドルフの小さな穴に埋められていたワタリガラスの頭は、どう解釈すればいいのだろう？

マドレーヌ人たちが各地の洞窟で行った儀礼の証拠を調査したパブロ・アリアスは、それらの儀礼がピレネー山脈周辺一帯で驚くほど一般的であったことを明らかにした。そのひとつ、エル・フヨ洞窟では、洞窟の床に石のブロックで三角形のエリアを作り、その中に小さな竪穴を掘って、砂、顔料、カサガイ、タマキビガイ、ムール貝、そしてアカシカとノロジカの顎骨と肢骨を交互に重ねて埋めていた。シカの肢骨はまだ関節が接合しており、肉がついたまま埋められたことがわかる。穴がいっぱいになると、その上に砂や遺物を積み重ねて低い壇を作り、小さな円柱状にした緑と赤と黄色の土を花のようなパターンで並べた。その後、全体を粘土で密閉し、小さな石を円形に立てて並べて、目印とした。

そして最後に、無傷の槍先〔投げ槍の穂先〕がいくつか残された（おそらく、もともとは投げ槍全体を置いていたのだろう）。ここだけが特殊な例というわけではなく、近くにもうひとつ同様の遺構があった。他の洞窟でも似たような品々が集められており、シカの角、線刻された石、ウマの歯などが関心の中心となっていた。洞窟という暗く恐ろしい場所では、小さな空間を作り、その空間を何かで埋めたいという願望が明らかにあったのだ。大切なものをひとつところに集め、それらをコントロールしようとする、なじみの儀礼である。パブロは、このような"儀礼の場"が作られているのが、それまで何の考古学的痕跡もなかった堆積層のすぐ上であることを指摘し、それはつまり、これが洞窟を使いはじめる際の行動の一部であったことを示している、と述べている。そして、この行為は礎(いしずえ)を据える儀式であり、新しい場所に文化的アイデンティティを植え付け、その場所を自分たちにとって身近で保護を与えてくれる場所に変えはじめるための手段だったのではないかと示唆している。

　儀礼を行う場所は、通常、比較的暗く保たれている。感情を高め、注意を集中させ、リミナリティ〔人類学用語で、儀礼の対象者が儀礼前の段階から儀礼完了後の段階に移行する途中に発生する境界の曖昧さ、または見当識の喪失した状態を指す〕の感覚を強めるためである。儀礼の参加者は、その場にいながら、同時に別の領域にも存在している感覚になる（パブロが指摘するように、現代でも教会や寺院の中はたいてい薄暗い）。ところで、「考古学者は、普通の方法で理解できないものはなんでも『儀礼』と説明する」というジョークがある。たしかに以前はそういうこともあったが、今の私たちは儀礼について、ホモ・サピエンスの想像力の世界が彼らの活動にどのような影響を与えたかを理解できるくらいには十分な知識を持っている。特に行動心理学者は、暗示を与えるような場所でものごとを繰り返し行うこと（すなわち、儀礼化された行動）が、いかに参加者を安心させ、落ち着かせ、社会的な絆を強化し、世界がすべてうまくいっていることを思い起こさせるか、という点に関して、その重要性を理解している。ラスコーのウマの列を思い出すだけでもわかるだろう。行動儀礼（もともと日常的な性格で、慣れ親しんだルーティンになっていることが多い）と、超自然的な信仰の表現へと転

クマの趾骨(足の指の骨)に浅く浮き彫りされたオーロックス(野生のウシ)。ラ・ガルマ洞窟(スペイン、カンタブリア州)内の、1万5000年前に石を並べて作られた小さな輪囲いの中で発見された。オーロックスの全身が彫られているが、全部を見るには骨を回転させなければならない。骨の上部の関節面のカーブと、オーロックスの角のカーブが完璧に合っている点に注目してほしい。これは、自然のものの形を特定の図像の形と結びつけている一例である。

じる儀礼（これを宗教儀礼と呼んでもよいだろう）とは、区別する必要がある。私たちは誰でも儀礼に参加する。そして、強く感情に訴える儀礼は複数の個人の間で取り上げられ、共有され、ある種の文化的なものに変わることがありうる。読者それぞれが宗教についてどのような見解を持っているかにかかわらず、私たちの儀礼は「人々が繰り返し何か

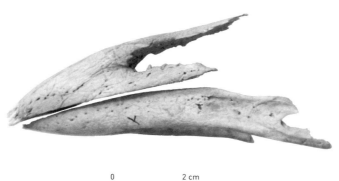

0　　　2 cm

上: ゲンナースドルフでは、鳥が食料、骨、羽根の供給源として重宝された。この遺跡ではワタリガラスの翼の骨と鉤爪が見つかっており、装飾用に翼の羽根を慎重に取り除いていたことが判明している。下: とある竪穴の中心に、穴のあいた丸い粘板岩の板と並べて置かれていた1羽のワタリガラスの頭骨。解体後のごみとして捨てたものとは考えにくいので、意図的に埋められたのだと思われる。このケースでは、これらの品を隠すため、地面を掘って小さな空間を作ったように見える。

を行う習慣」から始まり、そこから発展していったという事実から逃れることは難しい。ホモ・サピエンスにおいて、いつどこでこの変容が始まったのかは不明だが、それはアフリカ南部のブロンボス洞窟の線刻された黄土や、特定の貝殻や歯を装身具に使うといった「繰り返される行為」が出現してすぐのことだったろうと考えられる。

　ある時点で、習慣は信仰と結びついた。3万1000年前になると、生と死にまつわるグラヴェット人の行動は、ヒトとして存在することの中心に、ある種の信仰があったことを説得力を持って示している——そう私は考えている。心理学者のパスカル・ボイヤーが言うように、私たちはみな、何かを信じずにはいられないのだ。ホモ・サピエンスが進化する過程で想像力豊かな心が現れたことには、ひとつ代償があった。ヘビのように見える小枝やクマそっくりの岩を精霊や天空神へと変化させることが、簡単にできてしまうのだ。権力欲の強い人間が、超自然的な存在を引き合いに出せば他の人々を操れることや、秘密の知識や余剰の食糧を支配できることに気付いた時に、文明——私たちが創造し、そこで暮らしているこの奇妙で素晴らしい文明——が登場するお膳立てが整った。しかしそれは、生きている者たちだけの話ではない。ホモ・サピエンスの集団では、死者も社会生活を営んでいる。それをこの先で見ていこう。

第16章
死者の世界

　私はある目的のためにウィーンを訪れたのだが、実際に目的の場所で感じたのは悲しみだけだった。私は彼らを見下ろしていた。研究室の照明が、目の前の赤く染まった骨を照らしている。そのふたりは、まるで眠りについたばかりのように、一緒に丸くなっていた。3万年前に彼らが地上で過ごした時間はとても短かった。おそらく双子と思われる彼らには、生後10ヵ月で死が訪れた。寒さのせいかもしれないし、病気や栄養失調かもしれない。底を平らにした穴が掘られ、レッドオーカーで染めた埋葬布にくるまれたふたりは、並んで安置された。マンモスの牙のビーズが置かれ、その上から、ふたりを覆う蓋のようにマンモスの肩甲骨がかぶせられた。彼らは2006年にクレムス・ヴァハトベルクでグラヴェット文化時代の宿営地遺跡を発掘した考古学者たちによって、光のあたる場所に連れ出されるまで、妨げられることなく眠り続けたのだった。あまりにも貴重な発見だったため、墓はそのまま手を付けずにまるごと移送された。そして私は、彼らの最終的な安住の地となったオーストリア自然史博物館で、発見者のクリスティーネ・ノイゲバウアー＝マレシュとマリア・テシュラー＝ニコラとともに、遺骨に敬意を表していた。はるか昔の、まったく異なる世界での短い人生。地球上で人が過ごす時間のおぼつかなさをこれほど強く思い知らされたことは、かつてなかった。

塵は塵に ── 埋葬の作法

　遺体の扱いには、ふたつの極端なやり方が取られる。解体し、軟組織を取り除いて、硬組織を手元に置いておく方法と、遺体を集めて、生者が後で戻ってこれるような場所に隠しておく方法である。現代でも、世

界中で火葬や散骨、墓地への埋葬などの形でそれが行われる。死者との関わり方は、生きることへの向き合い方や、何が一番いい死に方か、そしてとりわけ「死後はどうなるのか」をめぐる考え方について、多くを語っている。考古学の世界で、このような疑問に最もよく答えてくれるのが、埋葬の様式である。墓は遺骨を破壊から守りつつ、死者の安置のしかたや埋葬に関連する副葬品を通して、彼らが死をどのように捉えていたのかを教えてくれるからだ。ホモ・サピエンスは更新世に進化して世界中に拡散したが、旧石器時代の30万年間に作られて発見された埋葬跡は数百ヵ所にすぎず、しかもその大部分は地中海周辺に出現した初期の墓地で、北アフリカ、近東、そしておそらく南ヨーロッパの狩猟採集民が定住化するにつれて作られるようになったものだ。1万5000年前よりも古い埋葬跡は100ヵ所前後しかない。かくも長い歳月に対して100ヵ所程度というのは、あまりにも少ない。ホモ・サピエンスの祖先のほとんどは塵に還っている。したがって私たちには、彼らの死を受けてどのような行動がどれくらい行われたのかや、生者が彼らにどのように別れを告げたのかを知るすべはない。死にまつわる考え方が文字で記されるようになるには青銅器時代を待たねばならないため、旧石器時代については、現存するわずかな証拠から推測するほかないのだ。

　私たちが知る限りの埋葬跡からは、しばしば奇妙で複雑な葬儀のやり方がうかがえる。しかし、事例の数が非常に少ないことから、おそらく例外的な状況でのみ埋葬が行われていたと結論することが可能だろう。もうひとつの全体的な特徴は、「良い死」と「悪い死」があったということである。すべての死は嫌なものだからおかしなことを言うなと思われるかもしれないが、95歳の老人が眠るように息を引き取るのと、子供ががんでつらい闘病生活の末に他界することや、無差別殺人の被害者となって死ぬことを比べた時に、あなたがどう感じるかを考えてみてほしい。徐々に自然に訪れる死もたしかに悲しいが、予期せぬ死、暴力による死、早すぎる死、説明のつかない死は、それよりもはるかに大きな苦痛をもたらす。私は、この二律背反が、最も古い時期の埋葬の多くを説明すると考えているが、これについては後でまた述べることにする。

　現代社会では、通常、死を目にすることは限られている。多くの場合、

人は病院で最期を迎え、遺体は親族ではなく専門家によって清められ、エンバーミング処置が施され、厳粛な葬儀が行われる。しかしそれは、産業化が始まる前のほとんどの社会における死者の扱いとは異なっている。ホモ・サピエンスの祖先は、15世紀以降にヨーロッパ人が世界を探検した際に出会った小規模な社会と同じ様に、理屈抜きで、私たちよりもはるかに身近で死を体験していたはずである。そのため、ヒトの認知は、例外なく死の体験と関連しながら進化してきたと考えることができる。

　すべては化学のなせるわざだ。昆虫、魚類、齧歯類（げっし）は、同じ種の生物の死体を避けたり、覆ったり、除去したりする。生きている時にネクロモン（腐敗することで生じる化学物質）の産生を制限しているフェロモンが、死ぬと放出されなくなるからだ。病気や感染の原因となりうるものとの接触を最小限に抑える"葬送行動"は、明らかに進化に深く根差しており、単純なホメオスタシス（生体の恒常性、すなわち健康な生命システムの維持）に関係している。鳥類、クジラ類、長鼻類（ゾウなど）、霊長類では、死んだことを示す化学物質に加えて、視覚、聴覚、触覚が補完的に手がかりとして働く。キリン、カワウソ、アシカなどの脊椎動物が、死んだ幼体を囲んで集まったり、いじったり、さらには運んだりするのは、おそらくこのためなのだろう。生物種が社会的に複雑であればあるほど、死への反応は多様化する。だとすれば、おそらく初期の脊椎動物の間で、その行動が「より強く、より長く」なった時に、進化による葬送行動の発達がスタートしたと推論できるだろう。集団の誰かが突然いなくなったことを受けて、生きている側が何が起こったのかを理解しようとし、社会生活を組み直そうとする中で、混乱、怒り、悲しみといった感情的な反応が、特定のディスプレイ〔特別な姿勢や動き〕、鳴き声、遺体に対する振る舞いを引き起こす。私たちが「グリーフ〔大切な人の死などによる悲嘆〕」として認識する感情は、おそらく動物たちが死体を調べる中から生まれたのだろう。脳は「（死んだ仲間は）生きているべき」と告げるものの、五感はそうでないことを示し、その認知上の矛盾に説明が必要となる。サルや類人猿は、何が起こったのかを理解したいという探求心から仲間が死んでいる場所を再訪し、そこから

やがて記憶や追悼が生まれたのだろう。死は、危険や不確実さと結びつけられるようになった。私たちの祖先にとって、死は創造と破壊のサイクルに含まれる避けられない一部分ではあったが、正しいやりかたで対応すれば、悲嘆や混乱を和らげることはできた。動物の霊と取引する方法があったのと同様に、少なくとも自然の摂理があるべき姿にない時には、死者の霊と交渉する方法があったのだ。

埋納（キャッシング）と人肉食（カニバリズム）

およそ16万年前、エチオピアのヘルト近くの湖畔で、私たちの祖先は石を叩いて石器を作り、それを使ってカバを解体した。他所へ移動する時に、彼らは3人の人間の頭蓋骨をごみと一緒に散乱した状態で残した。2つは成人、1つは年少者の頭蓋骨であった。これらの頭蓋骨が身内のものか敵のものかはわからないが、石器によるカットマーク（刃物傷）や削り傷は、骨から肉が完全にそぎ落とされていたことを示している。また、表面が滑らかに磨かれた状態であることから、ヘルトに到着するまで一定期間持ち運ばれていたのではないかと考えられている。これは特異な例ではなく、人類史の中で残された人骨記録の全体を眺め渡すと、死者を解体したり、時にはその一部を食べたりする行為は数多く見られる。移動する狩猟採集民にとっては、こうした行為は理にかなったことだったのかもしれない。故人を形見のような数個の軽いものにできれば、集団が移動する時に一緒に持ち歩ける。死者の身体の一部を食べれば、生きている者の体に吸収し同化させることができる。これを奇妙だと思うのであれば、キリスト教徒が、キリストの体と血を象徴するパンとぶどう酒を口にすることでキリストを想っているという点を考えてほしい。

遺体の断片化と並んで、岩の割れ目や人目につかない場所に死者をしまい込むという風習も散見される。私はこのプロセスを葬送キャッシングと呼んでいる〔キャッシングはデポとも呼ばれ、遺物を意図的に埋め納めることを指す。「埋納」と訳されることもある〕。ネアンデルタール人も時折これを行っており、おそらくそれ以前の人類も同様だったと思

4万年ほど前、エジプトのナズレット・ハテルで、石器用のチャートを採るために掘られた小さい穴の中に、2人の成人が横たえられた。片方の人物の骨盤の近くには胎児あるいは新生児が置かれており、出産時または産後の死、つまり「悪い死」であったことを示唆している。別の「ナズレット・ハテル2」という地点(写真)では、チャート採取用の穴に1人が埋葬されている。これが、墓を作るという発想へとつながったのかもしれない。

われる。洞窟や穴や岩の割れ目は、生者の周りから死体を運び去る先として都合のよい場所であり、場所を覚えておきやすく、必要に応じて再訪することもできる。10万年前頃になると、ホモ・サピエンスとネアンデルタール人は、自然の岩の割れ目や穴が利用できない場合、自分たちで埋葬用のキャッシュ(埋納場所)を作るように――つまり、浅い穴を掘って死者を安置するように――なった。それはまだ例外的な行為ではあったが、墓への埋葬はおそらく、別の目的で地面に浅い穴を掘る必要があったことから派生したのだろう。炉を作ったり、石器の材料の石を採取したりするために穴を掘るという、日常的な行為と結びついたものだったということである。こうした埋葬は、10万年前から5万年前にかけてのアフリカと近東で、二十数例見つかっている。

イスラエルのカフゼー洞窟には、12万年前から9万年前までの間に成人と幼児が合わせて少なくとも10人埋葬された。そのうちひとりの

第16章　死者の世界

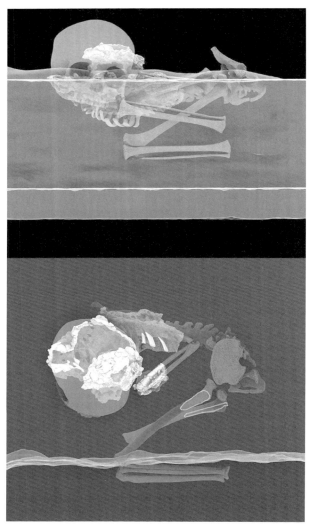

ケニアにあるパンガ・ヤ・サイディの洞窟内の小さな竪穴に丁寧に安置されていた2～3歳の子供。8万4000年前から7万年前までの間のもの。スワヒリ語で「子供」を意味する「ムトト」というニックネームで呼ばれている。膝を曲げた姿勢と、頭蓋骨が穴にぴったり収まっている点から、別の目的で掘った穴を再利用したのではなく、最初から埋葬のために穴を掘ったことがうかがえる。幼児の骨は非常にもろく、土壌中の酸によって破壊されやすい。上の図で、白と薄いグレーで表示されているのが、残っている骨である。右ページの図は、発掘と記録の後に作成された復元予想図である。これが、今のところアフリカで最古の、人類の埋葬例である。

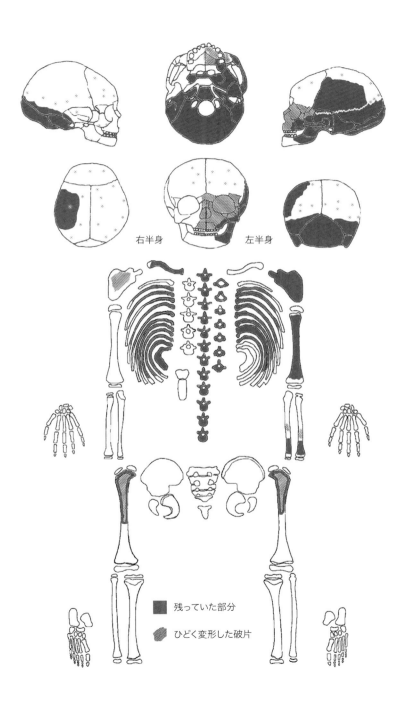

第16章 死者の世界

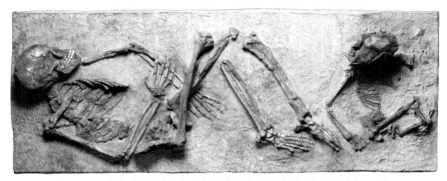

イスラエルのナザレ近郊にあるカフゼー洞窟には、12万年前から9万年前までの間に、成人と幼児合わせて少なくとも10体が埋葬された。この写真はそのうちの2体で、左向きに腰を曲げて両手を太ももあたりに置いた姿勢の成人(埋葬9)と、その足元の6歳の子供(埋葬10)である。

幼児には両足〔足首から先〕がなく、成人女性(おそらく母親であろう)と一緒に埋葬されていた。遺体は墓に丁寧に安置されていたが、足だけは意図的に取り除かれたに違いない。ただ、その理由は私たちには永遠に知りようがない[1]。何体かは自然の岩の割れ目に納められていたが、それ以外は意図的に穴を掘った中に安置されており、そのうち何ヵ所かは、土で覆った上に岩が置かれていた。これを見ると、ホモ・サピエンスの特徴的な行動のひとつである「埋葬」が、その前身である埋納(キャッシング)や、死者の眠る場所を覚えておく必要性から生まれたという証拠がここにあると考えたくなる。

「悪い死」と、儀礼としての埋葬

第9章で「パヴィランドの赤い貴婦人」を紹介し、彼が当初は女性と誤認されたことを書いた。この若い成人男性は、1823年に史上初めて発見された旧石器時代の埋葬例であり、現在でも数多いグラヴェット文化期の単純な埋葬のなかで、ほぼ間違いなく最古のものである。彼の死因は不明だが、年齢からみて不慮の死、つまり「悪い死」であったと考えられる。彼は、小さな洞窟の壁にできた自然のアルコーブ〔くぼみ〕の中の、浅い墓に埋葬された。埋葬場所の脇で、牙がついたままのマン

モスの頭蓋骨が発見されている。誰かが運び込まない限りそこにあるはずのないものである。おそらく、氷河期における墓標に当たる役割を果たしていたのだろう。「赤い貴婦人」はその時代に埋葬された数少ない人物のひとりであり、考古学にとってはありがたいことに、埋葬のしかただけでなく、死者が（少なくとも安置された時に）何を着ていたかを私たちに教えてくれる。「赤い貴婦人」の骨を染めている色——脚は明るいレッドオーカーで胴と腕はそれよりも濃い——から、彼が鮮やかな色のパーカーとレギンスのツーピースを着ていたらしいことがうかがえる。また、おそらくその服はタマキビガイの貝殻製の装身具で飾られていた。胸の上には、何本かのマンモスの牙を彫って作られた短い棒が折られて散らばっていた。これは墓の周囲の不穏な力を封じ込める、あるいは和らげるための儀礼だったのかもしれない。

　「赤い貴婦人」は、ヨーロッパの後期旧石器時代の到来を告げる存在である。ヨーロッパでの2万年にわたる後期旧石器時代の埋葬跡は、総数で80ヵ所ほどである。当時の死者の大部分がどのように扱われたかはまだ不明だが、時折埋葬されることがあったということだ。それらの場所からは、いくつかのパターンが浮かび上がってくる。通常は1体で埋葬されるが（317ページの図版XXVを参照）、2体が一緒に埋葬された例が複数あり、3体の場合も2例知られている。私の研究仲間で、パスタ料理の達人でもあるピサ大学のエンツォ・フォルミコーラは、それらの被葬者の骨を調査し、多くが成長障害や外傷跡が見られるなどの"正常ではない状態"にあったことを明らかにした。彼らは姿勢や動きがおかしかったり、痛みを感じたりしていたのだろう。また、出産時の死亡例や暴力的な原因で死んだ被葬者もいた。エンツォは、重度の異常や障害を持つ被葬者の割合が母集団で予想されるよりもはるかに高いことを明確に示し、埋葬された人々は何かしら普通とは違うものを抱えていた可能性があることを指摘した。

　エンツォの研究は、埋葬がなぜヨーロッパの後期旧石器時代に（おそらくはそれ以前に）発生したのかを理解するためのヒントを与えてくれる。私は、彼の研究のおかげで、この時代の埋葬と「悪い死」を結びつける説に説得力を持たせることができると考えている。私たちはこれら

の埋葬を、現代世界の「愛する人を安らかに眠れる場所に納める」埋葬と同じものと考えるべきではない。むしろ、突然の死、早すぎる死、暴力的な死、あるいはその他のトラウマを与えるような死による衝撃を軽くするために行われた、儀礼的な"封じ込め"と捉えるべきだろう。第10章で私は、グラヴェット文化期の男性死者の扱いと女性像の扱いが似ていることを指摘した。もし私の考えが正しければ、上で述べたような証拠は、この頃になると葬送の習慣がより広範な信仰体系に組み込まれ、おそらくその中では、遺体を封じた後も死者の霊は存在し続けると考えられていたことを示唆しているのだろう。

　当時の社会の根底にあったこの広範な信仰体系のもうひとつの証拠を、ドルドーニュ地方のクサック洞窟で見ることができる。この洞窟は岩の奥深くへ向かって蛇行しており、壁には典型的なグラヴェット様式のウマ、マンモス、バイソン、人間に似た像が線刻されている。約3万年前から2万8000年前頃に各地で暗い洞窟に動物が描かれはじめたが、ここもそのひとつだ。また、この洞窟にはそれだけでなく死者も導き入れられた。つまり、その時期に死者が安置されていた数多くのフランスの洞窟のひとつでもあるということだ。死者の骨は多くの場合断片的で、石器によるカットマーク（刃物傷）がある。明らかに、死者は洞窟や岩屋に持ち込まれる前に、意図的に骨から肉をそぎ落とされたり、腐敗するまで放置されていたのだ。

　本書では、旧石器時代の芸術がしばしば"創造"に関係していたことを見てきた。それならば、死者の葬送は再生や別の世界への移行への関心を反映しているのではないだろうか？　もちろんこれは憶測にすぎない。だが、クサック洞窟の人骨の置かれた文脈は、それに近い複雑な何かがあることを示唆している。この洞窟には、クマが冬眠するために掘った浅い穴もあり、死んだ人間と冬眠中のクマを意識的に関連付けた可能性が考えられる。人骨を見ると、保存状態が良好なものもあったが、一般的にはバラバラになっており、劣化の程度もさまざまである。それらのくぼみで見つかった白い物質を赤外線分光分析にかけたところ、極めて劣化の進んだ人骨だと判明した。綿密な調査（犯罪現場の鑑識や法医学的調査と何ら変わりはない）の結果、1ヵ所のくぼみは頭蓋骨と歯を置

およそ2万9000年前、クサック洞窟（フランス、ドルドーニュ地方）のローカス2にある熊の冬眠用の穴に、成人の遺体1体がうつ伏せで安置された（「ローカス」は、考古学における「他と異なる特徴を持つ場所」を名付ける際に使う用語）。この洞窟には6体の若者と成人が安置されているが、無傷のまま横たえられたのはこの人物だけである。他の被葬者は、洞窟内の空洞に安置される前に、別の場所で骨だけにされたように見える。

くために使われ、遺体の他の部分はバラバラにされて別のくぼみにごちゃ混ぜで置かれていたことが判明した。また別のくぼみでは、3人の成人と1人の若者の骨が一緒になっており、その中には解剖学的な位置関係を保った状態の片手の骨も1組含まれていた。この4人の骨は大きな鍾乳石の下にあり、その鍾乳石には2頭のマンモスが線刻されていた。くぼみの外縁に赤い顔料の痕跡があることから、くぼみに赤い色をつけた獣皮が敷かれていたか、遺骨が獣皮の袋に入れて運ばれてきた可能性が考えられる。しかし人々は、なぜそれをクマと結びつけたのだろうか？

　ネコを飼っている人なら誰でも、ネコの爪の研ぎ方を知っているだろう。爪を研ぐ面の前で背伸びして、体重をかけて爪を引き下ろす。クマも同様で、ネコ好きが心ならずも受け入れる傷だらけの家具のように、クマは洞窟の壁に無数の爪研ぎの跡を残している。クサックやその他のフランスの洞窟の多くでは、そこを利用した人類は明らかにこの爪跡を重要視していた。というのも、彼らは壁のクマの爪研ぎ跡のすぐ隣や上

第16章　死者の世界　　293

に、自分たちの指の痕跡を残したのである。これは偶然ではありえない。明らかに、彼らの信仰体系はクマを生者と死者の両方と結びつけていたのだ。その証拠に、ヨーロッパ各地のグラヴェット文化時代の遺跡で、オーカーで染めたクマの骨や、ペンダントとして身につけられたクマの犬歯が発見されている。

　ヒグマとホラアナグマは人間と同じ環境を共有し、同じものを食べていた。彼らは人間と同じように後ろ足で立つことや手を使うことができ、骨格も人間に似ている。北米大陸の北極圏周辺と、シベリアの近代化以前の社会の多くでは、ヒグマをクマに化けた人間か、あるいは人間に非常に近い存在とみなしている。前章で人間と動物の世界の境界の曖昧さについて述べたが、これはそのことを物語る例のひとつである。シベリアのハンティ人は、クマを人間と精霊世界の仲介者として扱う。クサック洞窟でクマの冬眠するくぼみに死者が置かれたのは、クマのように精霊の世界へ渡れるようにするためだったのだろうか？　あるいは、クマが冬眠から覚めるように死者が生まれ変わることを願ったのだろうか？

3 体の同時埋葬

　フランスとの国境に位置するイタリアのグリマルディに、赤い崖がある。この崖を背にした場所はかつてグラヴェット人の宿営地で、崖は死者を埋葬するためにたびたび使われた。私はエンツォ・フォルミコーラやデューク大学の形質人類学者スティーヴ・チャーチルとともに、そこのバルマ・グランデ洞窟で発掘をしたことがある。私たちはよく、午後の遅い時間に発掘道具を置いて海まで数メートル歩き、1日の作業で凝り固まった筋肉をほぐした。スティーヴは、日除けの下でばかでかい葉巻を手にして、穏やかな波に浮かぶのが常だった。私たちの調査より前の段階で、この洞窟では男性5人と女性1人の計6人の成人の埋葬跡が発掘されていた。そのうちの男性2人と女性1人はそれぞれ単独で埋葬されていたが、残る男性3人は集合墓に並んで埋葬されていた。3体のうち最初に安置された1体は重度の成長障害を複数抱えた思春期の若者で、墓穴の中央で左側を下にして横たわり、頭の下にはオーカーで着色

したバイソンの大腿骨が置かれていた。次に、彼の左隣（背中側）に成人男性が埋葬されていたが、やはり左を下にして、中央の若者の方を向いていた。最後に、3人目の若者が右隣に仰向けで埋葬され、顔は他の2人からそむけるような向きに安置されていた。3体とも頭部と胴体はオーカーで染まっていた。遺体から推測されるのは、彼らがパーカーと頭飾りを身に着けて埋葬され、それらは染色したうえで穴のあいた貝殻、魚の脊椎骨、シカの犬歯で装飾されていたことである。彼らの死因はわからないが、一緒に埋葬されるほど近い時期に思春期の青年と若い成人が3人も死亡したということは、それがひとつながりの「悪い死」であったに違いないことを示唆している。おそらく、死後も一緒にされたこと自体が、彼らの死の間に何らかの関連があったことを物語っている。

　チェコのドルニー・ヴィェストニツェでも、3人の男性が驚くほど似た形で埋葬されていた。中央には、先天的な奇形によって手足の長さや左右の対称性、歯と骨盤の形に相当な異常が見られる20歳の男性が、あおむけで顔を左に向けて横たわっている。彼は見た目が他の人と異なり、歩き方も普通ではなかったことだろう。こうした病理学的な理由で、彼に関しては骨考古学者が通常用いる骨格の特徴（骨盤の形状など）による性別判定はできなかった。DNAの分析で、彼がXX（女性）の染色体でなくXとY（男性）の染色体を持っていたことが判明し、男性だと確定したのだ。墓の左側には17〜19歳の男性が横たわり、顔を中央の男性の方に向け、中央の男性の局部のあたりに手を伸ばしていた。3人目の男性は16歳で、墓の右側にうつ伏せで安置され、顔は他の2人からそむける向きだった。死者の頭部と胴体はオーカーで染まっており、特に一番左の男性の頭部は色が濃いため、赤い頭飾りか仮面をつけていたに違いないと考えられている。3人とも、ホッキョクギツネやオオカミの歯、貝殻、マンモスの牙から作ったビーズの装身具で飾られていた。炭化した杖が残っていたことは、墓全体が何らかの構造物で覆われていたことを示唆しており、その構造物には火がつけられた可能性が考えられる。

　ドルニー・ヴィェストニツェの3人の歯の成長パターンは、彼らの間にかなり近い血縁関係があったことを示唆している。また、ミトコンドリアDNAとY染色体DNAの塩基配列解析から、中央の先天性障害の

ドルニー・ヴィェストニツェ（チェコ）で発見された、およそ2万9000年前に埋葬された3人の男性。左から右へDV13（死亡時17〜19歳）、DV15（同20歳、奇形あり）、DV14（同16歳）。DV13は顔を他の2人の方に向け、手をDV15の局部に伸ばしている。DV14はうつ伏せで、頭は他の2人に後頭部を見せる向きで埋葬された。

男性と、彼の顔が向けられた16歳の青年とには、かなり近い母系の血縁関係があることが判明した。彼らが死後も一緒に寄り添うように安置されたのは、それを反映しているのかもしれない。この2人とは少しだけ離れて埋葬されている3人目の人物は、血縁関係がより遠い。ただし中央と右の2人が兄弟かどうかを判断するのは難しい。それは、彼らが属していたような小規模な社会では一般に近親交配の度合いが比較的高く、過酷な気候だった当時は人口が少なく移動にも限界があったため、同じ集団内である程度の近親交配があったと考えられるからである。

ドルニー・ヴィェストニツェとバルマ・グランデの3体埋葬の類似は、偶然とは考え難い。どちらも3人を埋葬するのに十分な広さの浅い墓穴が掘られている。明らかに、年齢が大体同じで血縁関係も比較的近い3人を一緒に埋葬する意図があったのだ。こうした小規模で移動性の高い集団で、3人の若者がほぼ時を同じくして自然死するとは考えにくい。

いずれの墓も、焦点は中央に安置された人物で、彼はおそらく生まれながらに深刻な奇形を抱えていたにもかかわらず、思春期や成人期まで生き延びた。そしてどちらも、2体目は中央の遺体のすぐそばに、顔をそむけるようにして安置され、3体目は2体目と逆の側に、中央の遺体の方を見て腕を伸ばしたりしているが、2人からは無視されている。死者たちの位置は、生前の彼らの関係について何かをあらわしているのだろうか？　彼らを見るに、左の男性は中央の人物と関わろうとし、まるでグループの一員になりたがっているかのようだ。しかし、互いにより近くに横たわり、より親密な関係にあるのは、中央と右の人物である（たとえ右の人物が他の2人から目をそらしているとしても）。この3人の若者の背景にどんな物語があったのかは永遠の謎だが、この2例の3体同時埋葬は、少なくとも、ある特定の死をどのような特別な葬送のしかたで扱うべきかという、複雑さを備えた信仰体系が広範囲に存在していたことを明かしてくれる。

新しい習慣、古い習慣

　更新世の最後の数千年間には、状況が次第に変化した。特に地中海周辺で、狩猟採集民の定住化が進み、一緒に生活する人数が多くなり、狩猟・採集によって多様な野生資源を利用するようになるとともに、その世話に力を注ぐようになった。すると、農耕民的な考え方が現れはじめ、そこには死者の扱いも含まれた。死者を埋葬する専用の場所が設けられ、小規模ながら、共同墓地が一般的になっていった。

　しかし、古くからの慣習も続いていた。およそ2万2000年前から2万1000年前頃、フランスのシャラント県にあるル・プラカール洞窟では、少なくとも9人の成人と9人の青少年の骨から軟組織がそぎ落とされていた。体のすべての部位の骨が残っているが、最も多いのは成人の頭蓋骨と成人になる手前の若者の下顎骨である。死者たちの年齢構成は、近代化以前の社会で予想される自然死の割合（乳幼児の死亡率が高く、若者と成人は低く、老年期になると上昇する）とは異なっている。それどころか、正反対である。ル・プラカールの被葬者は、思春期の若者や、

約1万4500年前にゴフの洞窟（英国）では、少なくとも4人の成人と1人の子どもの遺骨に、石器で切り傷や叩き傷が付けられた跡がある。傷の分析から、彼らの頭蓋骨はまずすべての軟組織を取り除かれ、その後、頭蓋から顔の部分を取り外して、髑髏杯にされたことが判明した。これとまったく同じプロセスが、ほぼ同時期にブリレンヘーレ（ドイツ）で行われていた。また、その6000年前のル・プラカール洞窟（フランス）でも同じ行為が見られた。

成人の中でも若い層の割合が高い。ということは、「悪い死」が原因であったに違いない。彼らの死は遺体の扱われ方から、集団間の暴力的な争いの結果だった可能性が考えられる。というのも、脚や腕の骨はまだ新しいうちに叩き割られ、頭蓋骨も砕かれていた。半数以上の骨に、石器によるカットマークや削り傷が残っている。傷の位置は、頭部の肉が完全にそぎ落とされていたことを物語っている。下顎体〔下顎骨の中央部、歯の生えている部分〕のカットマークから、顎の骨が頭蓋骨から注意深く外されたことがわかる。戦利品として身に着けるためだったのかもしれない。他のカットマークは、目と耳が意図的に取り除かれたことを示している。さらに、頭蓋の丸い部分は髑髏杯〔頭蓋骨で作ったカップ〕にされていた。これは、数千年後のドイツや英国でも見られる習慣である。私がいつも学生たちに食屍鬼っぽい口調で言ったように、人肉食をするなら、血を飲むための器が必要なのである。

第17章
アメリカ大陸への進出

　マドレーヌ人がフランスやスペインの洞窟で儀礼を行っていた頃、別の場所、南北アメリカ大陸では、ホモ・サピエンスによる更新世最後の大拡散が着々と進んでいた。南北アメリカ大陸の先住民社会は驚くほどに多様である。人類がアメリカ大陸に到達してからの歳月は世界の他の地域の場合よりはるかに短いため、彼らの文化的進化の大部分は更新世以降に起こったに違いないにもかかわらず、ユーラシアの多くの伝統的社会よりもずっと多様性に富んでいる。そんな南北アメリカ大陸へのユーラシアからの人類の到着については、100年にわたる論争があったが、それを経てようやく今、遺伝学と考古学は一致した見解を提供しはじめている。

　南北アメリカ大陸への人類の進出は、ユーラシア大陸の時と同様、何度も繰り返す拡散とその後の多様化の物語だった。ユーラシアでは最終氷期最寒期の後に大陸全体に人類が拡散し、3万2000年前にはシベリアの北極海沿岸まで到達していた。アメリカ大陸への進出は、ある意味でその続編と見ることができる。当時は海面がかなり低く、現在のベーリング海峡はシベリアとアラスカを結ぶベーリンジア（あるいはベーリング陸橋）と呼ばれる広大な陸地だった。シベリアからアラスカを経てその先まで続くツンドラは、氷に閉ざされていないルートさえあれば、歩いて進むことができた（また、海岸沿いにカヌーで移動することも可能だった）。現在では、慎重に発掘された古アメリカインディアンの考古遺跡、北極圏の最終的な退氷の詳しい理解、現生のアメリカ先住民や彼らの祖先である古アメリカインディアンの骨から得られた豊富な遺伝子データのおかげで、専門家たちはこの問題について以前よりはるかに詳細で確証のある見解を持っている。

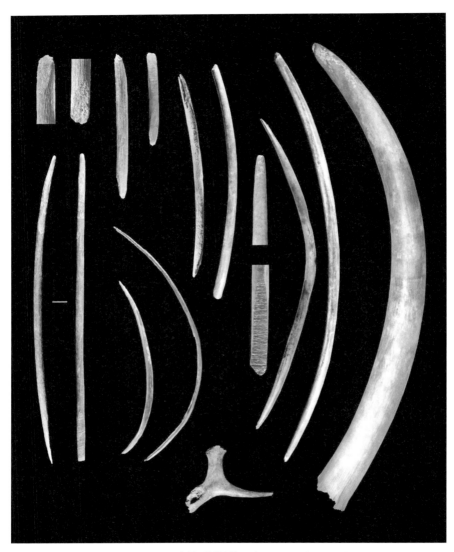

シベリアのヤナでは、3万2000年前に狩猟採集民がマンモス、バイソン、ウマ、トナカイ、小動物（ノウサギなど）を狩り、マンモスの牙を加工して武器の先端（写真）などの道具を作っていた。ヤナをはじめとするシベリアの遺跡は、ベーリンジアの広大なツンドラの端に位置していた。ヤナ川はおそらく当時の人類が到達した最東端だったが、狩人たちがさらに東へ進んでベーリンジアの奥へ移動するまでにそう時間はかからなかった。ただ、その後も狩猟民族の縄張りはベーリンジアに限られていたようで、北米大陸をさらに南下して南米大陸にも到達する機会が訪れたのは1万7000年前以降と見られている。

人類のアラスカへの進出とその後の南北アメリカ大陸での拡散に関する見方は、古い説――最初はおよそ1万3000年前にマンモスを、その後はバイソンを追って狩人が電撃戦を繰り広げながらアラスカに渡り、未踏の土地を占有したとする説――や、人類の北米大陸への定住は1万3000年前のクロヴィス文化以降であるとする「クロヴィス・バリアー」と呼ばれる考え方に、長くとらわれてきた。

　北米の考古学は、既知の"最古の遺跡"の年代がどんどん古い方へ更新される形でスタートした。最初は、1927年に発見され、後に放射性炭素年代測定法の登場によって1万2500年前と判定されたフォルサム（ニューメキシコ州）の有溝尖頭器だった。次に、クロヴィス（同じくニューメキシコ州）で1933年に見つかった有溝尖頭器が1万3500年前と判定された。さらに、チリのモンテ・ベルデにおける1970年代と1980年代の発掘調査で、1万4600年前頃に放棄された宿営地という驚くべき発見があった。それらはむろん偶然の発見であったが、こうした一連の発見によって、ホモ・サピエンスの拡散を示す、もっと古い時代の証拠を探そうという気運が高まった。

　学界の大多数が認める見解よりもずっと古い時代に人類がアメリカ大陸に存在した、とする主張はどれも根拠が薄い。年代測定で古さが確定した石が「証拠の石器」と称して提示されても、それらはおそらく、意図的に打ち欠いて作られた石器ではない。動物の骨の傷が、人による解体の際のカットマークであって、似た傷がたまたま自然についたのではないとする主張も同様だ。白黒が確定していない"グレーな"遺跡はたくさんある。たとえば、1万6000年前までにアイダホに人類が到達していたことを示すとする遺跡、メキシコの高地の3万年前頃の遺跡、同じくメキシコの4万年前の人の足跡、そして、カリフォルニアの13万年前のマストドンの解体跡の証拠と称されるものなどだ。しかし、それらの遺跡について「それくらい早い時期に南北アメリカ大陸に人類がいたことを示す真正の証拠である」とする主張は、説得力を欠いている。いずれはひっそりと忘れられていくことだろう。センセーショナリズムは置いておき、年代がはっきりしていてよく理解された遺跡も数多くある。それらの遺跡は、遺伝学的な証拠と整合性を持つ信頼性の高い

情報を提供している。誤解しないでほしいが、私は定説より古い時代の遺跡が見つかることはないと言っているわけではない（少なくとも1万7000年前までさかのぼる可能性は考えられる）。単に、これまでに出された"証拠"はおよそ説得力に欠けているということだ。状況が改善して人類が拡散しやすくなったのは1万6000年前以降である。ただし、物語はそれ以前から始まっており、それを知るためには、シベリアの北極圏に戻らなければならない。そこでは3万2000年前にはすでに、マンモスを狩る集団がヤナ川に宿営地を作って暮らしていた。

遺伝学が解き明かしたこと

　ミトコンドリアDNAとY染色体DNAの塩基配列の解析から、南北アメリカ大陸のすべての先住民は、わずか5つのミトコンドリア・ハプログループと2つの父系ハプログループの子孫であること、そしてこれらのハプログループはいずれも、もともとはアジアからやって来てその後に孤立した、という事実が明らかになっている。おそらく、寒冷化によってユーラシアの人類集団が北方への拡散をやめて南へと後退した一方で、一部の集団はベーリンジア東部に残った時に孤立化が起きたのだろう。ベーリンジアに残った人々は、シベリアのマンモス狩猟集団に起源を持つ。その当時のシベリアのホモ・サピエンスの歯のサンプルから得られたDNAの中にはベーリンジアの人々と直接的な関連を持つものは見つかっていない。しかしシベリアから少数の人類がアメリカへ渡り、大規模な拡散を遂げて、南北アメリカ大陸全体の人類集団を作り上げたという点は間違いない。

　アメリカ先住民にデニソワ人のDNAがまったく含まれていないということは、人類がアメリカ大陸に入ったのは北からだという結論を後押しする。というのも、前述したように、デニソワ人はアジアの南方でホモ・サピエンスと交雑したからである。同じ理由で、フランスのソリュートレ人が大西洋岸伝いにアメリカ大陸に渡って拡散したという説も否定される。この説は、北米で1万3000年前に作られたクロヴィス人の道具と、それより8000年ほど前のフランスのソリュートレ文化で使われた道具

が似ていることを論拠とした大胆な仮説で、多くの議論を呼び起こした。とはいえ、DNAの証拠がなくとも、この仮説はヨーロッパとアメリカのどちらの考古学者をも納得させることはできなかっただろう。この仮説の提唱者に必要なのは、これらの類似した尖頭器を含む適切な年代の遺跡が、大西洋をはさむ両大陸の間のどこかで見つかるかということなのだが、これまでにそのような証拠は見つかっていない。

　遺伝子の話の続きをしよう。上述の系統の人類集団がアメリカ大陸に

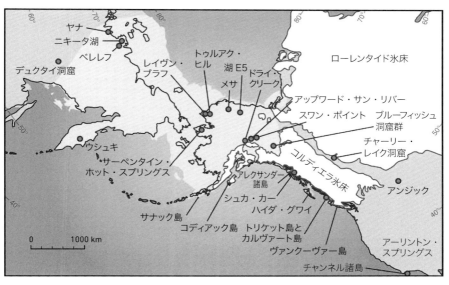

更新世のベーリンジアは、シベリア（左上）と北米（右）のアラスカやユーコン準州（カナダ）とを結ぶ陸地だった。ベーリンジアは広大なツンドラで、およそ3万2000年前から大小さまざまな規模の人類集団が暮らしていたことが遺伝学的研究によって明らかになっている。この地図には、更新世後期の重要な考古遺跡・地質遺跡を示した。その下の写真は、左と中央がネナナ文化複合の尖頭器、右はデュクタイ文化の骨製尖頭器と、そこに埋め込まれた細石器（元の形の再現）である。

第17章　アメリカ大陸への進出　　303

初めて入った後、それらの集団はボトルネックを起こし、その「遺伝的な変異が限られたひとつの集団」から現代のすべてのアメリカ先住民集団が派生した。ゲノム解析の結果、この祖先集団は3万6000年前頃にアジアの集団からほぼ隔離され、2万年前以降は完全に隔絶状態になったことが明らかになっている。1万7500年前から1万4600年前までの間のどこかで、最初のアメリカ先住民は2つのグループに分かれた（ただしこの年代は、突然変異の発生率に関する仮定に基づいて遺伝学的な計算で割り出されたものであることを明記しておく）。北アメリカ先住民（NNA）は北米大陸の北部に留まった。ここには、チペワイアン族など現代のアサバスカ語族や、クリー族、オジブワ族などの祖先が含まれる。一方、南アメリカ先住民（SNA）はそれよりも南へ拡散して多様化した。彼らが、北米南部、中米、南米の先住民の祖先である。

　考古学者にとって、遺伝学的な「年代推定」は、これ以上ないほどありがたい。なぜなら、北米大陸の氷床の南側に人類が初めて到達したのが遅くともいつごろかを示してくれるからだ。北米大陸でそれよりも早い

アラスカでは、約1万2700年前にネナナ文化複合のチンダドン尖頭器（上）が、後継のデナリ文化複合の細石刃の石核（下）に取って代わられた。

304

南北アメリカ大陸への人類の拡散。源流となったベーリンジアの集団から、豊かな生態系を持つ西海岸の「ケルプ・ハイウェイ」〔ケルプは大型の海藻〕に沿って南下するか、1万6000年前頃にコルディエラ氷床とローレンタイド氷床の間にできた無氷回廊（氷床の融解に伴って形成され、徐々に広がっていった）を通って南下する拡散が起こり、1万5500年前までに氷床の南側に人類が棲息するようになった。そして1万4000年前には、複数の集団がアルゼンチンまで到達していた。

時期に人類が活動していたと唱える人々は、自身の主張に信憑性を持たせたければ、その古代人類はまったく別の起源集団に由来することを示さなければならないが、そのような集団の遺伝子サンプルはいまだに見つかっていない。また、その拡散は最終的に失敗に終わり、古アメリカインディアンの遺伝子に何の痕跡も残さなかったことの説明も必要となる。

現在主流となっている拡散の見取り図を補完するのが、アメリカ大陸の最初のイヌたちの遺伝子解析である。このイヌたちは、1万7000年前から1万3600年前までの間にシベリアの祖先から分岐したことが判明し

第17章　アメリカ大陸への進出　　305

ている。イヌは人類によって家畜化され、人類とともに拡散したため、その遺伝子は重要な証拠となる。なお、南米先住民の遺伝的変異の研究からは、人類が南米の北部に到達した後に二手に分かれて拡散し、片方は太平洋岸、もう片方は大西洋岸に沿って南下したことが判明している。

　つまり、大多数の研究者が認めている見解では、アメリカ大陸における人類の拡散が「いつ」かについては、「おそらく1万7000年前以降、それより前だとしてもそんなに昔ではない」ということになる。しかし、「どこ」を通って拡散したかに関してははっきりしない。最初期の古アメリカインディアンがたどった可能性のあるルートは、いくつかある。太平洋岸に沿って移動したのかもしれないし、内陸部を通ったのかもしれない。直線的に南下したのかもしれないし、さまざまな方向へ放散したのかもしれない。その中で、考えられる道筋のひとつは、北太平洋に

古アメリカインディアンの専門家であるテキサスA&M大学のマイク・ウォーターズ（右）とモーガン・スミスが、フロリダ州のページ‐ラドソンで出土した先クロヴィス期のナイフ形石器の破片（およそ1万4550年前）を調べているところ。この両刃の尖頭器〔石の左右両側に刃がある〕は、南北アメリカ大陸において測定によって確実に年代が判明している最古の人工遺物のひとつである。

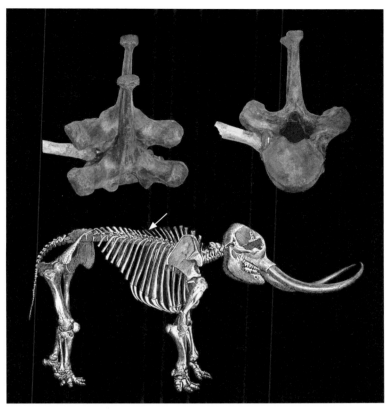

1万3800年前、マニス（米国ワシントン州）の小さな湖の底に、1頭のマストドン（*Mammut americanum*）の骨が沈められた。骨の一部には石器で解体した跡があり、椎骨には骨を削って作られた武器の先端部の破片がめりこんでいた（写真）。ここは、その800年後とされる「クロヴィスの電撃戦（ブリッツクリーク）」より前に古アメリカインディアンがメガファウナ〔大型動物〕を利用していたことを示す数少ない遺跡のひとつである。

沿って広がる"ケルプの森"に沿ったルートである（ケルプの森は現在では、日本からアラスカのアリューシャン列島を経てバハ・カリフォルニアにまで達している）。この"森"は実質的に全長1万kmに及ぶひとつの生態系であり、魚類、貝類、海生哺乳類、鳥類、食用海藻類が豊富で、沿岸の陸地からも近い。

　ヨーロッパでのホモ・サピエンスの最初の拡散と同様に、アメリカ大陸でもひとつのパターンが見て取れる。しかしこれに関しては、単一の

遺物の測定だけから年代が決定された遺跡を、疑問の余地を残しながらも重要視すると、全体像が歪む可能性がある。年代測定の結果を無批判に受け入れると、誤った結論に至りかねない。拡散の状況は複雑だったことは間違いない。ゲノム解析によると、アメリカ先住民の集団の一部には、サフール（海面が低かった時代のオーストラリア周辺の大陸、第6章参照）やベンガル湾のアンダマン諸島の集団との間に、わずかな遺伝的つながりを共有しているものがいるのだ。ただしこのことは、南アジアからアメリカ大陸に人類が直接移住したことを示すものではなく、むしろ共通の祖先集団から遺伝子を受け継いだものがいることをあらわしていると考えるべきだろう。

ベーリンジア

　更新世には、氷河期の海面低下によってユーラシアとアラスカの間が陸続きになっており、アメリカ先住民の祖先はそのベーリンジアを通ってヤナ川の流域からアラスカへ、そしてその先へと歩いていくことができた。それからはるか後の、ヨーロッパ人が到来する前のベーリング海峡周辺の海岸は、サケやアザラシを獲って暮らすユピックの土地だった（ユピックは北米の"隣人"であるイヌイットやイヌピアットと遺伝的に近い関係にある）。しかし、いま彼らの住む土地には、かつてのベーリンジアと似た点がほとんどない。ベーリンジアにはマンモス、マストドン、カリブー、そしてさまざまな小動物が生息しており、狩猟や罠での捕獲が可能だった。アメリカのマストドンはユーラシア大陸の針葉樹林地帯に起源を持ち、ベーリンジアで暮らしていたが、およそ7万年前の寒冷期に、針葉樹林がツンドラに取って代わられると、アメリカ大陸の中緯度地方へ向かって南下して拡散し、そして更新世の終わりに絶滅した。アメリカ大陸を発見した哺乳類は、人類だけではなかったということだ。

　2万5000年前よりも後の時代には、アメリカ先住民には少なくとも16の異なるミトコンドリアDNAの系統が存在していたことから、ベーリンジアの人類の数は比較的多かったと考えられる。そして、1万6000年前以降に気候が温暖化して北米大陸の大部分を覆っていたローレンタ

イド氷床とコルディエラ氷床が融けはじめ、人類が東と南へ移動できる通路が生まれると、ベーリンジアでは拡大するツンドラ地帯への拡散が起こり、アメリカ大陸への大規模な流入が起こった。

1万4000年前頃には、現在のアラスカ北西部はベーリンジアの一部だったが、そこで発見された多くの考古遺跡からは、骨の先端に細石器を取り付けた武器（このタイプの武器は、それより数千年前の中央シベリアに起源を持つ）を使用していた集団が複数存在していたこと明らかになっている。それらの集団は、1万3800年前頃に、涙滴形（るいてき）の石器を使う別の集団に取って代わられたように見える。アラスカにおけるこの涙滴形石器はネナナ文化複合と呼ばれ、1万2700年前頃まで続いた。

現在のアメリカ先住民のDNAは、1万6000年前から1万2000年前にかけて大規模な拡散があり、南北アメリカ大陸全体に人類が広がったことを物語っている。これは、疑問の余地のない最も古い時期のものと判定されている考古遺跡の年代と重なっている。また考古学研究からも、この時期の大規模な人口拡大が判明している。1万4900年前から1万3800年前の間にベーリンジア全域で見られた涙滴形石器や有茎尖頭器（ゆうけい）は、1万3000年前にはカリフォルニア南部や南米の南端にまで分布を広げていた。

氷床の南側

北米大陸の氷床より南側にホモ・サピエンスが生息していたことを明白に示す最古の考古学的証拠は、1万5500年前〜1万3300年前のものになる（317ページの図版XXVIを参照）。この時期の遺跡はまだ少数しか見つかっていないが、それでも、オレゴン州のペイズリー洞窟群やペンシルヴェニア州のメドウクロフト岩屋からチリのモンテ・ベルデまで、広い範囲に人類が存在していたことがわかる。これらの場所のいくつかでは、発見されたマンモス、マストドン、ウマ、ラクダの骨と石器との間に、かなりはっきりした関連が見られる。1万4550年前頃にマストドンの生息地だったフロリダ州のページ－ラドソンでは、古アメリカインディアンが石を打ち欠いて精細な尖頭器を作っていた（320ページの図版XXVIIIを参照）。はるか南方のアルゼンチンでは、1万4000年前

から1万3000年前にかけて、ウマやナマケモノがたびたび解体されていた。ワシントン州マニスにある「ケトル・ホール」と呼ばれる小さな湖（更新世後期に氷河の大きな塊が融けてできたもの）の堆積層からは、マストドン1頭ぶんの骨が発掘されている（307ページの図版参照）。このマストドンの骨の一部にはらせん状の骨折跡が見られるが、その折れ方は、まだ新しい長骨を叩き割った時と全く同じである。他の骨には、カットマークがある。マストドンの脊椎骨の1つには、投げ槍の先端に付ける骨製尖頭器の破片がめり込んでいた。肋骨の1本と牙を材料に放射性炭素年代測定を行った結果、マストドンはおよそ1万3800年前に死んだことが判明した。尖頭器で損傷した骨が、その後に成長した形跡がないことから、攻撃を受けた直後に死んだと考えてほぼ間違いない。

　同じ時期の、マンモスを解体した跡がある遺跡は他にもいくつか存在する。ただ、それらの遺跡では武器の先端の石器が見つかっていない。おそらくヤナやマニスと同じような、骨製の尖頭器が主な武器だったのだろう。他の複数の遺跡では、植物資源が重要な役割を持っていたことが明らかになっている。これは、アジアを東へ向かって移動していた人類の採集者が、多様な環境にうまく適応していたことを思い起こさせる。

クロヴィス文化と多様性

　「クロヴィス」は、南北アメリカ大陸の考古学が始まったばかりの頃に頻繁に使われた言葉である。典型的なクロヴィスの石器は、木の葉形をした長い有溝尖頭器や石刃で、良質の石で作られている（320ページの図版XXIXを参照）。これらの石器は、骨やシカ類の角やゾウ類の牙から作られた尖頭器や針とともに、1万3100年前頃から（おそらくはその数百年前から）、北米大陸の氷床以南の広い範囲に急速に広まった。ロッキー山脈の東、ミシシッピ州の西に広がったクロヴィス式の道具と遺跡は、その末期にあたるおよそ1万1000年前にはメキシコ北部にまで（もしかするとパナマにまで）分布していた。しっかりした発掘が行われたクロヴィス期の遺跡における放射性炭素年代測定結果は、この文化が分布域の南の方で最初に誕生した可能性を示唆している。マニスに

似た遺跡で両刃の尖頭器を作っていた集団の中から生まれ、そこから北や東へ拡散していった可能性が考えられる。とはいえ、クロヴィス式の遺跡が最も豊富なのはミシシッピ地域であるため、中心的な集団はそこにいた可能性がある。

　クロヴィス文化の石器作りに使われた良質のチャートや黒曜石は、産地から遠く離れた場所まで折々に運ばれていた。そして、貴重な材料として、将来の使用のために穴に貯蔵された。どういう経緯で彼らの石器がこれほど遠くまで急速に拡散したのかは不明だ。しかしすでに見たように、ヨーロッパで狩猟採集民が比較的容易に拡散したのはマンモスがいる環境があったことによる可能性がある。ゲイリー・ヘインズは、クロヴィス人の場合も、マンモスやマストドンの群れを見つけ、その足跡を利用して道に迷うことなく新しい土地を素早く探索できたため、比較的迅速な拡散が可能だったのではないかと示唆している。

　クロヴィス文化には、更新世後期の北米で数々の哺乳類の絶滅を引き起こした"人類による電撃的な大型動物狩り"という古い考え方がついてまわるが、実はクロヴィス人がメガファウナ〔大型動物〕を仕留めた例は驚くほど稀である。彼らが狩った証拠が残っているバイソンなどは絶滅しなかったし、しっかりした発掘が行われた遺跡での調査結果は、魚、鳥、カメ、ノウサギ、齧歯類などの小動物や植物も、彼らにとって重要な資源であったことを示している。北米におけるメガファウナ絶滅の主因は、更新世のサフールやユーラシアにおける絶滅と同様に、不安定気候と環境変化にあるように見える。ただし北米の場合は、そこに人間による狩猟の影響が若干加わった可能性も考えられる。

　ほぼ同じ頃、クロヴィスの北、オレゴン、アイダホ、ネヴァダの山脈に挟まれた地域に、別の集団が出現した。この西部の「有茎尖頭器伝統」はクロヴィスとはまったく異なっており、少し早く発生したとみられている。いずれにせよ、この2つのグループは、北米で誕生した最古の文化集団と呼ぶことができる。おそらくは、それ以前に別々の土地に分かれて暮らしていた個別集団だったのだろう。さらに南に目をやると、やはり同じ頃に、中米や、アルゼンチンやチリまでを含む南米で、魚の尾のような形をした石製の尖頭器が作られていた。アメリカ大陸で発見され、

DNAの分析が行われた最古の人類のひとりとして、およそ1万2800年前にモンタナ州アンジックに埋葬された男性が知られているが、この男性のDNAには南アメリカ先住民（SNA）系統の特徴が含まれており、さかのぼると最終的にはシベリアにルーツがあることが分かっている。

さらなる多様化 ── 中米と南米

1990年代、その当時にアメリカ大陸の人類が残した最初期の遺跡として知られていたどの場所よりもはるかに古いと主張される遺跡が、メキシコに複数あった。私は招かれてメキシコを訪れ、それらの遺跡の放射性炭素年代測定のためのサンプルを採取した。当時は遺伝学による分析がようやく活用されはじめた頃で、まだ考古学者たちの調査対象は、カットマークや叩き折られた跡のような傷の付いた骨が多数出土する一握りの場所に限られていた。私たちはメキシコシティ近郊で、マンモス

泥炭は嫌気的環境で形成されるため、泥炭地に埋まると微生物による分解が起こりにくく、保存状態が良好になる。モンテ・ベルデ遺跡（チリ）では、そうして残っていた1万4600年前のウィッシュボーン形（根元が短いY字形）の小屋の跡が見つかった。彼らは地面に木の杭を打ち込み、マストドンの皮をかぶせ、その皮を葦で杭に縛りつけた。小屋の中からは、大量のマストドンの肉に混じって、薬用植物も見つかっている。

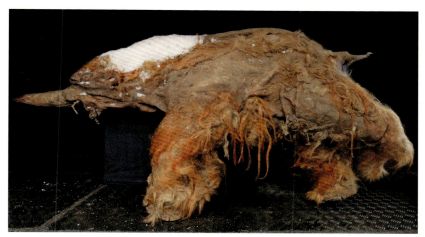

XV　3万9000年前の若いマンモス「ユカ」。シベリアの永久凍土の中で発見された。

XVI　マンモスの牙の断片に、マンモスの姿が線刻されている。フランスのラ・マドレーヌ遺跡で出土。

XVII　トナカイの角に浅浮彫りでウマが描かれた有孔棒（bâton percé）。フランスのラ・マドレーヌ遺跡で出土。

XVIII 長さ7cmのトナカイの骨に刻まれた、1万5000年前のヴェゼール河畔の光景。フランスのラ・マドレーヌ遺跡で出土。このような奥行きの表現や細部への注意は、マドレーヌ美術の特徴である。

XIX キャップ・ブラン岩陰（フランス）の壁には、ほぼ実物大のウマ、バイソン、シカを彫ったマドレーヌ文化期の浮き彫りが帯状に残っている。実物そっくりの彫刻は2色のオーカーで彩色され、さらに影がボリュームを加えている。似たような彫刻はフランスの他の岩屋でも発見されている。

XX ラスコー洞窟の「牡牛の広間」では、2万1000年前の野牛（オーロックス）の群れが見る者の頭の周りを渦巻くように疾走している。この洞窟に描かれた数多くの獲物の動物の絵は、発情期の姿を描いた一種の暦であり、生命の祝祭である。

XXI およそ1万4500年前、バスク地方（スペイン）のエカイン洞窟に、少なくとも34頭のウマが赤と黒で描かれた。完成度がさまざまで、毛の色もそれぞれ異なる点に注目してほしい。ウマは旧石器時代のヨーロッパでは一般的な獲物であり、後期旧石器時代の美術で最も多く描かれた動物である。

XXII（上） ニオー洞窟（フランス）の入り口から、ヴィクデソス渓谷越しにピレネー山脈を望む。

XXIII（左） ロシアのザライスクで出土したメスのバイソンの彫刻。２万年前のもの。

XXIV（下） ショーヴェ洞窟（フランス）に木炭で描かれた壁画。バイソン、サイ、マンモス、ウマが、右の方でライオンが狙っていることに気付かずに草を食んでいる。

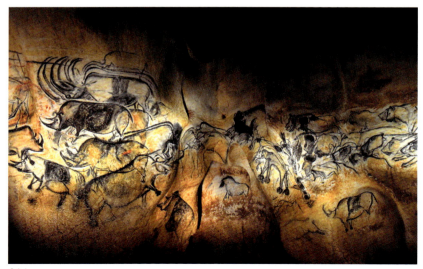

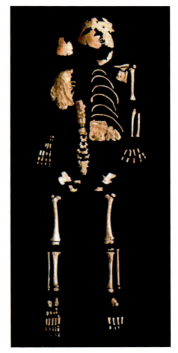

XXV（上） およそ2万6500年前、ポルトガルのラペド渓谷にあるラガール・ヴェーリョ岩陰に埋葬された子供。遺体を覆っていたものがオーカーで染められていたことが見て取れる。

XXVI（下） 1万3000年前、カルヴァート島（カナダ、ブリティッシュ・コロンビア州）の湿った地面に、人類の足跡が数多く残された。新世界に人類が存在したことを示す、最初期の証拠である。これはその足跡のうちのひとつ。

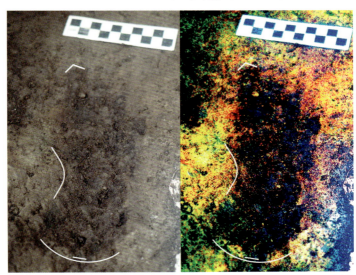

XXVII　更新世の北米大陸で、狩人たちが古いマンモスの死骸の横を通って、マンモスの群れがいる場所へと向かっている。イヌは足が速く、獲物を見つけて足止めすることができる。狩人はイヌほど速くは走れないが、標的がイヌに気を取られているすきに、投げ槍で致命傷を与えられる距離まで接近できる。イヌのうち1匹は、怪我のせいで動きが遅いため、荷運び役を務めている。狩りが成功すれば全員に十分な食料が行き渡るが、分配には厳格なルールがある。

XXVIII（上） マストドンが多く生息するフロリダのページ－ラドソンの、1万4550年前頃の様子。狩猟採集民が石を叩いて両刃の尖頭器を作ったり、骨製の尖頭器を修理したりしている。

XXIX（右） 北米の多様なクロヴィス式尖頭器。精密な成形と、石器の根元が溝状に削られて柄に取り付けやすくなっている点が特徴である。それぞれ長さも幅も異なる点に注意。各種の槍や投げ槍の穂先として使われたのだろうが、汎用ナイフの役割も果たしていた可能性がある。

がまとまって埋まっていた場所や考古遺跡からサンプルを採取し、その結果、間違いなく遺跡と判断できるもので1万3000年前よりも古いものはないことと、それより古い"遺跡"には人類が存在した形跡がないことを明らかにした。これは、それ以前に中米に人類が存在しなかったという証拠にはならないが、存在したとしてもせいぜいその2000年前くらいからだということを示している。

　南米での考古学的調査の結果をみると、狩猟採集民がいかに迅速に長距離の拡散を成し遂げたかがわかる。それを最もよく物語るのがチリのモンテ・ベルデ遺跡で、ベーリンジアの南約1万4000kmに位置していながら、1万4600年前には人類が存在していた。これほど早い時期に人が到達したということは、拡散のスピードが速かったことにほかならない。モンテ・ベルデは海岸に近く、豊かな海洋生態系（ケルプの森であろうと、それ以外であろうと）を伝ってカヌーで進めば、迅速に行き着くことができる。もしアメリカ大陸の開拓者たちが遠くても資源の豊かな地域を求めて進んだのだとすれば、彼らの拡散は、あらゆる場所を取り込みつつ少しずつ這うように前進するのではなく、途中を跳び越えて好条件の地域間を進む跳躍の連続だった可能性がある。

　モンテ・ベルデは例外的なほど保存状態が良好で、テント、アンデス山脈から海岸までの多様な産地のさまざまな植物、多彩な鳥類、貝類、木製の槍、すり鉢、植物をすりつぶすための道具などが発見されている。これらは、おそらくはホモ・サピエンスが南米に到着してすぐに、多様な環境の土地に――森に覆われたアマゾン川流域からパタゴニアの草原やアンデスの高地まで――拡散したことをうかがわせる。

　さて、ここまでに見てきたのは、ホモ・サピエンスが動物を飼いならし、植物を栽培し、さらには自分たち自身さえも家畜化する直前の状況である〔人間の自己家畜化とは、人間が共同生活や文化的環境に合わせて自らを従順な家畜と同じように変化させること〕。次は、動物の家畜化・植物の栽培化に目を向けることにしよう。何もなければ、世界はその後も長いあいだ野生のままの状態が続いたことだろう。しかし、更新世の最後の数千年間にまったく新しい生活様式が生まれ、それを契機に、完新世の最初の数千年に急激な変化が起きることになる。

第18章

家畜化の道
やがて人は自己家畜化へ

　1万5000年前からの数千年間（つまり氷河期の最終盤）に、私たちの祖先である狩猟採集民は、東アジア、近東、北アフリカで本質的な変容を経験していた。アメリカ大陸内で人類の拡散が起こっていたのと同時期に、これらの地域では人口が増加し、定住型の村落が出現し、狩猟採集民のいくつかのグループが野生の動植物の一部を管理するようになった。それまで移動生活をしていた人々が決まった土地に根を下ろし、恒久的に利用する場所に資源や力を注ぎ込みはじめると、死者（と死んだイヌ）を埋葬するための墓地が現われた。社会が多様に発展して家畜を飼育するようになり、ホモ・サピエンスの世界は次第に私たちが知っている世界に近づいていった。

オオカミ ── 狩人の武器から、渋々一緒にいる友へ

　ここまで私は、ホモ・サピエンスにとって極めて身近な仲間であるイヌについて触れずにきた。これから、その「人間の一番の友」に対するあなたの見方を変えることができるかどうか試してみよう。人類は過去1万年間に多くの動植物種と密接な互恵関係を築いてきたが、人とイヌの関係はさらに古く、更新世にさかのぼる。オオカミの家畜化は、旧石器時代の狩猟採集民（おそらくヨーロッパのグラヴェット人かマドレーヌ人）が成し遂げた数多い功績のひとつに挙げることができるだろう。人とイヌの密接な結びつきは、急速に世界中に広がった。更新世の末には、事実上、人間が存在するところには必ずイヌもいた。私たちは概してイヌが好きである（私自身はネコ派なのでネコをのけものにするつもりはないが、ネコは家畜化されてからまだ日が浅い）。ダーウィンは、

イングランドだけを見てもイヌの種類が驚くほど多様であることに注目し、イヌの交配という人気の娯楽を、自然選択による進化という自身の理論の文化的なアナロジーとして用いた。イヌは、ある時には大きさと強さを求めて掛け合わされ、またある時には愛らしさや美しい毛並を求めて繁殖が行われた。その結果、大型で気性の荒いものからミニサイズでキュートな（はっきり言えば他に能のない）ものまで、無数の犬種が生まれた。だが、すべてのイヌは同じ祖先、すなわち更新世のタイリクオオカミ（*Canis lupus*）に由来する。オオカミは北半球全域に分布しており、その範囲内のあちこちで初期のイヌの骨が発見されていることは、1ヵ所あるいは複数の場所で家畜化が進んだことを示唆している。

　人間とオオカミが共存していた地域では、両者が同じ獲物を狙っただけでなく、人間が宿営地近くに捨てた動物の死骸やその他の残飯にオオカミが引き寄せられたことだろう。両者の接触は日常的な出来事だったろうし、オオカミが人間の出す生ごみに大きな魅力を感じていたならなおさらであったと考えられる。また、旧石器時代の遺跡でオオカミの骨が見つかる例が多いことから、オオカミの毛皮やオオカミの犬歯の装身具は、狩人が身なりを整えるための常備品であったことがうかがえる。現在のアフリカの農村部でハイエナや野犬のような捕食動物の個体数を調べると、人間の集落のすぐそばの方が、離れた場所よりも多い。それは人里近くの方が食べ物を手に入れやすいからであり、生態学的シンパトリー〔同所性、同じ地域に異なる種が重複分布している状態〕の例と言えるだろう。

　オオカミはヒツジや畜牛のように御しやすくはない。一見すると家畜化の候補にのぼりそうになく、まして最古の家畜化の例だとは信じ難いかもしれない。たしかにオオカミは気性が荒いが、多くの点で家畜化の候補動物としての行動要件を満たしている。すなわち、協力して行動する社会的な動物で、群れで生活して狩りをしており、強いヒエラルキーがあって、他の個体の子の世話を協力して担うことさえある。これらの特質はどれも人類と共通している。また、食生活も旧石器時代の人類と同じで、自分たちで大型の草食動物を狩ったり、屍肉をあさったりしていた。そうした点で、彼らは極めて人間に近かった。チペワイアン族が、

私たちはみな、人間の女と人に変身できる雄イヌの子孫だと考えたことも不思議ではないのだ。
　共存してきた歳月の大部分で、オオカミと人類は互いに"なじみの存在"だったと考えられる。そしてこれまで見てきたように、ホモ・サピエンスが最初にヨーロッパに進出して以来、オオカミはずっと毛皮の供給源であり、儀礼でも讃えられていた可能性がある。オオカミとホモ・サピエンスが同じ獲物を狙ったり、マンモスの死骸が集まった場所を同時に訪れたりした際に、一定のレベルの競争が生じたことは想像に難くない。オオカミは獲物を素早く見つけることができ、取り囲んで退路を塞ぎ、威嚇して、制圧する。おそらく人間の狩人はそれに気づいてオオカミの狩りを注視しはじめ、オオカミが獲物を襲っているところに近づいて、仕留めるのを手助けするようになったのだろう。民族誌の記録には、人間がイヌと共に狩りをすることで、両者が単独で狩る場合よりはるかに大量の肉を得ている例が多数見られる。ウィン－ウィンの関係である。協力の機会は簡単に生まれただろうし、やがて相手を排除して自分たちだけ獲物を得ようと争うよりも、一緒に狩りをして戦果を分け合う方が利益が大きいと認識されるようになったのだろう。オオカミが獲物の注意を引き、その間に狩人が投げ槍で致命傷を与えられる位置まで近づけば、両者とも成果を手にできる。
　ペンシルヴェニア州立大学のパット・シップマンは、初期のウルフドッグ〔オオカミとイヌの中間的形態〕を「生きた道具」と見たて、人とオオカミが互いに距離を縮めて過ごす時間が増えるにつれ、家畜化の長いプロセスが始まったのだろうと述べている。更新世のイヌはまだ体が大きく、解体した獲物やテントの支柱その他の道具を運ばせることもできた。また、ライオン、ハイエナ、クマ、家畜化されていないオオカミといった他の捕食動物や、敵対的な人間集団から身を守るのにも役立った。とはいえ、現代人が享受しているようなイヌとの愛情関係がすぐに生まれたわけではない。両者の間に芽生えた共生関係は、互いに「渋々我慢している状態」と言った方がいいかもしれない。チペワイアン族がイヌについてどう考えていたかについて触れてこなかったが、ここで話すことにしよう。彼らは、イヌは自分の糞や死んだ仲間を食べる

モラヴィア（チェコ）のプシェドモスティから出土した、形態学的に明らかにウルフ - ドッグ〔オオカミとイヌの中間的形態〕のものである頭蓋骨。パヴロフ文化時代のもの。ヨーロッパの後期旧石器時代中期のこのようなウルフ - ドッグは、完全に家畜化されていたのか、あるいは家畜化の初期段階だったのかについて、多くの議論がなされてきた。それらの骨はたしかに更新世のオオカミや現代のオオカミの頭蓋骨よりも小さく、マズル〔鼻口部〕は短めで幅は広めである。

"境界線上の生き物"で、混沌、性的不品行、社会的無秩序をもたらす存在だと考えていた。近代化以前の社会では、イヌは境界領域や異界と結びつけて語られている。ギリシャ神話に登場する3つの頭を持つ猟犬ケルベロスは死者が冥界から逃げるのを阻止するし、同じくギリシャ神話のヘカテーの従者たるイヌは、不吉な亡霊とされていた。狩猟の女神アルテミスは崇拝者アクタイオンをシカに変え、猟犬に引き裂かれるように仕向けた。まさに、「猛犬に注意！」である。

　動物考古学の分野では、動物の骨形態から家畜化の初期段階を推定する方法に関していろいろな議論がある。原則としては、野生動物が人間の管理下に置かれ、徐々に家畜化が進むにつれて、体が小さくなり、鼻づらが短くなり、歯は小さくなるとともに顎の中でより密集し、ぴった

りとくっつくように生えるため、向きが少し回転する。少なくとも、理論的にはそうである。歯列の長さ（一番奥の大臼歯から一番手前の門歯まで）を詳細に測定すれば、現代のオオカミ、更新世のオオカミ、イヌを区別できるかもしれない。しかし、問題はそんなに簡単ではなく、実際には多くの落とし穴がある。歯の密生はオオカミでも自然に起こりうる（この150年間にイヌで起きた密生化ほど程度が大きくはないが）。従って、それだけを使ってオオカミとイヌを識別することはできない。家畜化された動物と野生動物の信頼に足る区別は、身体全体の大きさや体重に、頭蓋と歯に関する一連の特徴（頭蓋の幅や口蓋の長さ、その他のさまざまな測定値）をあわせて検討して、はじめてある程度まで可能になる。そして、そうやって得られた判断にも激しい論争が巻き起こる。私の同僚で動物考古学者のカート・グロンは、「家畜化されて間もない時期のイヌはオオカミと形態学的に区別できない」と言っている。慎重に考えるべき問題はまだたくさんあるのだ。完全に家畜化されたイヌは、おそらくオオカミよりも小さかっただろう。指標になる骨（大腿骨など）と軟組織の比率から推定される体重は平均31kgである。更新世のオオカミは42kg、現代のオオカミは40kgだが、オオカミは個体差が大きいため、軽いオオカミと重いイヌの体重が同じくらいになることはありうる。

　オオカミとイヌについては、現生種と化石標本の遺伝学的比較によって、進化の様子が大まかには明らかになった。しかし、このアプローチでは、野生のオオカミと家畜化の途中のオオカミの明確な識別はできない。それは非常に難しい課題なのだ。遺伝学者は、数千年もの長い歳月の中で生じた集団のボトルネックや交雑を扱わなければならないし、言うまでもなく、ここ数百年に意図的に行われた異種交配で持ち込まれた遺伝的な混乱も考慮しなければならない。当初は、ミトコンドリアDNA（mtDNA）の分析から、オオカミの家畜化プロセスの始まりは3万2000年前から1万9000年前までのどこかであろうと見られていた。動物考古学者たちの間では、家畜化がその年代範囲内の前の方で起こったか、後の方で起こったかについては意見が分かれているものの、農耕が始まって他の動物の家畜化や植物の栽培化が行われるようになった時

期より少なくとも数千年前であったことは確かである。その後の核ゲノムの研究によってこの図式はより精度を高め、すべてのイヌの祖先であるおおもとのオオカミはその後絶滅したことも明らかになった。ゲノム解析のデータが増えるにつれ、この祖先オオカミとそれ以外のすべてのオオカミとの分岐は最終氷期最寒期（LGM）よりも前であった可能性が高まってきている[1]。この問題の専門家であるグレガー・ラーソンは、こうした分岐を実際の家畜化と混同しないことが重要だと忠告している。遺伝学によれば、最も早く分岐したのは旧世界のオオカミと新世界のオオカミだった。その後に、家畜化される系統とその他の系統が分岐した。それがいつ起こったかの推定は、遺伝学者がオオカミの突然変異率をどのようにモデル化するかによって異なるが、多くの説は、2万年前よりも古い時期で、おそらく3万2000年前以降という数字に収束している。これは、形態学的にオオカミとは違うものと判断できそうな最古の骨の年代と一致している。

　広い視野で見わたすと、少なくともベルギー、ドイツ、チェコ、ロシアでは最終氷期最寒期よりも前に家畜化されたイヌが存在したことを示す証拠が、他にもいくつか見つかっている。人間が1年のうち数ヵ月間同じ場所で宿営し、そこには大量の食料が蓄積されているとなれば、オオカミからイヌへの途上の生き物もそこにとどまったのは偶然ではないだろう。この時期には、頭蓋骨・歯列の形質がオオカミと異なる多数の標本がある。それに加え、3万1000年前のパヴロフ文化時代のオオカミとイヌの骨について行われた安定同位体分析から、両者の食性が異なっていたことが明らかになった。オオカミは、ほとんどのタンパク質をウマとマンモスから得ていたが、イヌは、マンモスの肉が豊富にあったにもかかわらず、トナカイやジャコウウシが主体だった。パット・シップマンは、その当時に投げ槍の技術改良がなされたことと、初期のウルフ－ドッグの利用とが、半定住生活への適応を可能にした重要な要因であり、ホモ・サピエンスが「侵略的な種」としてこれほどの成功を収めた理由のひとつなのではないかと指摘している。

　最終氷期最寒期の後になると、いくらか情報が増える。1万7000年前頃にはシベリアのサハ共和国で、1万6000年前頃には西ヨーロッパ

で、そして1万3000年前〜1万2000年前までには近東、中国、ロシア極東部で、まぎれもなく家畜化されたウルフ – ドッグの骨が見つかっている。最寒期以降には、マドレーヌ文化やメジン文化の遺跡や、さらにはロシアのカムチャッカ地方に位置するウラハン – スラル遺跡のテント型構造物の中にまで、イヌが埋葬されるようになる。この時点から後は、イヌは「稀な存在」ではなくなった、とみなすことができる。イヌは、狩猟採集民や初期の農耕民が暮らす場所ならどこにでもいる一般的な存在になった。レヴァントでの農耕の開始に先立つ数千年の間、狩猟採集民の埋葬地にはイヌも埋葬されていた。1万4600年前から1万3500年前までのいずれかの時期、ドイツのボン – オーバーカッセルで1人の男と1人の女、そして1匹のイヌが一緒に埋葬された。同じ頃には、日本の横須賀の貝塚でもイヌが埋葬されている。これは偶然ではないだろう。この頃、イヌは明らかに人間と密接な社会的関係を持ち、死後も人と似た扱いを受けるに足る存在になっていたのである。

　しかし、まずはさかのぼって、人とイヌの関係がどのように進化したのかをもう一度考えてみよう（318〜319ページの図版XXVIIを参照）。人とイヌがどうにか一緒にやっていくためには、ルールを定めなければならない。家畜化途上のウルフ – ドッグは、望ましくない攻撃性を示したり、人間から食べ物を奪ったりしたら罰せられた一方で、人間に協力したら食べ物を与えられたことだろう。やがて、ウルフ – ドッグも人間も、協力すればお互いに利益が大きいことを理解する。また、人間はそれ以前からオオカミを自分たちの信仰や習慣に織り込んでいたに違いないが、オオカミとの距離が近づくにつれて、捉え方を修正していったのだろう。やがてオオカミの行動は変化した。彼らは協力関係にある人間とあまり対立しなくなり、人に対して寛容になった。家畜化より前に"馴らす"段階があったのかもしれない。しかしそうだとしても、骨の形態という形での指標は残らない。オオカミの子が人間に育てられた場合、その子は成長して身体はオオカミになったものの、人間をリーダーとみなすようになったかもしれない。おそらくパヴロフ文化やその他の場所で、そうしたことが起こったのだろう。しかし、まだイヌはペットではなかった。今の私たちは動物と人間を峻別するが、祖先たちにとっ

てその区別は非常に曖昧であったことを思い出してほしい。旧石器時代の芸術に人間がめったに描かれなかったのと同様に、オオカミやイヌの絵も非常に珍しいのは、そのためなのかもしれない。私たちの祖先がウルフ‐ドッグをどう捉えていたにせよ、それは現代の私たちがオオカミやイヌを見る目とは大きく異なっていた可能性が高い。たとえば、あなたが狼男とかろうじて弱い協力関係を築き、となりあわせに暮らすことになったらどう感じるか想像してみてほしい。夜、宿営地の周辺には、変身能力を持つ毛むくじゃらの彼らがいる。彼らはツンドラの精霊であり、狩りの腕にたけている。役に立つ仲間であることは認めよう。だが信用はできない。彼らの薄ぼんやりとした影は、常に焚き火の炎の向こうで揺れ動き、機会をうかがっていた。

村落の生活

　イヌとの関係は深まったが、私たちは、少なくとも数世紀前までは、自分たちと野生を完全に別の物とは認識していなかった。しかしそうは言っても、更新世末に気候が変化して人類の定住化が進み人口が増加すると、狩猟採集から初期の農耕へ移りつつある人々の集団は、生活の場所を見栄えのするものにし、文化的な装飾品を身に着けるようになった。それまでとは違う生活様式を採用しはじめ、それは道徳に基づく社会規範の形で集団に刻み込まれていった。北極圏のツンドラから南アジアの熱帯雨林まで、世界各地の驚くほど多様な環境に暮らすホモ・サピエンスの集団は、移動生活から定住生活への移行に伴って、村や町、記念碑的建造物、農業システム、その他さまざまな物質的、組織的な装飾という、どんどん強力になる"衣服"に身を包んだのだ。

　人類はすでに更新世の間に、進化にとって決定的に重要な数多くの技術革新を成し遂げていた。列挙してみよう。道具の使用、脳の大型化とそれに付随するものすべて。道具の操作、火の制御、男女の絆や狩猟。より大きな集団での生活。視覚文化、言語、そしてその両方を使って他の人間や物や概念を表現する能力。貴重品の長距離交換によって維持される広範囲の社会的なネットワーク。定住、貯蔵、植物の加工、余剰の

蓄積。織物と土器。幅広く多彩な食生活（それによって、世界各地のさまざまな環境に拡散し、そこで繁栄することができた）。その他もろもろ。1万3000年前になると、陸から遠く離れた島々と南極大陸を除いて、世界の大部分に人類が存在していた。

　農耕生活を定義づけるとされる特徴の多くは、少なくとも初期の形態としては、3万1000年前にはすでに存在していた。考古学は常に、人類の業績を控え目に提示する。私たちは、発見され分析されたものしか扱えないし、それは常に小さなサンプルである。とはいえ、たったひとつの発見が革命をもたらすこともある。この10年間だけをとってみても、人類の新たな種（しゅ）がいくつか発見され、人類の進化の多様で複雑に絡みあった系譜が、4万年ほど前にまでさかのぼって明らかになった。ネアンデルタール人が絵を描いたり刻んだりした証拠が集まりつつあり、おそらく彼らがこれまで考えられていたよりも私たちに近かったことが判明しつつある。デニソワ人については、まだ調査・研究が始まったばかりである。何十年にも及ぶ研究者たちの議論を経て、現代の人間すべてがアフリカにルーツを持つことに疑いの余地はなくなった。また、現代人はネアンデルタール人とデニソワ人の遺伝子を持ち、まだ認識されていない「ゴースト」たちの存在も見え隠れしていることが明らかになりつつある。この先、何が出てきても私たちは驚かない。とりわけ、ヒトの自己家畜化については。

　村落というものを考え直してみよう。考古学者は、「村落生活」は農耕と新石器時代の生き方の始まりとともに発生したと考えがちである。新石器時代は文字通り「新しい石器時代」を意味し、分岐点として捉えられ、それ以降に生活の大部分が村落を基盤として営まれるようになったと見なされる。これは図式としてわかりやすいが、真実ではない。本書で見てきたように、後期旧石器時代のヨーロッパでは、狩猟採集民が1年の大部分（あるいは1年を通して）を宿営地ないしは小さな村で生活することができていた。そしてロシアの平原においてこれらの村は、一時的なものであるにせよ、ある種の共同体的な配置を持つ形で設計されていた。また、2万1500年前のラスコーの傑作のような大規模な美術プロジェクトを組織し実行するには、さまざまな原材料を遠くから調

達せねばならなかったし、熟練した腕前も必要だった。芸術は、ホモ・サピエンスが発展させた石器作りや道具作りと同様に、スペシャリストの仕事であったに違いない。彼らの社会は、単純な"平等主義の"社会ではなかった。この視点から見ると、私には新石器時代の村落に目新しく印象的な何かがあるとは思えない。

　何千年もの間、ほとんどの人々にとっての生活様式は、自分自身の記憶が始まった頃と同じように続いていた。たしかに気温は上昇し、森林が草原を飲み込み、それにつれて動物や植物は変化した。大きな氷床が融けて海面が上昇し、海岸線は後退した。河川は流路を変えて、もはや砂礫の多いステップ・ツンドラを流れなくなった。やがて、あちこちで定住型の村落が町へと発展し、首長を中心とする中からエリート集団が生まれて、都市国家、王国、帝国へと拡大した。伝統的な考え方では、これを「文明の勃興」と言う。しかし、もしも本書をここまで読んできたあなたが、旧石器時代の人類が築き上げた非常に広範囲に及ぶ文化的なつながり、想像力に満ちた世界、素晴らしい美術、そして地球上でも指折りの過酷な環境の中で生き延びる能力を、「文明」という言葉に値しないと考えるのであれば、私のこの本は失敗作である。更新世を生きた私たちの祖先は移動する狩猟採集民であり、巨大な石のモニュメントを建てたり、取引内容を文字で記したりする必要はなかった。不快なほど広くて汚い都会の真ん中に住んだり、動物のすぐそばで暮らすことで生じる病気に苦しんだり、どこか遠くにいる王様の欲望のために兵士として命がけで戦ったり、こちらの事情など気にかけない神に農産物を奪い取られることもなかった。今や多くの人が気付きつつあるように、シンプルな生活の方が、仕事に追われ競争に駆り立てられるよりもずっと文明的なのかもしれない。

　30万年前に、アフリカでは最初期のホモ・サピエンスの集団によって、一方、ユーラシアではネアンデルタール人とデニソワ人によって、社会形成のプロセスが開始された。そのプロセスは、進化し、成長し、試され、変化した。移動生活に疲れた更新世の私たちの祖先が定住的な生活様式に移行するにつれて、はるかな距離を移動する長い旅、マンモスの大群、むきだしの自然の中で焚き火が見せる光の舞い、そしてこの世界

で最も暗い闇を抱く洞窟の奥で祝われた再生の儀礼の記憶は、徐々に薄れていった。ホモ・サピエンスは次第に内向きになり、自分たち自身が創った物で満たされた世界のことで頭がいっぱいになった。つまり、自らを家畜化したのである。

　私はいま、更新世という膨大な歳月全体を通して祖先たちと向き合う機会を持てたことに感謝している。はるか昔に死んだ人物の持ち物が埋まり、現代になって発見されて、考古学者として最初にそれに触れる時の身震いするような感覚は、これからも私の心から失われないに違いない。この感動に匹敵するのは、そうした太古の死者を科学的に調査する方法を探り出すという知的な挑戦だけである。親愛なる読者諸氏には、厳しい寒さの中で生きた更新世の祖先の過去をたどる旅にここまでお付き合いいただき、このうえなく感謝している。いよいよ彼らに別れを告げる時がやってきた。人類史はこの先も長くこみいった物語が続くが、それを語るのは私ではなく別の人たちだ。パーカーとミトンとブーツを脱いで現代に戻り、暖炉のそばで暖まろう。現代生活にあふれる光や娯楽は、彼方で野生のオオカミが遠吠えする声を、ほとんどかき消してしまう。しかしそれは、「ほとんど」であって「完全に」ではない。

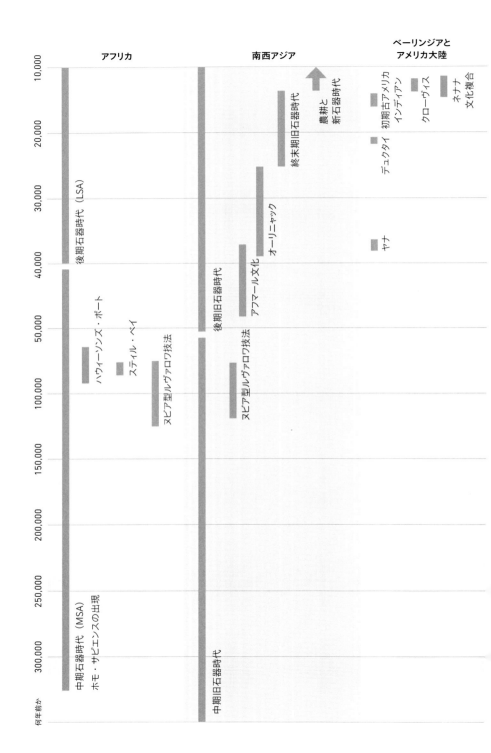

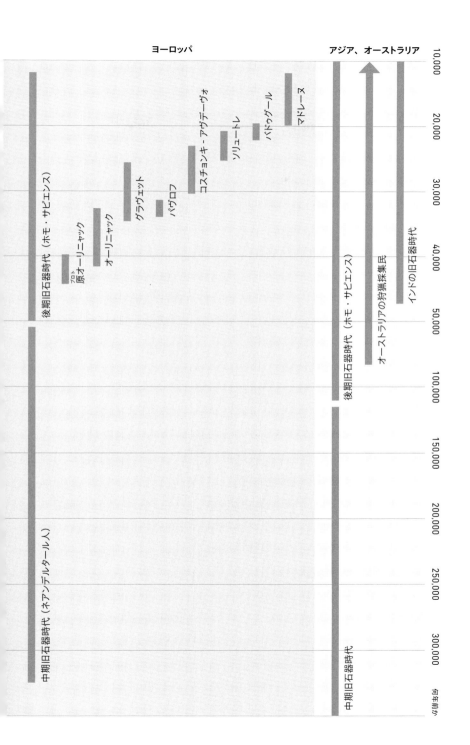

原　注

第1章

1　顔かたちや肌の色の「人種による」違いは、住んでいる土地の環境条件に対する身体の反応である。それは驚くべき速さで変化し（これは成功した生物のしるしである）、美しさと同様に皮相的なものにすぎない。世界中の人間の遺伝的多様性よりも、チンパンジーのひとつのコミュニティ内の遺伝的多様性の方が大きい。また、人間の遺伝的なばらつきの大部分は、人口集団同士の間ではなく、同じ集団の個体同士の間で見られる。ヒトの起源と多様性に関する遺伝学については、Bradley 2008という優れた概論があるので参照されたい。

2　生物分類学上の目のひとつ。哺乳類のうち、キツネザル、メガネザル、サル、類人猿（ヒトも含む）からなる。

3　ヒトの染色体（DNAとタンパク質の複合体が糸巻き状にひとまとまりになったもの）が23対46本であるのに対し、類人猿は48本である。これは、ヒトの染色体のうち2対（4本）が融合して1対（2本）の長い染色体になったためである。この融合はおそらくランダムな突然変異のひとつと見られるが、ヒトの染色体突然変異の多くとは異なり、致死的でも生存に不利でもなかった。

4　こうした中新世の食生活の変化は、最終的にヨーロッパの類人猿の絶滅につながることになる。北半球の高緯度地域の環境はどこも一様になっていき、食生活を変えて適応できる可能性は限られていた。中新世の類人猿に関して自身の知見を教示してくれ、代替食物（fallback foods）について考えるきっかけを与えてくれたダニエル・デミゲルに感謝する。

5　同位体とは、原子核に含まれる陽子の数（原子番号）は同じ（つまり同じ元素）だが、原子核に含まれる中性子の数（質量）が異なる原子を指す。炭素、窒素、酸素、ストロンチウムの同位体は、後述するように、人類の起源を理解するうえで重要な役割を果たしている。

6　レーザーアブレーションは、硬い素材（歯のエナメル質など）から少量の試料を除去するために使われる方法である。一般に、波長1064ナノメートルのレーザーを使い、一連のパルス照射で固体を加熱する。レーザーのエネルギーを吸収した材料は加熱されて気化し、CO_2ガスになる。このガスをクライオフォーカス（低温の表面上に凝結させて捕捉）した後、炭素同位体を分離して分光計で測定する。私は、研究仲間である英国地質調査所のサイモン・チェネリーと一緒に、LA-ICP MSを使って、英国内で採取した氷河期の石器に含まれる微量元素を調べた。これを天然のフリント（燧石）のサンプルに含まれる微量元素と比較することで、石器がどのよ

うに持ち運ばれたか、つまり氷河期後期の人々がどの程度移動していたかを復元することができた。同位体分析については第2章でも触れる。

7　彼らの研究例については、特にCoolidge & Wynn 2009とWynn & Coolidge 2016を参照のこと。

第2章

1　放射性炭素（^{14}C）年代測定法の歴史や、測定手法の最前線については、Bronk Ramsey 2008を参照のこと。

2　ZooMS技術はマイクロサージェリー〔顕微鏡を用いて微細な組織に行う手術〕でも利用されるほか、貴重な手稿本のインクの特質の分析にも使われている。

3　コイサンとは、アフリカ南部で暮らし、サハラ以南のバントゥー語を話す民族とは異なる先住民族が、自分たちを指して使う名称である。コイサンは、遊牧民のコイコイ人と狩猟採集民のサン人からなる。植民地時代にはそれぞれ、ホッテントットやブッシュマンなどの名称で呼ばれていた。

4　アフリカ起源をめぐる遺伝学の時期と多様性については、Barbieri et al. 2016とSchlebusch et al. 2017を参照のこと。メタポピュレーションについては、Scerri et al. 2019とKlein 2019を参照のこと。

第3章

1　このような急激な気候の変動を、発見者ふたりにちなんでダンスガード－オシュガー（D-O）・イベントと呼ぶ。14世紀から17世紀にかけてのいわゆる「小氷期」にはテムズ川その他の河川が毎冬完全に凍結したが、これはおそらく最も新しいD-Oイベントの結果であろうとされる。D-Oイベントのいくつかは、ハインリッヒ・イベント（極地の氷床から剥離した大量の氷が氷山となって海に流れ出したことによる寒冷化）と相関があるように見える。氷が陸上を移動する時、微小な岩屑（ice-rafted debris＝IRD、氷河性砕屑物と呼ばれる）が氷の中に取り込まれ、海に出た後に氷が融けて、IRDは最終的に海底に沈む。このため、深海の底を掘削して採取した堆積物コアの中でIRDを発見できる。淡水の氷が海に大量に流出すると、温暖な海水の循環に大きな影響を与え、気候変動をもたらす。極端なたとえをするなら、飲みかけのジントニックに氷を3つも4つも放り込むようなものだ。

2　1950年代から1970年代にかけての米国とソ連（当時）の宇宙開発計画は、人類の到達域をさらに広げる一連の拡散の好例である。唯一の違いは、人類の自然な拡散には目的地がなかったのに対し、宇宙飛行には目標（月）があったことである。人類はまず地球低軌道に適応し（ボストーク1号）、次いで、宇宙飛行の技術を発展させて宇宙滞在時間を伸ばすこ

とに成功した（ジェミニ計画）。その後、低軌道を超え（アポロ計画）、軌道上で司令船と月着陸船のドッキング能力をテストした（アポロ7号）。そしてついに人類は月の周回軌道に乗り（アポロ8号）、着陸した（アポロ11号）。着陸船「イーグル」は月面に長くはとどまらなかったが、それでも間違いなく人類の偉大な功績のひとつに位置づけられる。さらに、これまで宇宙で得られた知見や経験は、いつの日か人類の地球外への拡散につながるだろう——その前にパンデミックや戦争で人類が滅亡しなければ。

第4章

1 海生の巻貝。

2 英国の面積が24万2500 km^{2}であるのに対し、イランの国土は約165万km^2、アラビア半島は320万km^{2}である。Dennell 2020, p78およびp234を参照のこと。

第5章

1 https://yougov.co.uk/topics/lifestyle/articles-reports/2015/09/24/you-are-not-alone-most-people-believe-aliens-exist 。各種の調査によると、宇宙のどこかに知的生命体が存在すると考える人の割合は、ドイツで56％、米国で54％、英国で52％だという。

2 https://www.smithsonianmag.com/history/why-so-many-people-still-believe-in-bigfoot-180970045/ 。この神話が依然として人気がある理由はさまざまだが、それについては https://alumni.berkeley.edu/california-magazine/just-in/2018-10-26/so-why-do-people-believe-bigfoot-anyway によくまとめられている。宇宙人、野生人、失われた大陸に関する膨大な目撃談や議論を読むのは、長時間を要する作業であり、ある意味で狂気への近道である。しかし、あなたが「そんなものを信じるなんてどうかしている」と思うなら、自問してみてほしい——翼の生えた天使や、輪廻転生を信じるかどうかと。

3 背が低いことを指す「ピグミー」という用語は、しばしば侮蔑的な表現とみなされるが、ムブティ、アカ、バカ、トワといった人々からなる民族集団全体をあらわす使い勝手のよい用語は他に存在しない。個別の名称のいずれかを集合体全体を指すために使用すれば、それもまた侮辱的とみなされるだろう。ピグミーに共通して見られ、ヨルバやその他のアフリカの民族集団や非アフリカ人集団では稀な遺伝子がいくつか特定されており、それが低身長の原因であろうと考えられている（詳しくはReich 2018を参照）。

4 ネアンデルタール人の人口の推定については、Shea 2008を参照。コンサートについては https://en.wikipedia.org/wiki/List_of_highest-attended_concerts を参照。

5 これらの年代はTrinkaus et al. 2003（オアセ）とSemal et al. 2009（スピ）による。また、ネアンデルタール人の絶滅時期に関する利用可能な年代情報をめぐる幅広い議論については、Higham et al. 2014を参照されたい。例として挙げた2つの年代範囲の較正には、オックスフォードのOxCalオンライン較正プログラム（https://c14.arch.ox.ac.uk/oxcal.html）を利用した。

第6章

1 トールキンの創造した架空の名を愛称として付けてしまった残念な例。実際の種の名前だと思ってはならない。

2 これは1941〜42年に日本がこの地域を植民地化したルートと類似していることを、専門家のマイク・モーウッドがDennell & Porr 2014の中で指摘している。

3 これについてはShipman 2015で考察されている。

第7章

1 この逸話は、マーティンの息子レオポルドと、マーティンの友人でコレクターでもあった上級法廷弁護士ラルフ・トーマスの両者が回想している（トーマスは、マーティンが語った思い出話をメモしたと伝えられている）。キュヴィエは実際に粋な身なりをして襟元に花を挿していたが、会話の内容や名刺に書かれた名は私の想像である。ジョン・マーティンの1826年作の『大洪水』は、現在所在不明である。同じ題名で1834年作の有名なバージョンは、イェール大学英国美術センターに所蔵されている。この話は、M. L. Penderedの *John Martin Painter : His Life And Times* (London: Hurst and Blacke, 1923) から引用した。なぜ私がその本を読んだかといえば、私と同僚のマーク・ホワイトがロンドンの地質学協会の図書館で調べものをしていた際に、1820年代にデヴォン州のケント洞窟で行われた発掘調査を描いたエッチングを発見したからだ。当初私たちはそのエッチングの作者がジョン・マーティンだと思い、これまでカタログに載っていなかった作品を見つけたと考えて興奮して、マーティンについて調べたのだ。しかし、その後の"精査"（というのは拡大鏡を使って詳細に見たということだが）によって、この絵はデヴォンの画家ジョージ・マーテンの作であることが判明した。殴り書きのサインのせいでとんだ勘違いをしたわけだ。とはいえそのマーテンのエッチングが、考古学黎明期の発掘の歴史を伝える重要な資料であることにかわりはない。このいきさつについては、White & Pettitt 2009を参照されたい。

2 72人の科学者の名は、エッフェル塔の第1展望台のすぐ下に刻まれている。

3 方舟伝説のもとになった舟は、ほぼ間

違いなく巨大な円形のかご舟に瀝青で防水性を与えたものだったろうと、アッシリア学者のアーヴィング・フィンケルが著書 *The Ark Before Noah: Decoding the Story of the Flood* (Hodder, 2014) で明らかにしている。

4 火山爆発指数（VEI）は、火山の噴火の規模を、比較的小規模な噴火（VEI 1、噴出物の量が$10万m^3$未満）からめったに起こらない超巨大噴火（VEI 8、噴出物の量が$1000km^3$以上、過去1億3200万年の間に8例しか知られていない）までに区分する。VEI 4ないし5以上の噴火は、小プリニウスが記述した西暦79年のヴェスヴィオ火山の噴火に類似していることからプリニー式と呼ばれ、VEI 6以上の噴火はウルトラプリニー式と呼ばれる。ここで私が取り上げたラーハー・ゼー、カンピ・フレグレイ、トバの噴火は、いずれもウルトラプリニー式である。トバは降下噴出物の量の全容解明がまだ途中であり、トバの噴火を少なくともVEI 8.8と位置づけ、VEIを9まで拡張しようとする動きもある。

第8章

1 クロマニョンの岩屋は、現在はオテル・ル・クロマニョンというホテルの敷地内にあり、見学は有料である。発掘の詳細については、Édouard Lartet & Henry Christy, *Reliquiae Aquitanicae: Being Contributions to the Archaeology and Palaeontology of Périgord and the Adjoining Provinces of Southern France* (Williams and Norgate, 1865-75) の第6章を参照。魅力あふれるこの本は、デジタルコピーをオンラインで無料で読むことができる。

2 現在の人口密度は総人口を利用可能な土地の面積（本書の場合は南極大陸を除く陸地）で割って算出される。

3 平均寿命の数値はWHO（世界保健機関）の統計による。https://www.who.int/data/gho/data/themes/mortality-and-global-health-estimates を参照。

第9章

1 このテレビシリーズは「*Coast*（海岸）」といい、BBCで2005年から2015年まで放送された。ご覧になった方には、私の顔がテレビよりラジオ向きであることがおわかりだろう。

2 これらの後期石器時代前期の洞窟についての放射性炭素年代測定結果で最も古いものは、およそ4万2000年前である。すでにその頃にこれらの場所をホモ・サピエンスが使っていたと考えることは可能で、そうなると、原オーリニャック人と、カンピ・フレグレイ噴火（CI）やハインリッヒ・イベント4（HE4）という大災害の時代にも近いことになる——というのが、遺跡の発掘調査を行っているテュービンゲン大学のチームの見解である。しかし、そこでの放射性炭素年代測定結果の大部分は3万7000年前より新しい年代を示しているため、私の考えでは、それよりも古い少数の測定結

果は、統計でいう「外れ値」、つまり人類の居住よりも古い時期の物質が混ざったことによる可能性もある。これらの遺跡のいくつかのように、かなり昔に発掘されている場合にはこうした問題を克服するのは困難であり、利用可能な年代の数値をベイズ統計でモデリングしても（Higham et al. 2012を参照）、問題は改善されそうにない。しかし、だからといってそれより古い可能性を排除することはできない。小像や笛が新たに発見された場所は、3万7000年前より古いと思われる堆積層だからである。その頃にそれらの新しい文化的要素が現れ、それから数千年の間に重要性を増して、3万7000年前頃にピークに達したという見方もできる。いずれにせよ、シュヴァーベン・ジュラのオーリニャック人が、ヨーロッパで最も早く現れた（もしくはそれに近い）具象美術の作り手であることは間違いない。ヨーロッパ最初のホモ・サピエンスには美術がなかったのか、それとも彼らが新しい文化を持ち込んだのかは重要な問題である。私は、将来的にチュービンゲンのチームがこの問題を解決してくれるものと信じている。

3 ニック・コナードとその仲間たちは、動画 *Sounds of Prehistory* で先史時代の笛について語っており、実際の音を聞くことができる。また、実験考古学者のウルフ・ハインは、動画 *Wulf Hein about the Paleolithic Flute* で古代フルートのレプリカによるアメリカ国家演奏を披露している（いずれの動画もYouTubeで視聴可能）。

4 フーリエ変換赤外分光法（FTIR）は、いろいろな周波数の赤外線ビームを試料に照射し、ビームの光がどれだけ試料に吸収されるかを測定する手法（吸収分光法）である。吸収データの複雑なセットの収集が済むと、比較的一般的なアルゴリズム（フーリエ変換）を用いて、必要な情報、すなわち各波長で吸収された光の量を得る。固体・液体・気体の分子構造に応じて吸収が異なるため、光の吸収率を利用すれば、目視では識別できないような微小な物質（この場合は0.1mg以下の堆積物）を赤外線スペクトルに基づいて判別できる。

第10章

1 パヴロフⅠのトナカイの頭蓋骨を載せた穴についてはOliva 2005を、同じくパヴロフⅠの両手の骨についてはTrinkaus et al. 2009を、マンモスの頭蓋骨の穴（プシェドモスティ）と女性の埋葬（ドルニー・ヴィエストニツェ、DV3）についてはOliva 2005を参照。

第12章

1 オラフはまた、人間のコントロールを受けていた動物はオオカミだけではなかったのではないか、野生のウマが人間に世話されていた可能性はないだろうか、と考えている（半分は冗談である）。

第13章

1 もしも本当にショーヴェの美術が言われているほど古いものであった場合には、どちらの図式も完全に崩されるが、私はそれはないと考える。このトピックをさらに追求したい人のために（あるいは不眠症に悩む人のために）、この問題に対する私の考えを扱った文献を巻末の参考文献一覧に載せておいた。

2 ラスコーの壁には、冬毛と思われる姿のバイソンが2頭描かれている。おそらくこのバイソンは、洞窟が使われた季節をあらわしているのだろう。

第15章

1 これについては、たとえば、Nancy Spears & Richard Germain, 2007. "1900-2000 in Review: the Shifting Role and Face of Animals in Print Advertisements in the Twentieth Century", *Journal of Advertising* 36 (3), 19-33 を参照のこと。

2 ハンス・ホルバインの『大使たち』の前面下方に斜めに描かれた物体は、アナモルフォーシスの有名な例である。正面から見ても何かわからないが、横から見ると頭蓋骨が現れる。

第16章

1 それでも私は、生者たちが遺品として足を持って行ったのではないか、おそらく足は旅の象徴だったのではないか、と考えずにはいられない。

第18章

1 私の友人の遺伝学者グレガー・ラーソンの忠告にあるように、遺伝子集団の分岐を家畜化そのものと勘違いしないことが重要である。現在、遺伝学的に確認されている基底的なウルフ－ドッグは16種で、その中で最も早く分岐したのは旧世界オオカミと新世界オオカミである。のちに家畜化される系統がそれ以外の系統と分かれた時期の具体的な推定は、遺伝学者がオオカミの突然変異率をどのようにモデル化するかによって異なる。それでも、大部分の説は2万年前よりも古い時代という数字を出しており、おそらく3万2000年前頃ではないかとしている。この推定年代は、一部の動物考古学者が、「体の大きさや頭蓋骨と歯の形からオオカミと形態学的に区別できる」としているウルフ－ドッグの骨のうち最も古い時期のものと一致する。更新世の末頃になると、少なくとも5つの遺伝的系統が認められる。これは、その時期までに、タイプの異なる犬が何種類も出現したことを反映しているのだろう。犬のタイプの違いは、遺伝学上の関連はまだ明らかになっていないものの、人間にどういう形で貢献するかの違いに関係しているのかもしれない。

参考文献

総合的な書籍

Bahn, P. 2016. *Journey Through the Ice Age.* Oxford: Oxford University Press. An excellent introduction to Palaeolithic cave art.

Gamble, C., Gowlett, J. & Dunbar, R. 2018. *Thinking Big. How the Evolution of Social Life Shaped the Human Mind.* London & New York: Thames & Hudson. Excellent survey of the cognitive, social and behavioural changes that characterize human evolution, with much original material.

Papagianni, D. & Morse, M. 2022. *The Neanderthals Rediscovered. How Modern Science is Rewriting Their Story (3rd edition).* London & New York: Thames & Hudson.

Pettitt, P. B. 2018. The rise of modern humans. In Scarre, C. (ed.) *The Human Past (4th edition).* London & New York: Thames & Hudson. Covers the evolution and behaviour of the Neanderthals, Denisovans and *Homo sapiens* in a standard textbook that spans the entirety of prehistory.

Reich, D. 2018. *Who We Are and How We Got Here. Ancient DNA and the New Science of the Human Past.* Oxford: Oxford University Press. Highly readable introduction to the genetics of human evolution. (邦訳：デイヴィッド・ライク『交雑する人類：古代DNAが解き明かす新サピエンス史』日向やよい訳、NHK出版、2018)

Stringer, C. 2013. *Lone Survivors. How We Came to be the Only Humans on Earth.* New York: St. Martin's Griffin. Published in the UK in 2012 as The Origin of Our Species. London: Penguin. Excellent account of the biological side of the evolution of *Homo sapiens*, written by one of the foremost experts.

Wood, B. 2019. *Human Evolution: A Very Short Introduction* (2nd edition). Oxford: Oxford University Press.

第1章
皮膚と骨　(pp. 011-028)

Bauernfeind, A. M. & Babbitt, C. C. 2020. Metabolic changes in human brain evolution. *Evolutionary Anthropology* 29(4), 201–11.

Böhme, M. et al. 2019. A new Miocene ape and locomotion in the ancestor of great apes and humans. *Nature* 575, 489–95.

Brace, S. et al. 2019. Ancient genomes indicate population replacement in Early Neolithic Britain. *Nature Ecology & Evolution* 3(5), 765–71 (discusses Cheddar Man's DNA).

Bradley, B. J. 2008. Reconstructing phylogenies and phenotypes: a molecular view of human evolution. *Journal of Anatomy* 212, 337–53.

Coolidge, F. & Wynn, T. 2009. *The Rise of* Homo sapiens: *The Evolution of Modern Thinking*. Chichester: Wiley-Blackwell.

DeMiguel, D., Alba, D. M. & Moyà-Solà, S. 2014. Dietary specialization during the evolution of western Eurasian hominoids and the extinction of European great apes. *PLoS ONE* 9(5). DOI: 10.1371/journal.pone.0097442.

Dunsworth, H. M. 2019. Expanding the evolutionary explanations for sex differences in the human skeleton. *Evolutionary Anthropology* 29, 108–16.

Ferraro, J. V. et al. 2013. Earliest archaeological evidence of persistent hominin carnivory. *PLoS ONE* 8(4). DOI: 10.1371/journal.pone.0062174.

Harmand, S. et al. 2015. 3.3-million-year-old stone tools from Lomekwi 3, West Turkana, Kenya. *Nature* 521, 310–16.

Hecht, E. E. et al. 2015. Acquisition of Paleolithic toolmaking abilities involves structural remodeling to inferior frontoparietal regions. *Brain Structure and Function* 220, 2315–31.

Isler, K. & Van Schaik, C. 2014. How humans evolved large brains: comparative evidence. *Evolutionary Anthropology* 23, 65–75.

Kehrer-Sawatski, H. & Cooper, D. M. 2007. Understanding the recent evolution of the human genome: insights from human-chimpanzee genome comparisons. *Human Mutation* 28(2), 99–130.

Kramer, K. & Hill, A. 2015. Was monogamy a key step on the hominin road? Reevaluating the monogamy hypothesis in the evolution of cooperative breeding. *Evolutionary Anthropology* 24, 73–83.

McHenry, H. 2004. Origin of human bipedality. *Evolutionary Anthropology* 13, 116–19.

McNabb, J. 2019. Further thoughts on the genetic argument for handaxes. *Evolutionary Anthropology* 29, 220–36.

Olalde, I. et al. 2018. The Beaker phenomenon and the genomic transformation of northwest Europe. *Nature* 555, 190–96 (discusses the DNA of Cheddar Man).

Prado-Martinez, J. et al. 2013. Great ape genetic diversity and population history. *Nature* 499, 471–5.

Pobiner, B. L. 2020. The zooarchaeology

and paleoecology of early hominin scavenging. *Evolutionary Anthropology* 29, 68–82.

Reno, P. L. 2014. Genetic and developmental basis for parallel evolution and its significance for hominoid evolution. *Evolutionary Anthropology* 23, 188–200.

Sponheimer, M., et al. 2006. Isotopic evidence for dietary variability in the early hominin *Paranthropus robustus*. *Science* 314, 980–2.

Stout, D. & Chaminade, T. 2012. Stone tools, language and the brain in human evolution. *Philosophical Transactions of the Royal Society of London* Series B *Biological Sciences* 367, 75–87.

Stout, D., et al. 2015. Cognitive demands of Lower Palaeolithic toolmaking. *PLoS ONE* 10(4).
DOI: 10.137/journal.pone.0128256.

Sousa, A. A. M. et al. 2017. Evolution of the human nervous system, function, structure and development. *Cell* 170, 226–47.

Tardieu, C. 2010. Development of the human hind limb and its importance for the evolution of bipedalism. *Evolutionary Anthropology* 19, 174–86.

Ungar, P. S. & Sponheimer, M. 2012. The diets of early hominins. *Science* 334, 190–3.

Wood, B. & Lonergan, N. 2008. The hominin fossil record: taxa, grades and clades. *Journal of Anatomy* 212, 354–76.

Wrangham, R. 2009. *Catching Fire: How Cooking Made Us Human*. London: Profile Books.

Wrangham, R. & Carmody, R. 2010. Human adaptation to the control of fire. *Evolutionary Anthropology* 19, 187–99.

Wynn, T. & Coolidge, F. 2016. Archaeological insights into hominin cognitive evolution. *Evolutionary Anthropology* 25, 200–13.

第2章
DNA研究の最前線 (pp. 029-049)

Bronk Ramsey, C. 2008. Radiocarbon dating: revolutions in understanding. *Archaeometry* 50, 249–75.

Chan, E. et al. 2019. Human origins in a southern African palaeo-wetland and first migrations. *Nature* 575, 185–9.

Fuentes, O. et al. 2019. Interpreting and communicating genetic variation in 2019: a conversation on race. *Evolutionary Anthropology* 28, 109–11.
Green, R. E. et al. 2008. A complete Neandertal mitochondrial genome sequence determined by high-throughput sequencing. Cell 134(3), 416–26.

Gregory et al. 2006. The DNA

sequence and biological annotation of Chromosome 1. *Nature* 441, 315–21.

Henn, B. et al. 2011. Hunter-gatherer genomic diversity suggests a southern African origin for modern humans. *Proceedings of the National Academy of Sciences (USA)* 108, 5154–62.

Klein, R. 2019. Population structure and the evolution of *Homo sapiens* in Africa. *Evolutionary Anthropology* 28, 179–88.

Llamas, B., Willerslev, E. and Orlando, L. 2017. Human evolution: a tale from ancient genomes. *Philosophical Transactions of the Royal Society of London* Series B *Biological Sciences* 372. DOI: 10.1098/rstb.2015.0484.

Marx, V. 2017. Genetics: new tales from ancient DNA. *Nature Methods* 14(8), 771–4.

Noonan, J. P. et al. 2006. Sequencing and analysis of Neanderthal genomic DNA. *Science* 314, 1113–18.

Pettitt, P. B. 2004. Ideas in relative and absolute dating. In Renfrew, C. and Bahn, P. (eds) *Archaeology: The Key Concepts*. London: Routledge, 58–64.

Richards, M. et al. 2001. Stable isotope evidence for increasing dietary breadth in the European Mid Upper Palaeolithic. *Proceedings of the National Academy of Sciences (USA)* 98, 6528–32.

Richter, D. et al. 2017. The age of the hominin fossils from Jebel Irhoud, Morocco, and the origins of the Middle Stone Age. *Nature* 546, 293–9.

Rizzi, E. et al. 2012. Ancient DNA studies: new perspectives on old samples. *Genetics Selection Evolution* 44(21).

Scerri, E. et al. 2019. Beyond multiregional and simple out-of-Africa models of human evolution. *Nature Ecology and Evolution* 3, 1370–2.

Schlebusch, C. et al. 2017. Southern African ancient genomes estimate modern human divergence 350,000 to 260,000 years ago. *Science* 358, 652–5.

Schuster, S. et al. 2010. Complete Khoisan and Bantu genomes from southern Africa. *Nature* 463, 943–7.

Sirak, K. & Sedig, J. 2019. Balancing analytical goals and anthropological stewardship in the midst of the paleogenomics revolution. *World Archaeology* 51, 560–73.

Veeramah, K. & Hammer, M. 2014. The impact of whole-genome sequencing on the reconstruction of human population history. *Nature reviews: Genetics* 15, 149–62.

Welker, F. 2018. Palaeoproteomics for human evolutionary studies. Quaternary Science Reviews 190, 137–47.

第3章
気候の変動と環境 (pp. 050-062)

Basell, L. 2008. Middle Stone Age (MSA) site distributions in eastern Africa and their relationship to Quaternary environmental change, refugia and the evolution of *Homo sapiens. Quaternary Science Reviews* 27, 2484–98.

Fortey, R. 1997. *Life: An Unauthorised Biography.* London: HarperCollins.（邦訳：リチャード・フォーティ『生命40億年全史』渡辺政隆訳、草思社、2003）

Harvati, K. et al. 2019. Apidima Cave fossils provide earliest evidence of *Homo sapiens* in Eurasia. *Nature* 571, 500–4.

Hershkovitz, I. et al. 2018. The earliest modern humans outside Africa. *Science* 359, 456–9.

Hublin, J.-J. et al. 2017. New fossils from Jebel Irhoud, Morocco and the pan-African origin of *Homo sapiens. Nature* 546, 289–92.

第4章
拡散——アフリカからアジアへ (pp. 063-077)

Blinkhorn, J. et al. 2013. Middle Palaeolithic occupation in the Thar Desert during the Upper Pleistocene: the signature of a modern human exit out of Africa? *Quaternary Science Reviews* 77, 233–8.

d'Errico, F. et al. 2005. *Nassarius kraussianus* shell beads from Blombos Cave: evidence for symbolic behaviour in the Middle Stone Age. *Journal of Human Evolution* 48, 3–24.

Dennell, R. 2020. *From Arabia to the Pacific. How Our Species Colonised Asia.* Abingdon: Routledge.

Groucutt, H. et al. 2018. *Homo sapiens* in Arabia by 85,000 years ago. *Nature Ecology and Evolution* 2(5), 800–9.

Groucutt, H. et al. 2019. Skhul lithic technology and the dispersal of *Homo sapiens* into southwest Asia. *Quaternary International* 515, 30–52.

Henshilwood, C. et al. 2004. Middle Stone Age shell beads from South Africa. *Science* 304, 404.

Holt, B. et al. 2013. An update of Wallace's zoogeographic regions of the world. *Science* 339, 74–8.

Jennings, R. et al. 2015. The greening of Arabia: multiple opportunities for human occupation of the Arabian Peninsula during the Late Pleistocene inferred from an ensemble of climate model simulations. *Quaternary International* 382, 181–99.

Stewart, M. et al. 2019. Middle and Late Pleistocene mammal fossils of Arabia and surrounding regions: implications for biogeography and hominin dispersals. *Quaternary International* 515, 12–29.

Vanhaeren, M. et al. 2006. Middle Palaeolithic shell beads in Israel and Algeria. *Science* 312, 1785–8.

第5章
接触——ネアンデルタール人とデニソワ人 (pp. 078–100)

Bergström, A. et al. 2020. Insights into human genetic variation and population history from 929 diverse genomes. *Science* 367. DOI: 10.1126/science.aay5012.

Chen, F. et al. 2019. A Late Middle Pleistocene Denisovan mandible from the Tibetan Plateau. *Nature* 569, 409–12.

Dennell, R. 2019. Dating of hominin discoveries at Denisova. *Nature* 565, 571–2.

Dennell, R. 2020. *From Arabia to the Pacific. How Our Species Colonised Asia.* Abingdon: Routledge.

Doucka, K. et al. 2019. Age estimates for hominin fossils and the onset of the Upper Palaeolithic at Denisova Cave. *Nature* 565, 640–4.

Fu, Q. et al. 2015. An early modern human ancestor from Romania with a recent Neanderthal ancestor. *Nature* 524, 216–19.

Fu, Q. et al. 2016. The genetic history of Ice Age Europe. *Nature* 534, 200–5.

Gamble, C. 1993. *Timewalkers. The Prehistory of Global Colonization.* London: History Press.

Green, R. et al. 2010. A draft sequence of the Neanderthal genome. *Science* 328, 710–22.

Harvati, K. et al. 2019. Apidima Cave fossils provide earliest evidence of *Homo sapiens* in Eurasia. *Nature* 571, 500–4.

Higham, T. et al. 2014. The timing and spatiotemporal patterning of Neanderthal extinction. *Nature* 512, 306–9.

Hockett, B. 2012. The consequences of Middle Palaeolithic diets on pregnant Neanderthal women. *Quaternary International* 264, 78–82.

Jacobs, Z., et al. 2019. Timing of archaic hominin occupation of Denisova Cave in southern Siberia. *Nature* 565, 594–8.

Lachance J. et al. 2012. Evolutionary history and adaptation from high-coverage whole-genome sequences of diverse African hunter-gatherers. *Cell* 150(3), 457–69.

Morley, M. et al. 2019. Hominin and animal activities in the microstratigraphic record from the Denisova Cave (Altai Mountains, Russia). *Scientific Reports* 9. DOI: 10.1038/s41598-019-49930-3.

Moser, S. 1998. *Ancestral Images. The Iconography of Human Origins.* Ithaca: Cornell University Press.

Nielsen, R. et al. 2017. Tracing the peopling of the world through genomics. *Nature* 541, 302–10.

Pakenham, T. 1991. *The Scramble for Africa.* London: Weidenfeld and Nicolson.

Papagianni, D. & Morse, M. 2022. *The Neanderthals Rediscovered: How Modern Science is Rewriting Their Story (3rd edition).* London & New York: Thames & Hudson.

Patterson, N. et al. 2012. Ancient admixture in human history. *Genetics* 192, 1065–93.

Raghavan, M. et al. 2014. Upper Palaeolithic Siberian genome reveals dual ancestry of Native Americans. *Nature* 505, 87–91. DOI: 10.1038/nature12736.

Reich, D. et al. 2010. Genetic history of an archaic hominin group from Denisova Cave in Siberia. *Nature* 468, 1053–60.

Semal, P. et al. 2009. New data on the late Neanderthals: direct dating of the Belgian Spy fossils. *American Journal of Physical Anthropology* 138, 421–8.

Shea, J. 2008. The archaeology of an illusion: the Middle-Upper Palaeolithic transition in the Levant. In Le-Tensorer, J.-M., Jagher, R. and Otte, M. (eds) *The Lower and Middle Palaeolithic in the Near East and Neighbouring Regions.* Liège: ERAUL, 169–82.

Shipman, P. 2015. *The Invaders. How Humans and Their Dogs Drove Neanderthals to Extinction.* Cambridge, MA: Belknap Harvard.（邦訳：パット・シップマン『ヒトとイヌがネアンデルタール人を絶滅させた』河合信和・柴田譲治 訳、原書房、2015）

Slon, V. et al. 2017. A fourth Denisovan individual. *Science Advances* 3(7). DOI: 10.1126/sciadv.1700186.

第6章
多様性　(pp. 101-124)

Arenas, M. et al. 2020. The early peopling of the Philippines based on mtDNA. *Scientific Reports* 10. DOI: 10.1038/s41598-020-61793-7.

Balme, J. 2013. Of boats and string: the maritime colonisation of Australia. *Quaternary International* 285, 68–75.

Barker, G. et al. 2007. The 'human revolution' in lowland tropical Southeast Asia: the antiquity and behaviour of anatomically modern humans in Niah Cave (Sarawak, Borneo). *Journal of*

Human Evolution 52, 243–61.

Bradshaw, C. et al. 2019. Minimum founding populations for the first peopling of Sahul. *Nature Ecology and Evolution* 3, 1057–63.

Clarkson, C. et al. 2017. Human occupation of northern Australia by 65,000 years ago. *Nature* 547, 306–10.

David, B. et al. 2013. How old are Australia's pictographs? A review of rock art dating. *Journal of Archaeological Science* 40, 3–10.

Davidson, I. 2013. Peopling the last new worlds: the first colonisation of Sahul and the Americas. *Quaternary International* 285, 1–29.

Dennell, R. 2020. *From Arabia to the Pacific. How Our Species Colonised Asia.* Abingdon: Routledge.

Dennell, R. and Porr, M. (eds) 2014. *Southern Asia, Australia and the Search for Human Origins.* Cambridge: Cambridge University Press.

Field, J. & Wroe, S. 2012. Aridity, faunal adaptations and Australian Late Pleistocene extinctions. *World Archaeology* 44(1), 56–74.

Kealy, S. et al. 2018. Least-cost pathway models indicate northern human dispersal route from Sunda to Sahul. *Journal of Human Evolution* 125, 59–70.

Locatelli, E. et al. 2012. Pleistocene survivors and Holocene extinctions: the giant rats from Liang Bua (Flores, Indonesia). *Quaternary International* 281, 47–57.

Pedro, N. et al. 2020. Papuan mitochondrial genomes and the settlement of Sahul. *Journal of Human Genetics* 65, 875–87.

Shipman, P. 2015. *The Invaders. How Humans and Their Dogs Drove Neanderthals to Extinction.* Cambridge, MA: Belknap Harvard.（邦訳：パット・シップマン『ヒトとイヌがネアンデルタール人を絶滅させた』河合信和、柴田譲治 訳、原書房、2015）

第7章
大災害──ホモ・サピエンス、ヨーロッパに到来す　(pp. 125-142)

Álvarez-Lau, D. & García, N. 2011. Geographical distribution of Pleistocene cold-adapted faunas in the Iberian Peninsula. *Quaternary International* 233, 159–70.

Bataille, G. et al. 2018. Living on the edge. A comparative approach for studying the beginning of the Aurignacian. *Quaternary International* 474, 3–29.

Buggisch, W. et al. 2010. Did intense volcanism trigger the first late Ordovician icehouse? *Geology* 38(4), 327–30.

Falcucci, A., Conard, N. & Peresani, M. 2017. Critical assessment of the Protoaurignacian lithic technology at Fumane Cave and its implications for the definition of the earliest Aurignacian. *PLoS ONE* 12(12). DOI: 10.1371/journal.pone.0189241.

Fitzsimmons, K. et al. 2013. The Campanian Ignimbrite eruption: new data on volcanic ash dispersal and its potential impact on human evolution. *PloS ONE* 8(6). DOI: 10.1371/journal.pone.0065839.

Fortey, R. 1997. *Life: An Unauthorised Biography.* London: HarperCollins.（邦訳：リチャード・フォーティ『生命40億年全史』渡辺政隆訳、草思社、2003）

Hervella, M. et al. 2016. The mitogenome of a 35,000-year-old *Homo sapiens* from Europe supports a Palaeolithic back migration to Africa. *Scientific Reports* 6(25501). DOI: 10.1038/srep25501.

Hublin, J.-J. 2015. The modern human colonization of western Eurasia: when and where? *Quaternary Science Reviews* 118, 194–210.

Jöris, O. & Street, M. 2008. At the end of the ^{14}C time scale – the Middle to Upper Paleolithic record of western Eurasia. *Journal of Human Evolution* 55, 782–802.

Pinhasi, R. et al. 2011. Revised age of late Neanderthal occupation and the end of the Middle Palaeolithic in the northern Caucasus. *Proceedings of the National Academy Sciences (USA)* 108, 8611–16.

Smith, E. et al. 2018. Humans thrived in South Africa through the Toba eruption about 74,000 years ago. *Nature* 555, 511–15.

Stuart, A. 2014. Late Quaternary megafaunal extinctions on the continents: a short review. *Geological Journal* 50, 338–63.

White, M. J. & Pettitt, P. B. 2009. The demonstration of human antiquity: Three rediscovered illustrations from the 1825 and 1846 excavations in Kent's Cavern (Torquay, England). *Antiquity* 83, 758–68.

Zilhão, J. 2007. The Emergence of Ornaments and Art: An Archaeological Perspective on the Origins of 'Behavioral Modernity'. *Journal of Archaeological Research* 15, 1–54.

第8章
ストレス、病気、近親交配　(pp. 143-161)

Bird, D. W., Bliege Bird, R., Codding, B. F. & Zeanah, D. W. 2019. Variability in the organisation and size of hunter-gatherer groups: foragers do not live in small-scale societies. *Journal of Human Evolution* 131, 96–108.

Bocquet-Appel, J.-R. & Demars, P.-Y.

2005. Estimates of Upper Palaeolithic metapopulation size in Europe from archaeological data. *Journal of Archaeological Science* 32, 1656–68.

Borgel, S. et al. 2021. Early Upper Palaeolithic foot bones from Manot Cave, Israel. *Journal of Human Evolution* 160.

Guatelli-Steinberg, D., Larsen, C. S. & Hutchinson, D. L. 2004. Prevalence and the duration of linear enamel hypoplasia: a comparative study of Neanderthals and Inuit foragers. *Journal of Human Evolution* 47, 65–84.

Hillson, S. W., Franciscus, R. G., Holliday, T. W. & Trinkaus, E. 2006. The ages at death. In Trinkaus, E. and Svoboda, S. *Early Modern Human Evolution in Central Europe: the People of Dolní Věstonice and Pavlov.* Oxford: Oxford University Press, 31–45.

Holt, B. 2003. Mobility in Upper Palaeolithic and Mesolithic Europe: evidence from the lower limb. *American Journal of Physical Anthropology* 122, 200–15.

Holt, B. & Formicola, V. 2008. Hunters of the Ice Age: the biology of Upper Paleolithic people. *Yearbook of Physical Anthropology* 51, 70–99.

Macintosh, A. A., Pinhasi, R. & Stock, J. T. 2017. Prehistoric women's manual labor exceeded that of athletes through the first 5500 years of farming in central Europe. *Science Advances* 3(11). DOI: 10.1126/sciadv.aao3893.

Migliani, A. B. et al. 2020. Hunter-gatherer multilevel sociality accelerates cumulative cultural evolution. *Scientific Advances* 6(9). DOI: 10.1126/sciadv.aax591

Shaw, C. N. & Stock, J. T. 2013. Extreme mobility in the Late Pleistocene? Comparing limb biomechanics among fossil *Homo*, varsity athletes and Holocene foragers. *Journal of Human Evolution* 64, 242–9.

Sikora, M. et al. 2017. Ancient genomes show social and reproductive behaviour of Early Upper Paleolithic foragers. *Science* 358, 659–62.

Sorensen, M. V. & Leonard, W. R. 2001. Neanderthal energetic and foraging efficiency. *Journal of Human Evolution* 40, 483–95.

Trinkaus, E. 2018. An abundance of developmental anomalies and abnormalities in Pleistocene people. *Proceedings of the National Academy of Sciences (USA)* 115, 11941–6.

Trinkaus, E. 2011. Late Pleistocene adult mortality patterns and modern human establishment. *Proceedings of the National Academy of Sciences (USA)* 108(4), 1267–71.

Villotte, S., Thiebeault, A. Sparacello, V. & Trinkaus, E. 2020. Disentangling Cro-Magnon: the adult upper limb skeleton. *Journal of Archaeological Science: Reports* 33. DOI: 10.1016/j.jasrep.2020.102475.

第9章
マンモスを中心とした生活 (pp. 162–184)

Barbieri, A. et al. 2018. Bridging prehistoric caves with buried landscapes in the Swabian Jura (southwestern Germany). *Quaternary International* 485, 23–43.

Cavarretta, G., Gioia, P., Mussi, M. & Palombo, M. (eds) 2001. *The World of Elephants.* Rome: Consiglio Nazionale delle ricerche. Conference proceedings on Pleistocene mammoths and elephants.

Conard, N. 2009. A female figurine from the basal Aurignacian of Hohle Fels Cave in southwestern Germany. *Nature* 459, 248–52.

Conard, N. et al. 2008. Radiocarbon dating the late Middle Palaeolithic and the Aurignacian of the Swabian Jura. *Journal of Human Evolution* 55, 886–97.

Farbstein, R. 2017. Palaeolithic Central and Eastern Europe. In Insoll, T. (ed.) *The Oxford Handbook of Prehistoric Figurines.* Oxford: Oxford University Press, 681–705. DOI: 10.1093/oxfordhb/9780199675616.013.034.

Floss, H. 2015. The oldest portable art: the Aurignacian ivory figurines from the Swabian Jura (southwest Germany). In White, R. and Bourrillon, R. (eds) *Aurignacian Genius: Art, Technology and Society of the First Modern Humans in Europe.* New York: New York University and Palethnology Society, 315–29.

Floss, H. 2018. Same as it ever was? The Aurignacian of the Swabian Jura and the origins of Palaeolithic art. *Quaternary International* 491, 21–9.

Haynes, G. 2006. Mammoth landscapes: good country for hunter-gatherers. *Quaternary International* 142/143, 20–9.

Higham, T. et al. 2012. Testing models for the beginnings of the Aurignacian and the advent of figurative art and music: the radiocarbon chronology of Geißenklösterle. *Journal of Human Evolution* 62, 664–76.

Kind, C.-J., Ebinger-Rist, N., Wolf, S., Beutelspacher, T. & Wehrberger, K. 2014. The Smile of the Lion Man. Recent Excavations in Stadel Cave (Baden-Württemberg, south-western Germany) and the Restoration of the Famous Upper Palaeolithic Figurine. *Quartär* 61, 129–45.

Kirillova, I. et al. 2016. The diet and environment of mammoths in North-East Russia reconstructed from the contents of their feces. *Quaternary International* 406, 147–61.

Lister, A. & Bahn, P. 2007. *Mammoths: Giants of the Ice Age.* London: Frances Lincoln.

Münzel, S. et al. 2011. Pleistocene bears in the Swabian Jura (Germany): Genetic replacement, ecological displacement, extinctions and survival. *Quaternary International* 245, 225–37.

Pettitt, P. B. 2008. Art and the Middle to Upper Palaeolithic transition in Europe: comments on the archaeological arguments for an Early Upper Palaeolithic antiquity of the Grotte Chauvet art. *Journal of Human Evolution* 55(5), 908–17.

Pettitt, P. B. 2017. Palaeolithic Western and Northcentral Europe. In Insoll, T. (ed.) *The Oxford Handbook of Prehistoric Figurines.* Oxford: Oxford University Press, 851–76. DOI: 10.1093/oxfordhb/9780199675616.013.041.

Porr, M. 2010. Palaeolithic art as cultural memory: a case study of the Aurignacian art of Southwest Germany. *Cambridge Archaeological Journal* 20(1), 87–108.

Van Geel, B. et al. 2008. The ecological implications of a Yakutian mammoth's last meal. *Quaternary Research* 69, 361–76.

Van Geel, B. et al. 2011. Palaeo-environmental and dietary analysis of intestinal contents of a mammoth calf (Yamal Peninsula, northwest Siberia). *Quaternary Science Reviews* 30, 3935–46.

Velliky, E. et al. 2021. Early anthropogenic use of hematite on Aurignacian ivory personal ornaments from Hohle Fels and Vogelherd caves, Germany. *Journal of Human Evolution* 150. DOI: 10.1016/j.jhevol.2020.102900.

Verpoorte, A. 2001. *Places of Art, Traces of Fire. A Contextual Approach to Anthropomorphic Figurines in the Pavlovian (Central Europe, 29–24 kyr* BP*).* Leiden: University of Leiden.

Wolf, S. and Conard, N. 2015. Personal ornaments of the Swabian Aurignacian. In White, R. and Bourrillon, R. (eds) *Aurignacian Genius: Art, Technology and Society of the First Modern Humans in Europe.* New York: New York University and Palethnology Society, 330–4.

第10章
寒冷化　(pp. 185–205)

Bosch, M. 2012. Human–mammoth dynamics of the Mid-Upper Palaeolithic of the Middle Danube region. *Quaternary International* 276/277, 170–82.

Gavrilov, K. 2012. Double statuette from Khotylevo 2: context, iconography, composition. *Stratum Plus* 2012(1), 1–14. [In Russian].

Gavrilov, K. & Khlopachev, G. 2018. A new female figurine from Khotylevo 2 site: canonic image and archaeological context. *Camera Praehistorica* 1(1), 8–23.

Iakovleva, L. 2012. Shell adornments from the Upper Palaeolithic in Ukraine. *Ukrainian Archaeology* 2012, 28–37.

Iakovleva, L. 2015. The architecture of

mammoth bone circular dwellings of the Upper Palaeolithic settlements in Central and Eastern Europe and their socio-symbolic meanings. *Quaternary International* 359/360, 324–34.

Kozłowski, J. 2015. The origin of the Gravettian. *Quaternary International* 359/360, 3–18.

Kufel-Diakowska, B. et al. 2016. Mammoth hunting – impact traces on backed implements from a mammoth bone accumulation at Kraków Spadzista (southern Poland). *Journal of Archaeological Science* 65, 122–33.

McDermott, L. 1996. Self-representation in Upper Palaeolithic female figurines. *Current Anthropology* 37(2), 227–75.

Nițu, E.-C. et al. 2019. Mobility and social identity in the Mid Upper Paleolithic: new personal ornaments from Poiana Cireșului (Piatra Neamț, Romania). *PLoS ONE* 14(4). DOI: 10.1371/journal.pone.0214932.

Oliva, M. 2005. *Palaeolithic and Mesolithic Moravia.* Brno: Moravian Museum.

Pettitt, P. B. 2006. The living dead and the dead living: burials, figurines and social performance in the European Mid Upper Palaeolithic. In Knüsel, C. and Gowland, R. (eds) *The Social Archaeology of Funerary Remains.* Oxford: Oxbow, 292–308.

Rice, P. 1981. Prehistoric venuses: symbols of motherhood or womanhood? *Journal of Anthropological Research* 37, 402–14.

Roebroeks, W. et al. (eds) 2000. *Hunters of the Golden Age. The Mid Upper Palaeolithic of Eurasia 30,000–20,000 BP.* Leiden: University of Leiden.

Svoboda, J. et al. 2005. Mammoth bone deposits and subsistence practices during Mid-Upper Palaeolithic in Central Europe: three cases from Moravia and Poland. *Quaternary International* 126/7/8, 209–21.

Svoboda, J. et al. 2015. Pavlov I: a large Gravettian site in space and time. *Quaternary International* 406, 95–105.

Trinkaus, E. et al. 2009. Human remains from the Moravian Gravettian: morphology and taphonomy of additional element from Dolní Věstonice II and Pavlov I. *International Journal of Osteoarchaeology* 20(6), 645–69. DOI: 10.1002/oa.1088.

Wojtal, P. & Sobczyk, K. 2005. Man and woolly mammoth at the Kraków Spadzista Street (B) – taphonomy of the site. *Journal of Archaeological Science* 32, 193–206.

第11章
レフュジア──退避地　(pp. 206-217)

Álvarez-Lao, D. & García, N. 2011. Geographical distribution of Pleistocene cold-adapted large mammal faunas in the Iberian Peninsula. *Quaternary International* 233, 159–70.

Aubry, T. et al. 2008. Solutrean laurel leaf production at Maîtreaux: an experimental approach guided by techno-economic analysis. *World Archaeology* 40(1), 48–66.

Banks, W. et al. 2009. Investigating links between ecology and bifacial tool types in Western Europe during the Last Glacial Maximum. *Journal of Archaeological Science* 36, 2853–67.

Clark, P. et al. 2009. The Last Glacial Maximum. *Science* 325, 710–14.

Dennell, R. 2020. *From Arabia to the Pacific. How Our Species Colonised Asia.* London: Routledge.

Dennell, R. & Porr, M. (eds) 2014. *Southern Asia, Australia and the Search for Human Origins.* Cambridge: Cambridge University Press.

Djindjian, F. 2015. Territories and economies of hunter-gatherer groups during the last glacial maximum in Europe. *Quaternary International* 412, 37–43.

Renard, C. 2011. Continuity or discontinuity in the Late Glacial Maximum of south-western Europe: the formation of the Solutrean in France. *World Archaeology* 43(4), 726–43.

Roldán García, C. et al. 2016. A Unique Collection of Palaeolithic Painted Portable Art: Characterization of Red and Yellow Pigments from the Parpalló Cave (Spain). *PLoS ONE* 11(10). DOI: 10.1371/journal.pone.0163565.

Salomon, H. et al. 2015. Solutrean and Magdalenian ferruginous rocks heat-treatment: accidental and/or deliberate action? Journal of Archaeological Science 55, 100–12.

Shakun, J. & Carlson, A. 2010. A global perspective on Last Glacial maximum to Holocene climate change. Quaternary Science Reviews 29, 1801–16.

Straus, L. G. 2015. The human occupation of southwestern Europe during the Last Glacial Maximum. Solutrean cultural adaptations in France and Iberia. Journal of Anthropological Research 71, 465–92.

第12章
炉ばたと家庭　(pp. 218–232)

Bodu, P. et al. 2011. Where are the hunting camps? A discussion based on Lateglacial sites in the Paris Basin. In Bon, F., Costamagno, S. and Valdeyron, N. (eds) *Hunting Camps in Prehistory. Current Archaeological Approaches.* University of Toulouse II Le Mirail: Palethnology, 231–50.

Boyle, K. 1997. Late Magdalenian carcass management strategies; the Périgord data. *Anthropozoologica* 25, 287–94.

Fontana, L. 2017. The four seasons of reindeer: Non-migrating reindeer in the Dordogne region (France) between 30 and 18 k? Data from the Middle and Upper Magdalenian at La Madeleine and methods of seasonality determination. *Journal of Archaeological Science: Reports* 12, 346–62.

Jöris, O., Street, M. & Turner, E. 2011. Spatial analysis at the Magdalenian site of Gönnersdorf (Central Rhineland, Germany). An introduction. In Gaudzinski-Windheuser, S., Jöris, O., Sensburg, M., Street, M. and Turner, E. (eds) *Site-Internal Spatial Organisation of Hunter-Gatherer Societies: Case Studies from the European Palaeolithic and Mesolithic.* Mainz: Verlag der Römisch-Germanisches Zentralmuseum, 53–80.

Langley, M. C. 2014. Magdalenian antler projectile point design: determining original form for uni- and bilaterally barbed points. *Journal of Archaeological Science* 44, 104–16.

Leesch, D. et al. 2012. The Magdalenian in Switzerland: Re-colonization of a newly accessible landscape. *Quaternary International* 272/3, 191–208.

Pétillon, J.-M. et al. 2011. Hard core and cutting edge: experimental manufacture and use of Magdalenian composite projectile tips. *Journal of Archaeological Science 38(6), 1266–83.*

Połtowicz-Bobak, M. 2012. Observations on the late Magdalenian in Poland. *Quaternary International* 272/3, 297–307.

Zubrow, E., Audouze, F. & Enloe, J. (eds) 2010. *The Magdalenian Household. Unravelling Domesticity.* New York: SUNY.

第13章
日の光が射さない世界──旧石器時代の洞窟絵画　(pp. 233–250)

Ducasse, S. & Langlais, M. 2019. Twenty years on, a new date with Lascaux. Reassessing the chronology of the cave's Paleolithic occupations through new ^{14}C AMS dating. *Paleo* 30(1), 130–47.

Feruglio, V. et al. 2020. Cussac cave Gravettian parietal art (Dordogne,

France): Updated inventories and new insights into Noaillian rock art. *Journal of Archaeological Science: Reports* 32. DOI: 10.1016/j.jasrep.2020.102427.

Jouve, G. et al. 2020. Chauvet's art remains undated. *L'Anthropologie* 124. DOI: 10.1016/j.anthro.2020.102765.

Pettitt, P. B. & Pike, A. 2007. Dating European Palaeolithic cave art: progress, prospects, problems. *Journal of Archaeological Method and Theory 14(1), 27-47*. DOI: 10.1007/s10816-007-9026-4.

Pettitt, P. B. & Bahn, P. 2015. An alternative chronology for the art of Chauvet cave. *Antiquity* 89(345), 542–53.

Pettitt, P. B., et al. 2015. Are hand stencils in Palaeolithic cave art older than we think? An evaluation of the existing data and their potential implications. In Bueno-Ramirez, P. & Bahn, P. (eds) *Prehistoric Art as Prehistoric Culture. Studies in Honour of Professor Rodrigo de Balbin-Behrmann.* Oxford: Archaeopress, 31–43.

Sakamoto, T., Pettitt, P. B. & Ontañon-Peredo, R. 2020. Upper Palaeolithic installation art: topography, distortion, animation and participation in the production and experience of Upper Cantabrian cave art. *Cambridge Archaeological Journal* 30, 665–88.

第14章
ポータブル・アート——景観を持ち運ぶ (pp. 251-262)

Bahn, P. 2016. *Journey Through the Ice Age.* Oxford: Oxford University Press.

Cook, J. 2013. *Ice Age Art: Arrival of the Modern Mind.* London: British Museum.

Vanhaeren, M. & d'Errico, F. 2006. Aurignacian ethno-linguistic geography of Europe revealed by personal ornaments. *Journal of Archaeological Science* 33(8), 1105–11.

第15章
心の内側 (pp. 263-282)

Arias, P. 2009. Rites in the dark? An evaluation of the current evidence for ritual areas at Magdalenian cave sites. *World Archaeology* 41(2), 262–94. DOI: 10.1080/00438240902843964.

Bird, D. W. et al. 2019. Variability in the organisation and size of hunter-gatherer groups: foragers do not live in small-scale societies. *Journal of Human Evolution* 131, 96–108.

Bird-David, N. 1992. Beyond 'the original affluent society': a culturalist reformulation. *Current Anthropology* 33(1), 25–47.

Boyer, P. 2008. Religion: Bound to

believe? *Nature* 455, 1038–9. DOI: 10.1038/4551038a.

Coolidge, F. & Wynn, T. 2009. *The Rise of Homo Sapiens. The Evolution of Modern Thinking.* Oxford: Wiley-Blackwell.

Damasio, A. 2010. *Self Comes to Mind. Constructing the Conscious Brain.* London: Vintage.（邦訳：アントニオ・R. ダマシオ『自己が心にやってくる──意識ある脳の構築』山形浩生訳、早川書房、2013）

Gamble, C., Gowlett, J. & Dunbar, R. 2014. *Thinking Big: How the Evolution of Social Life Shaped the Human Brain.* London & New York: Thames & Hudson.

Hodgson, D. & Pettitt, P. B. 2018. The Origins of Iconic Depictions: A Falsifiable Model Derived from the Visual Science of Palaeolithic Cave Art and World Rock Art. *Cambridge Archaeological Journal 28(4), 591–612.* DOI: 10.1017/S0959774318000227.

Luís, L. et al. 2015. Directing the eye. The Côa Valley Pleistocene rock art in its social context. *Arkeos* 37, 1341–7.

Meyering, L.-E., Kentridge, R. & Pettitt, P. B. 2021. The visual psychology of European Upper Palaeolithic figurative art: using *Bubbles* to understand outline depictions. *World Archaeology* 52(2), 1–18. DOI: 10.1080/00438243.2020.1891964.

Pettitt, P. B., Meyering, L.-E. & Kentridge, R. 2021. Bringing science to the study of ancient senses – archaeology and visual psychology. *World Archaeology* 52(2), 183–204. DOI: 10.1080/00438243.2020.1909932.

Pettitt, P. B. 2020. Social ecology of the Upper Palaeolithic: exploring inequality through the art of Lascaux. In Moreau, L. (ed.) *Social Inequality Before Farming? Multidisciplinary Approaches to the Study of Social Organization and Prehistoric and Enthnographic Hunter-Fisher-Gatherer Societies.* Cambridge: McDonald Institute Conversations, 201–22.

Sakamoto, T., Pettitt, P. B. & Ontañon-Peredo, R. 2020. Upper Palaeolithic installation art: topography, distortion, animation and participation in the production and experience of Cantabrian cave art. *Cambridge Archaeological Journal 30(4), 665–88.* DOI: 10.1017/S0959774320000153.

Sharp, H. 1976. Man: wolf: woman: dog. *Arctic Anthropology* 13, 25–34.
Wengrow, D. & Graeber, D. 2015. Farewell to the 'childhood of man': ritual, seasonality, and the origins of inequality. *Journal of the Royal Anthropological Institute* 21(3), 597–619.

第16章
死者の世界　(pp. 283–298)

Aldhouse-Green, S. H. R. & Pettitt, P. B. 1998. Paviland Cave: contextualizing the Red Lady. *Antiquity* 72(278), 756–72.

Anderson, J. R., Biro, D. & Pettitt, P. B. 2018. Evolutionary thanatology. *Philosophical Transactions of the Royal Society B: Biological Sciences* 373(1754). DOI: 10.1098/rstb.2017.0262.

Bloch, M. & Parry, J. 1994. Introduction: death and the regeneration of life. In Bloch, M.
and Parry, J. (eds) *Death and the Regeneration of Life.* Cambridge: Cambridge University Press, 1–44.

Davies, D. 2017. *Death, Ritual and Belief. The Rhetoric of Funerary Rites.* London: Bloomsbury.

Formicola, V., Pontrandolfi, A. & Svoboda, J. 2001. The Upper Paleolithic triple burial of Dolní Věstonice: pathology and funerary behaviour. *American Journal of Physical Anthropology* 115, 372–9.

Hämäläinen, R. & Germonpré, M. 2007. Fossil bear bones in the Belgian Upper Palaeolithic: the possibility of a proto-bear ceremonialism. *Arctic Anthropology* 44, 1–30.

Hovers, E. & Belfer-Cohen, A. 2013. Insights into early mortuary practices of *Homo.* In Tarlow, S. and Nilsson Stutz, L. (eds) *The Oxford Handbook of the Archaeology of Death and Burial.* Oxford: Oxford University Press, 631–42.

Longbottom, S. & Slaughter, V. 2018. Sources of children's knowledge about death and dying. *Philosophical Transactions of the Royal Society B: Biological Sciences* 373(1754). DOI: 10.1098/rstb.2017.0267.

Pettitt, P. B. 2011. *The Palaeolithic Origins of Human Burial.* Abingdon: Routledge.

Pettitt, P. B. 2018. Hominin evolutionary thanatology from the mortuary to funerary realm. The palaeoanthropological bridge between chemistry and culture. *Philosophical Transactions of the Royal Society B: Biological Sciences* 373(1754). DOI: 10.1098/rstb.2018.0212.

Stiner, M. 2017. Love and death in the Stone Age: what constitutes first evidence of mortuary treatment of the human body? *Biological Theory* 12(4), 248–61. DOI: 10.1007/s13752-017-0275-5.

Villotte, S. et al. 2019. Evidence for previously unknown mortuary practices in the southwest of France (Fornol, Lot) during the Gravettian. *Journal of Archaeological Science: Reports* 27. DOI: 10.1016/j.jasrep.2019.101959.

Zilhão, J. 2015. Lower and Middle Palaeolithic mortuary behaviours and the origins of ritual burial. In Renfrew,

C., Boyd, M. J. and Morley, I. (eds) *Death Rituals, Social Order and the Archaeology of Immortality in the Ancient World. 'Death Shall Have No Dominion'*. Cambridge: Cambridge University Press, 27–44.

第17章
アメリカ大陸への進出　(pp. 299–321)

Davidson, I. 2012. Peopling the last new worlds: the first colonisation of Sahul and the Americas. *Quaternary International* 285, 1–29.

Davis, L. & Madsen, D. 2020. The coastal migration theory: formulation and testable hypotheses. *Quaternary Science Reviews* 249. DOI: 10.1016/j.quascirev.2020.106605.

Erlandson, J. et al. 2007. The Kelp Highway Hypothesis: Marine Ecology, the Coastal Migration Theory, and the Peopling of the Americas. *The Journal of Island and Coastal Archaeology* 2(2), 161–74.

Hoffecker, J. et al. 2016. Beringia and the global dispersal of modern humans. *Evolutionary Anthropology* 25, 64–78.

Meltzer, D. 2018. The origins, antiquity, and dispersal of the first Americans. In Scarre, C. (ed.) *The Human Past (4th edition)*. London & New York: Thames & Hudson, 149–71.

Mulligan, C. et al. 2008. Updated three-stage model for the peopling of the Americas. *PLoS ONE* 3(9). DOI: 10.1371/journal.pone.0003199.

Rasmussen, M. et al. 2014. The genome of a Late Pleistocene human from a Clovis burial site in western Montana. *Nature* 506, 226–9.

Speth, J. et al. 2013. Early Paleoindian big-game hunting in North America: provisioning or politics? *Quaternary International* 285, 111–39.

Waters, M. 2019. Late Pleistocene exploration and settlement of the Americas by modern humans. *Science* 365(6449). DOI: 10.1126/science.aat5447.

Waters, M. et al. 2011. Pre-Clovis mastodon hunting 13,800 years ago at the Manis site, Washington. *Science* 334, 351–3.

第18章
家畜化の道――やがて人は自己家畜化へ (pp. 322-332)

Ameen, C. et al. 2017. A landmark-based approach for assessing the reliability of mandibular tooth crowding as a marker of dog domestication. *Journal of Archaeological Science* 85, 41–50.

Bergström, A. et al. 2020. Origins and genetic legacy of prehistoric dogs. *Science* 370, 557–64.

Germonpré, M. et al. 2015. Large canids at the Gravettian Předmostí site, the Czech Republic: the mandible. *Quaternary International* 359/360, 261–79.

Germonpré, M. et al. 2015. Palaeolithic dogs and Pleistocene wolves revisited: a reply to Morey (2014). *Journal of Archaeological Science* 54, 210–16.

Larson, G. et al. 2012. Rethinking dog domestication by integrating genetics, archaeology and biogeography. *Proceedings of the National Academy of Science (USA)* 109, 8878–83.

Shipman, P. 2015. How do you kill 86 mammoths? Taphonomic investigations of mammoth megasites. *Quaternary International* 359/360, 38–46.

Shipman, P. 2015. *The Invaders. How Humans and Their Dogs Drove Neanderthals to Extinction.* Cambridge, MA: Harvard Belknap.（邦訳：パット・シップマン『ヒトとイヌがネアンデルタール人を絶滅させた』河合信和、柴田譲治 訳、原書房、2015）

謝　辞

　コリン・リドラーがいなければ、本書は書かれなかっただろう。最初に誰よりもまず彼に深い感謝の意を表したい。彼は数年前、この本を書くべき人間として私を選んでくれた。そして最初にこの企画を立ち上げて以来ずっと、説得力をもって暖かく粘り強くプロジェクトに付き合ってくれた。コリンはつねに執筆の伴奏者でありつづけ、貴重で鋭いコメントを、熱意を込めて送ってくれた。また、テムズ＆ハドソン社では、ベン・ヘイズが極めて有能な委託編集者として複雑なスケジュールを軽々と操り、編集の過程を見事に管理してくれたので、私はそれに関してまったく無頓着でいられた。イザベラ・ルタとアナベル・ナヴァロは、私が執筆そのものに集中できるよう、制作上の重要な仕事を引き受けて多くの重荷を取り除いてくれた。彼女たちのおかげでどれだけの時間を節約できたことかと考えると、身震いするほどだ。マーク・サプウェルは、まさに魔法使いのような編集者だった。著者の個性や視点を保ちながら、繰り返しや矛盾を目ざとく見つけ、粋な文章を書くべき部分を見抜くという作業を彼がどうやってこなしているのか、想像もつかない。ベン・プラムリッジと久々に仕事ができたことは大きな喜びだった。彼とは20年ほど前、シチリアで考古学調査に取り組んでいたチームで一緒に働き、とてもシュールなホテルで過ごした思い出を共有している。ベンは、フレンドリーかつ効率的に校正の手を入れて、原稿を完成へと導いてくれた。彼らの技能は隅々まで配慮が行き届いていると同時に大きな力を持っており、私はとても感謝している。物書きが特定の編集者を指名したがる話を聞いたことがあるが、今はその理由がよくわかる。

　研究仲間の俊英の多くが、自分の分野に関係する章の草稿に目を通してくれたことは本当にありがたかった（場合によっては何章も読んでくれた）。おかげで、内容がかなり向上した。スタン・アンブローズ、ロビン・デネル、ゲイリー・ヘインズ、オラフ・イェリス、ボブ・ケントリッジ、グレガー・ラーソン、リサ＝エレン・メイヤーリング、アリス・ロバーツ、マイク・ウォーターズ、エスケ・ヴィラースレウ（アルファベット順）に謝意を表したい。言うまでもなく、私は彼らの助言のほとんどを取り入れたが、それでも本書に間違いがあれば、それは私の責任である。学問の世界では頻繁な意見交換が非常に重要である。本書の準備中、以下に挙げる人々を含む研究仲間から得た情報は、本書に大きく貢献した。ティエリー・オーブリー、コンスタンチン・ガヴリーロフ、

カート・グロン、エリン・ヘクト、ジャック・ジョベール、ダニエル・デミゲル、マルコ・ペレサーニ、ディートリック・スタウト。また、もっと広い範囲で私が良き友と思う人々、すなわちポール・バーン、フランチェスコ・デリコ、ザビーネ・ガウジンスキ＝ヴィントホイザー、クリストファー・ヘンシルウッド、アリステア・パイク、エリック・トリンカウス、ジョアン・ジリアンらからの教示も同様である。もちろん、それ以外の人たちにも助けられた。初期のホモ・サピエンスについての私の理解と研究において特に中心的な役割を果たしたのが誰であるかは、本書を読めば明らかだろう。

　ダラム大学の優秀な学部生や大学院生の貢献はいくら強調しても足りないほどだ。私は普段から、難しい考古学の記録に対するさまざまなアイディアやアプローチを彼らに試させており、彼らからあふれんばかりの情熱を受け取っている。ダラム大学の古代学チーム、なかでも古代視覚心理学研究グループには特に感謝している。彼らは暖かく真摯な批評眼を提供してくれる存在である。アルファベット順に並べると、ダナ・アラン、サム・ハースト、カース・ジョーンズ、バルバラ・オーステルヴェイク、坂本崇、マーク・ホワイト、イジー・ウィッシャー。彼らとは一緒に楽しく飲んだことも一度や二度ではない。そして、ボブ・ケントリッジとリサ＝エレン・メイヤーリングは得難い同僚である。考古学学科長のサラ・センプルは、本書を執筆するために私が研究休暇を取っていた間じゅう、非常に協力的だった。この研究休暇の際に、ヨハネス・グーテンベルク大学（ドイツ、マインツ）のリサーチ・トレーニング・グループ1876「人間と自然に関する初期の概念」のメルカトル優秀研究フェローシップを受けることができたのもありがたいことだった。

　最後に、妻モーリーンに心からの感謝と愛を捧げる。彼女自身にも研究しなければならないテーマ、執筆せねばならない本、指導しなければならない学生たちがいるにもかかわらず、何ヵ月かにわたって執筆の"ゾーンに入って"いた私のことを我慢してくれた。彼女は、あらゆる面でインスピレーションを与えてくれる存在である。

画像クレジット

略号：a＝上、b＝下、c＝中央、l＝左、r＝右

カラー図版：**I** Hecht et al. 2015; **II** Craig Foster and Christopher Henshilwood; **III** Shannon McPherron, MPI EVA Leipzig; **IV** Jean-Jacques Hublin, MPI EVA Leipzig; **V** Sarah Freidline, MPI EVA Leipzig; **VI** Craig Foster and Christopher Henshilwood; **VII** Liu et al., 2015; **VIII** The Institute of Archaeology and Ethnography RAS, Russia; **IX** Centro de Colecciones Patrimoniales de Gipuzkoa, Spain. Tafelmaier, Y., 2017. Photo Yvonne Tafelmaier; **X** Sikora, Pitulko et al. 2019. Elena Pavlova and Vladimir Pitulko; **XI** Thibeault, A. & Villotte, S., 2018; **XII** S. Entressangle/E. Daynes/Science Photo Library; **XIII** Teo Moreno Moreno/Alamy Stock Photo; **XIVa** akg-images/Erich Lessing; **XIVb** Naturhistorisches Museum, Vienna; **XIVc** © University of Tübingen. Photo H. Jensen; **XV** Valery Sharifulin/TASS/Alamy Live News; **XVI** Photo Don Hitchcock; **XVII** © MAN/Loïc Hamon; **XVIII** © The Trustees of the British Museum; **XIX** The Neanderthal Museum, Germany; **XX** Hemis/Alamy Stock Photo; **XXI** Gonzalo Azumendi/Getty Images; **XXII** Photo Paul Pettitt; **XXIII** The Zaraysk Kremlin State Museum-Preserve & The Institute of Archaeology RAS, Russia; **XXIV** Andia/Alamy Stock Photo; **XXVl** José Paulo Ruas, DGPC; **XXVr** João Zilhão, ICREA/University of Barcelona; **XXVI** Duncan McLaren; **XXVII** Dan Burr; **XXVIII** Greg Harlin, Wood Ronsaville Harlin, Inc.; **XXIX** Mike Waters.

モノクロ図版（ページ番号順）：**2** S. Entressangle/E. Daynes/Science Photo Library; **15** Paul Pettitt; **18** Prof. Matt Sponheimer; **26** © Sonia Harmand MPK/WTAP; **36** Christopher Henshilwood & Magnus Haaland; **46** Nina Hollfelder, Gwenna Breton, Per Sjödin & Mattias Jakobsson, 2021, The deep population history in Africa, *Human Molecular Genetics* 30(R1), R2–R10; **52** Filipa Rodrigues/STEA/João Zilhão; **53** Yau et al., 2016; **57** Paul Pettitt; **61** Prof. Israel Hershkovitz; **64** Christopher Henshilwood & Francesco d'Errico; **67** Peter Bull & Drazen Tomic; **68** Paul Pettitt; **71** Moris Kushelevitch/Alamy Stock Photo; **72, 73** Jeff Rose; **74** Redrawn from Jennings, R. et al., 2015; **75** Paul Pettitt; **77** Liu et al., 2015; **93** Omry Barzilai & Natalia Gubenko, Israel Antiquities Authority; **99** Paul Pettitt; **103** Mishra et al., **106** 柴山英明; 2013; **109** Photo Graeme Barker; **123** Zwyns et al., 2019. Photo Nicolas Zwyns; **129** Dr. M. Baales (Olpe, Germany); **137** Erik Trinkaus; **138** Photo Marco Peresani; **141** Prof. Jamie Woodward; **144** Collection MNHN, France. Photo D. Henry-Gambier; **145** Thibeault, A. & Villotte, S., 2018; **148–149** Sikora et al., *Science*, 2017; **155** Erik Trinkaus; **156** Sparacello et al., 2018; **157** S. Villotte, A. R. Ogden & E. Trinkaus. © Lavoisier SAS 2018; **158** Erik Trinkaus;

165 Hemis/Alamy Stock Photo; **172** Sommer/ROCEEH University of Tübingen; **175** Photos H. Jensen, University of Tübingen (rows 1-3, 5), S. Wolf (rows 4, 6-8); montage: G. Häussler; **176** © University of Tübingen. Photos H. Jensen & J. Lipták; **179** © University of Tübingen. Photo Hildegard Jensen; **182** © Ulmer Museum, Ulm, Germany. Photo Oleg Kuchar; **184** 国立科学博物館（東京）; **187** Paul Pettitt; **188** Mission archéologique des grottes de Saulges. Photo Hervé Paitier; **191** Jiří Svoboda; **192** Jiří Svoboda/Institute of Archaeology, Brno, Czech Republic. Photo Rebecca Farbstein; **195l** DeAgostini/A. Dagli Orti; **195r** Heritage Images/Werner Forman Archive; **202–204** © L. Iakovleva; **210** CW Images/Alamy Stock Photo;

212-213 Photo Thierry Aubry; **214** 柴山英昭; **216** DeAgostini/G. Dagli Orti; **228** Olaf Jöris; **231** Römisch-Germanisches Zentralmuseum, Mainz, Germany. Photo Gerhard Bosinski, MONREPOS picture archive; **237** WHPics/Alamy Stock Photo; **245** Sylvain Ducasse & Mathieu Langlais; **249** Hemis/Alamy Stock Photo; **252** The Print Collector/Alamy Stock Photo; **253a** © The Trustees of the British Museum; **253b** Photo © RMN-Grand Palais (Musée d'Archéologie nationale)/Thierry Le Mage; **256** Photo © RMN-Grand Palais/Gérard Blot; **258a** Historic Images/Alamy Stock Photo; **258b** Photo © RMN-Grand Palais (Musée d'archéologie nationale)/Loïc Hamon; **261** M. Vanhaeren & F. d'Errico, 2006; **268l** Granger Historical Picture Archive/Alamy Stock Photo; **268r** Photo 12/Alamy Stock Photo; **270** MATLAB/L.-E. Meyering; **271** Takashi Sakamoto; **272** Photo Izzy Wisher and with thanks to Gobierno de Cantabria, Spain; **275** Photo Lisa-Elen Meyering; **276** Volker Iserhardt, Römisch Germanisches Zentralmuseum, Mainz, Germany; **280** Proyecto La Garma. Photo Pedro A. Saura; **281a** © MONREPOS Bildarchiv, Germany; **281b** Römisch-Germanisches Zentralmuseum/E. Turner; **287** Belgian Middle Egypt Prehistoric project of Leuven University; **288–289** Jorge González, University of South Florida/Elena Santos, Complutense University of Madrid-CENIEH; **290** Pascal Goetgheluck/Science Photo Library; **293** © N. Aujoulat, CNP, MCC; **296** Jiří Svoboda; **298** © The Trustees of the Natural History Museum, London; **300** After Nikolskiy & Pitulko (2013), reproduced with permission of JAS. Photo Vladimir Pitulko; **303** Waters et al., 2019. Reprinted with permission from AAAS; **304** University of Alaska Museum of the North; **305** ML Design; **306** Photo Mike Waters; **37** Waters et al., 2011. Reprinted with permission from AAAS; **312** Tom D. Dillehay; **325** © Mietje Germonpré.

索　引

- ローマ数字はカラーページの図版番号を示す。

【アルファベット】

DNA	9, 11, 13, 23, 29-31, 40-47, 82-87, 97-100, 104, 111, 123, 134, 141, 149, 150-151, 295, 302-303, 308-309, 312, 326
ZooMS（ズーマス）	44-45, 97, 100

あ行

アイブット・アル・アウワル（遺跡）	72
アウストラロピテクス類	59, 104
握斧	25-27
足跡	128, 129, 133, 301, 311, XXXVI
アジアへの初期の拡散	66-69
アトラトル（投げ槍）　→武器投擲技術	
アフリカ	
〜の古気候と生態系	55-62
〜の狩猟技術	91-92
ホモ・サピエンスの起源	45-49, 73
アブリ・パトー洞窟	157, 187
網	111, 191
アメリカ大陸への拡散	299-321
アル・ウスタ（遺跡）	73
アルタイ山脈	68, 96, 122, 124, 180,
アルタミラ洞窟	237, 246, 247-250, 273
アルダレス洞窟	6
アルベド	130-132
アレーネ・カンディデ洞窟	156
アンダーナッハ（遺跡）	
アンブローズ、スタン	132, 135
アンレーヌ洞窟	248, 278
イェリス、オラフ	219, 229, 276
イエローストーン国立公園	86, 95
イスチュリッツ洞窟	257, 258, 278
イヌ　→　ウルフ - ドッグ	
イヌの埋葬（横須賀）	328
インドネシアの初期のホモ属	20, 21, 104
"ヴィーナス"像	190, 193-200, 205, 239, 241-242, 253-254, 257, 272, 276
ウィッシャー、イジー	272, 274
ヴィラースレウ、エスケ	83
ウィルバーフォース、サミュエル	29, 48
ヴィレンドルフ	193, 198
ヴィロット、セバスチャン	146
ウィン、トム	24
ウェド・ジェバナ（遺跡）	64
ウォーターズ、マイク	306
ヴォルフ、ジビレ	174
ウォレス、アルフレッド・ラッセル	67, 106, 108
ウシキ - イシム（遺跡）	123, 149
ウシキ - カラコル（遺跡）	123
ウラハン - スラル（遺跡）	328
ウルフ - ドッグ	324-325, 327-329
エカイン洞窟	250, XXI
エティオール（遺跡）	225, 226, 230
エミレー洞窟	93
エル・カスティーヨ洞窟	272, 274, XIII
エル＝ワド洞窟	71, 93
オアセ洞窟	94, 136, 137, 148
オーストラリア	66, 69, 98, 105, 111, 140
オーリニャック文化	170, 174, 175, 180, 184, 189, 260, 262
オジブワ族	304
オット、マルセル	189
オルドヴァイ峡谷	13, 21
オルドビス紀	51, 128
オルドワン（石器）	21,
音楽	177-178, 236, 265

か行

ガイセンクレステルレ洞窟	170, 172, 180
ガウジンスキ＝ヴィントホイザー、ザビーネ	276
ガヴリーロフ、コンスタンチン	200, 203
ガウレット、ジョン	265
ガガーリノ遺跡	200
拡散（人類の）	21, 32, 37, 45, 55-56,61-62, 63-77, 80-85, 98, 101-102, 110-124, 131-139, 218-224, 299-321,
カステルメルル渓谷	167
家畜化	12, 267, 306, 321, 322-332
ガビユー洞窟	249
カフゼー洞窟	57, 70, 88, 287, 290
カヤオ洞窟	104
カラ・ボム（遺跡）	123,
ガルゲンベルクの丘（遺跡）	XIV

カルヴァート島	303, XXVI	コリンズ、マシュー	44
カンピ・フレグレイ（フレグレイ平野）	140	ゴンツィ（遺跡）	201, 202,

顔料　　7, 36, 70, 95, 108, 121, 122, 165, 167, 175, 183, 205, 229, 238, 242, 243, 247, 271, 278, 293

さ行

気候変動	50-55, 59, 74, 104, 107, 206-207
キャップ・ブラン（岩陰）	220-221, XIX
ギャンブル、クライヴ	186, 223, 265
キュヴィエ、ジョルジュ	125-128, 164
ギョベクリ・テペ	205
漁撈	39, 108
クーニャック洞窟	242
クーリッジ、フレッド	24
クサック洞窟	241, 292-294
グラヴェット文化	184, 189-190, 207-210, 215, 239-242, 253, 272, 276, 283, 290, 292, 294,
クラシース（遺跡）	134,
クリー族	304
グリーンランドの氷床コア	50-55
クリスティ、ヘンリー	166
クリマウツィ	185
クレスウェル・クラッグス	5-6, 34, 275
クレムス・ヴァハトベルク	283
クロヴィス文化	301-311, XXIX
クロマニョン（遺跡）	143-146, 154, XI
グロン、カート	326
月桂樹葉形尖頭器（ソリュートレ文化期）	209, 213, 214, 215
ケニアントロプス・プラティオプス	26
「ケルプ・ハイウェイ」と南北アメリカ大陸への拡散	305, 307
ケントリッジ、ボブ	271
ゲンナースドルフ	218-219, 221, 226-232, 275-278, 281
コア渓谷	216-217, 235, 252
コイサン	46, 47
ゴースト人類	82-85, 123, 139, 320
コスケール洞窟	241
コスチョンキ（遺跡）	146, 147, 149, 198, 200
コスチョンキ - アヴデーヴォ文化	199
古代型ホモ属	15, 23, 152
コナード、ニック	170, 174
琥珀	205, 255-256, 275
コバラナス洞窟	271
ゴフの洞窟	11, 298

最終氷期最寒期	153, 201, 206-208, 210, 216, 218, 299, 327
坂本崇	273
サハラ砂漠	59, 62, 73
サフール	105, 106, 108, 110-112, 121-122, 308, 311
ザライスク（遺跡）	XXIII
死	159-161, 283-286, 290-298
シェイ、ジョン	91-92
ジェイコブス、ゼノビア	96
ジェニングス、リチャード	75
ジェベル・イルード（遺跡）	37, 57, 60, III, IV, V
ジェリマライ（遺跡）	108, 109
視覚文化	81, 95, 109-110, 139, 177, 180, 186, 187, 237, 262, 269, 329
シップマン、パット	86, 324, 327
シベリアへの初期の拡散	76, 122-124, X
社会脳仮説	24
狩猟採集民の人口サイズ	146-147
ショーヴェ洞窟	165, 237, 241, 278, XXIV
ジョベール、ジャック	239
人種	47-48, 81
新石器時代	148, 205, 220, 330, 331
人肉食	286, 298
人類進化	12-13, 17, 29, 30, 56, 85
水洞溝	123
スタウト、ディートリック	25
スピー洞窟	94
スフール洞窟	57, 64, 70, 71, 88
スワートクランズ洞窟	18, 19
スンギル（遺跡）	148, 149, 150, 155, 158
スンダ	105-109, 130, 208
生態文化ニッチモデリング	210
生物地理学的区域	66, 67, 101, 108, 124, 219
石刃と小型石刃の技術	93, 102, 103, 123, 135-138, 186, 208, 211, 225, 304, 310
セレタ洞窟	137
装身具	8, 81, 95, 124, 139, 170, 222, 227, 252, 282
貝殻の〜	64-65, 70, 122, 186, 229, 259-260, 291

骨と歯の〜	171, 190, 260, 261, 323
マンモスの牙の〜	166, 170, 173, 184, 186, 190, 295
葬送キャッシング	→埋納
ソファー、オルガ	192
ソリュートレ文化	187, 208, 209-217, 240, 247, 248, 302

た行

ダーウィン、チャールズ	13, 29, 45, 79, 219, 220, 322
大地溝帯	13, 58, 130
退避地	→レフュジア
タムパリン洞窟	107
ダンバー、ロビン	24, 265
タンボラ山	128-131
チェダーマン	11-12
チペワイアン族	263, 304, 323, 324-325
チャーチル、スティーヴ	55, 294
中国の初期ホモ・サピエンス	21, 27, 69, 76-77, 105, 107, 122-123
中新世	14, 15, 17, 56, 59, 163
チュック・ドードゥベール洞窟	248
デイヴィス、ウィリアム	223
定住	146, 192, 205, 221, 267, 284, 297, 322, 329, 331
ティボー、アドリアン	146
テシュラー=ニコラ、マリア	283
デナリ文化複合	304
デニソワ人	15, 45, 78, 80-81, 85-89, 96-100, 105, 123, 131, 134, 139, 142, 302, 330-331
デニソワ洞窟	45, 96-100, VIII
デネル、ロビン	66, 72, 85, 89, 101, 110, 124
デュカス、シルヴァン	243, 244
デュクタイ（遺跡）	303
デリコ、フランチェスコ	63, 260
天変地異説 (カタストロフィズム)	127
同位体分析	18-19, 29, 31, 37-39, 79, 327
ドゥーカ、カテリーナ	44
洞窟絵画／洞窟壁画	4-6, 34-35, 110, 121, 165, 187, 233, 235-250, 271-274, XIII, XIX, XX, XXI, XXIV
土器	148, 192, 195, 197, 330, 331
髑髏杯	298
トバ山	130-134
ドブラニチェフカ（遺跡）	201, 205
トリンカウス、エリック	33, 90, 105, 154, 158, 160, 192, 194
ドルニー・ヴィェストニツェ	158, 195, 197, 295, 296
トロワ・フレール洞窟	248, 249, 268

な行

投げ槍（ジャベリン）	→武器投擲技術
ナズレット・ハテル（埋葬跡）	287
ニア洞窟	107, 109
ニーダーヴェニンゲン	168-169
ニオー洞窟	233, 237, 245, 247, 249, 278
二足歩行の起源	14-17
ニツ、エレナ=クリスティナ・	186
日本	67, 92, 94, 123, 307, 328
ヌビア型	72, 73, 74, 76
ネアンデルタール人	7, 15, 21, 35, 39, 43, 46, 60, 69, 70, 71, 77, 78-100, 104, 122, 131, 134, 136-139, 141, 143, 151-152, 161, 165, 169, 178-180, 234, 238, 264, 286, 287, 330, 331
熱帯雨林	56, 66, 101, 102, 105-108, 122, 329
ネナナ文化複合	303, 304, 309
年代測定	32
アルゴン - アルゴン法	131, 140
ウラン - トリウム法	5, 35, 62, 77, 108, 240
放射性炭素	32-34, 94, 240, 243-245, 301, 310, 312
ルミネッセンス年代測定法（熱ルミネッセンス法と光ルミネッセンス法）	35-37, 60, 96
ノイゲバウアー=マレシュ、クリスティーネ	283
脳の進化	8-9, 14, 17, 20-21, 22-28, 264-266, I

は行

バーガー、リー	55
ハースト、サム	194
ハイアム、トム	44, 97
パイク、アリステア	5, 34-35
バイソン女	239, 242, 254
ハインリッヒ・イベント	140, 189, 207
パヴィランドの赤い貴婦人	34, 162-163, 290-291
パヴロフ（遺跡）	148, 191, 192, 197, 278
パヴロフ文化	188-192, 195, 197-199, 204, 325, 327, 328
ハクスリー、トーマス・ヘンリー	13, 29, 45, 48

白石崖（はくせきがい）溶洞	100
バチョ・キロ洞窟	136
バックランド、ウィリアム	162-163
バックリー、マイク	44
バドゥグール文化	244
バトン	254, XVII
パラントロプス	15, 18-19, 105
パルパリョ洞窟	215-217
バルマ・グランデ洞窟	294-295
パンガ・ヤ・サイディ洞窟	57, 288
バンクス、ウィリアム	210
パンスヴァン（遺跡）	224
バントゥー語族	46, 47, 84
ハンドステンシル	109, 121, 238-240
ヒトとイヌが一緒の埋葬（ボン-オーバーカッセル）	328
ピナクルポイント（遺跡）	57, 58, 133-134
ファンハーレン、マリアン	64, 224, 260
ブール、マルセラン	78
フェルポルテ、アレクサンデル	197-198
フェルリオ、ヴァレリー	239
フォーゲルヘルト洞窟	170-174
フォルサム（遺跡）	301
フォルミコーラ、エンツォ	291, 294
武器投擲技術	
アトラトル（槍投げ器）	92, 211-212, 214, 251, 254-256, 262, 266
投げ槍（ジャベリン）	10, 92, 93, 154, 174, 212, 214, 222, 225, 226, 229, 230, 242, 251, 259, 279, 310, 324, 327
槍（スピア）	9, 72, 74, 92, 173, 226, 254, 321
福岩洞	77, VII
プシェドモスティ	325
負傷した男	239, 242, 267
フマーネ洞窟	138, 139
ブラッサンプイの婦人	257-258
ブラマンティ、バルバラ	29-30
ブリレンヘーレ洞窟	170, 172, 298
ブルイユ、アンリ	240, 243
ブロードスペクトラム食	39
フロス、ハラルト	178
原（プロト）オーリニャック文化	138-139, 141, 170
ブロンボス洞窟	36, 57, 63-65, 282, II, VI
ペイズリー洞窟群	305, 309
ベイセル、ローラ	58
ヘインズ、ゲイリー	168, 311
ページ-ラドソン（遺跡）	305, 306, 309, XXVIII
ベーリンジア	299, 300, 302, 303, 305, 308-309,
ペシュ・メルル洞窟	242, 254
ベデイヤック洞窟	255
ヘルト（遺跡）	73, 286
ヘンシルウッド、クリストファー	63
ポイァナ・チレシュルイ（遺跡）	186
ボイヤー、パスカル	282
ポータブル・アート	173, 214, 217, 221, 235, 247, 248, 250, 251-262, XIV, XVI, XVII, XVIII, XXIII
ホーレ・フェルス	170, 172, 174, 177, 179, XIV
ホーレンシュタイン-シュターデル	170, 172, 180, 182
ホジソン、デレク	273
ボシンスキ、ゲアハルト	276
ボックシュタイン洞窟	170, 172
ホティリョーヴォ2（遺跡）	200
ボドゥ、ピエール	224
ホフマン、ディルク	52,
ホミニン	15, 19-21, 27, 105
ホモ・アンテセッサー	21, 105
ホモ・エルガステル	20, 21, 22, 27
ホモ・エレクトス	15, 20, 21, 27, 59, 77, 85, 98, 99, 102, 259
ホモ・サピエンス	
死	159-161
〜の生体力学と病理	152-159
〜のネアンデルタール人・デニソワ人との分岐	80
ライフサイクル	151-154
ホモ・ナレディ	15, 21, 105
ホモ・ハイデルベルゲンシス	15, 27
ホモ・ハビリス	20
ホモ・フローレシエンシス	15, 104-105, 108, 134
ホモ・ルゾネンシス	15, 104-105, 134

ま行

マイエンヌ-シアンス洞窟	188, 242
埋葬	34, 70-71, 150, 158, 160-161, 162-163, 187, 190, 221, 283-298, 312, 322, 328

埋納	286-290
マジェドベベ（遺跡）	112
マス・ダジル洞窟	253, 256
マストドン	126, 163, 168, 301, 307, 308-312
マドレーヌ文化	210, 218, 219, 220-222, 224-227, 244, 247-253, 328
マニス（遺跡）	305, 307, 310
マノット洞窟	154
マリタ（遺跡）	83, 148, 149
マルトラビエソ洞窟	6
マンゴー湖（遺跡）	122
マンモス	9, 40, 42, 43, 44, 79, 122-124, 126, 142, 147, 162-184, 185-191, 197-205, 207, 218, 222, 231-232, 240, 255, 275, 278, 283, 290-293, 300, 301-302, 308-312, 324, 327, 331, XV
ミスリヤ洞窟	57, 61, 62, 70
ムトト（埋葬された子供）	288-289
メイヤーリング、リサ＝エレン	272
メータケリ（遺跡）	103
メジリチ（遺跡）	201-203
メジン（遺跡、文化）	201-205, 215, 218, 256, 328
メドウクロフト（遺跡）	305, 309
メルトロッホ（遺跡）	129, 133
モンタストリュック（遺跡）	253, 257
モンテ・ベルデ（遺跡）	301, 305, 309, 312, 321

や行

薬用植物	312
ヤコヴレヴァ、リュドミラ	202
ヤナ	123, 300, 302, 303, 310
槍	→武器投擲技術
ヤンガー・ドリアス期	128
有茎尖頭器伝統	309, 311
ユジノヴォ	201, 204
ユチャウズル	64

ら行

ラーハー・ゼー（噴火）	128-129, 133
ライオンマン	176, 180-183
ライク、デイヴィッド	82, 83, 85,
ラガール・ヴェーリョ岩陰	XXV
ラ・ガルマ洞窟	277, 280
ラ・シャペル＝オー＝サン	78
ラスコー洞窟	217, 234, 237, 240, 243-247, 279, 330, XX
ラ・パシエガ洞窟	6
ラベコ - コバ（遺跡）	135, IX
ラボック、ジョン	219-220
ラ・マドレーヌ洞窟	166, 167, 220-222
ラルテ、エドゥアール	166
ラングム、リチャード	20
ラングレー、マチュー	243, 244
ランプ	201, 233-235, 237, 245
リーキー、メアリー＆ルイス	13, 20
リダ・アジェル洞窟	108
リチャーズ、マーティン	223
リチャーズ、マイク	37, 90,
リビー、ウィラード	243
リムイユ（遺跡）	220-222
リャン・ブア洞窟	104
龍人	105
類人猿	
食生活	17
中新世における進化	56
〜とホミニンの分岐	15
〜の脳	23
ルヴァロワ技法	74, 76, 91, 102
ルバン・ジェリジ・サレ洞窟	108
ル・プラカール洞窟	297-298
ルロワ＝グーラン、アンドレ	240
霊長類の進化と特徴	12-17
レヴァント	
〜でのイヌの埋葬	328
〜のホモ・サピエンス	59, 61, 62, 64, 66, 69-74, 76, 87, 89, 98, 148, 208,
〜の狩猟技術	92
〜のネアンデルタール人	87, 89, 90, 91, 98
レフュジア（退避地）	107, 133-135, 206-209, 218-219
レ・メイトロー（遺跡）	212-214
ロージュリー・オート（遺跡）	220
ローセル（遺跡）	253-254
ロック・ド・セール洞窟	216
ロバーツ、アリス	162
ロメクウィ（遺跡）	
ロルテ洞窟	252, 255
ロンデル	254

わ行

ワラセア	105, 106, 108-112

【著者略歴】
ポール・ペティット（*Paul Pettitt*）

英国の考古学者。専門は旧石器時代で、特にネアンデルタール人や更新世ホモ・サピエンスの芸術や埋葬方法。2013年からダラム大学考古学教授。1995年、オックスフォード大学の放射性炭素加速器研究所で考古学者としてキャリアをスタートさせた。2003年、クレスウェル・クラッグスで英国最古の洞窟美術を発見。2008、2009、2011年にはケンツ洞窟の発掘を指揮した。*World Archaeology*誌の編集委員でもある。

【監訳者略歴】
篠田謙一（しのだ・けんいち）

1955年静岡県生まれ。京都大学理学部卒業。産業医科大学助手、佐賀医科大学助教授（解剖学）を経て、2003年から国立科学博物館人類研究部勤務。2021年より館長。古人骨に残るDNAを分析し、日本人の起源や、古代アンデス文明を築いた集団の由来を研究している。科博で多くの特別展、企画展を手がけた。著書に『新版日本人になった祖先たち』（NHK出版）、『江戸の骨は語る』（岩波書店）、『人類の起源』（中公新書）など多数。

【訳者略歴】
武井摩利（たけい・まり）

翻訳家。東京大学教養学部教養学科卒業。主な訳書にB・レイヴリ『船の歴史文化図鑑』（共訳、悠書館）、M・D・コウ『マヤ文字解読』（創元社）、K・デイヴィーズ『1000ドルゲノム』、T・グレイ『世界で一番美しい元素図鑑』『世界で一番美しい分子図鑑』『世界で一番美しい化学反応図鑑』、大英自然史博物館編『大英自然史博物館の《至宝》250』、M・ハーレー、R・ケスラー『世界で一番美しい花粉図鑑』（同）などがある。

Homo Sapiens Rediscovered by Paul Pettitt
Published by arrangement with Thames & Hudson Ltd, London,
through Tuttle-Mori Agency, Inc., Tokyo

Homo Sapiens Rediscovered © 2022 Thames & Hudson Ltd, London
Text © 2022 Paul Pettitt
This edition first published in Japan in 2024 by Sogensha Inc., Publishers, Osaka
Japanese edition © 2024 Sogensha Inc., Publishers

ホモ・サピエンス再発見
科学が書き換えた人類の進化

2024年11月10日第1版第1刷　発行

著　者	ポール・ペティット
監訳者	篠田謙一
訳　者	武井摩利
発行者	矢部敬一
発行所	株式会社 創元社
	https://www.sogensha.co.jp/
	本社 〒541-0047 大阪市中央区淡路町4-3-6
	Tel.06-6231-9010　Fax.06-6233-3111
	東京支店 〒101-0051　東京都千代田区神田神保町1-2 田辺ビル
	Tel.03-6811-0662
装丁・組版	寺村隆史
印刷所	TOPPANクロレ株式会社

© 2024, Printed in Japan　ISBN978-4-422-43060-7　C1045

〔検印廃止〕
落丁・乱丁のときはお取り替えいたします。定価はカバーに表示してあります。

JCOPY 〈出版者著作権管理機構 委託出版物〉
本書の無断複製は著作権法上での例外を除き禁じられています。複製される場合は、そのつど事前に、出版者著作権管理機構（電話 03-5244-5088、FAX03-5244-5089、e-mail: info@jcopy.or.jp）の許諾を得てください。